教育部立项推荐
高等职业教育物流管理专业紧缺人才培养指导方案配套教材

销售与回收物流

（专业培养方向课）

彭建良　主　编

中国物资出版社

图书在版编目（CIP）数据

销售与回收物流/彭建良主编. —北京：中国物资出版社，2006.6（2015.6 重印）
（教育部立项推荐高等职业教育物流管理专业紧缺人才培养指导方案配套教材）
ISBN 978-7-5047-2515-8

Ⅰ. 销… Ⅱ. 彭… Ⅲ. ①销售管理：物资管理—高等学校：技术学校—教材②废物回收—物流—物资管理—高等学校：技术学校—教材 Ⅳ. F252

中国版本图书馆 CIP 数据核字（2006）第 042899 号

策划编辑 沈兴龙
责任编辑 沈兴龙
责任印制 何崇杭
责任校对 孙会香

中国物资出版社出版发行
网址：http：//www.clph.cn
社址：北京市西城区月坛北街 25 号
电话：（010）68589540 邮政编码：100834
全国新华书店经销
中国农业出版社印刷厂印刷

开本：710mm×1000mm 1/16 印张：24 字数：374 千字
2006 年 6 月第 1 版 2015 年 6 月第 6 次印刷
书号：ISBN 978-7-5047-2515-8/F·1013
印数：15001—16000 册
定价：38.00 元

教育部立项推荐高等职业教育和中等职业学校
物流管理专业紧缺人才培养
指导方案配套教材编审委员会

序　言

中共中央办公厅、国务院办公厅印发的《2002～2005 年全国人才队伍建设规划纲要》指出："进入新世纪，国际形势正在发生深刻变化。随着经济全球化的发展，人才全球化趋势进一步增强，我国加入世界贸易组织后，面临的物流人才问题更加突出。发达国家利用各种手段吸引我国人才，人才竞争日益激烈：全球范围内的经济结构调整对人才素质提出了更高要求；综合国力的竞争更加倚重于科技进步和人才开发。今后 5～10 年，是我国经济和社会发展的重要时期，做好加入世界贸易组织后各项应对工作，实现'十五'计划确定的宏伟目标，把建设有中国特色社会主义事业不断推向前进，人才是关键。抓住机遇，迎接挑战，走人才强国之路，是增强我国综合国力和国际竞争力、实现中华民族伟大复兴的战略选择。"

面对世界经济一体化的进程加快，许多大型跨国集团的进入，我国各级政府部门和许多市场意识敏锐的企业已把物流作为提高竞争能力和提升企业核心竞争力的重要手段，把现代物流理念、先进的物流技术和现代经营与管理模式引入国家、地区经济建设和企业经营与管理之中。但是，我国的物流教育仍十分滞后，造成现代物流综合性人才、企业尤其是流通企业改造传统物流与加强物流管理、城市规划与物流系统运筹、第三方物流企业的运作技术操作等现代物流人才严重匮乏，阻碍了经济的发展和经济效益的提高。据各地人才预测，物流人才是全国 12 种紧缺人才之一，物流工程规划人员、物流管理人员、物流科研人员、物流师资全面紧缺。到 2010 年全国大专（高职、高专）以上物流人才的需求量为 30 万～40 万人，国际物流、物流管理、仓储与配送、物流运输、企业物流、物流营销、物流信息处理等技能型操作人才每年需要近 10 万人。不仅如此，根据我国加入 WTO 的承诺，物流和分销服务业是全面开放的行业之一，国内市场将会出现高层次、高起点的激烈竞争的局面，这势必会使本身就匮乏的人才竞争加剧。如果我们不从现在做起，加快我国物流管理与技术人才的培养，终将成为我国物流产业发展的瓶颈，物流产业化和成为21世纪新的经济增长点就成了一句空话。因此，加速推动现代物流产业的人才培养工程，实施多层次、多样化的物流教育，是21世纪物流产业化发展中保证物流产业形成合理的人才结构，提高我国物流管理水平和经济效益的决定因素。

教育部有关领导对物流职业技术教育十分重视，联合劳动和社会保障部、中国物流与采购联合会制订颁发了《高等职业教育、中等职业学校物流管理专业紧缺人才培养指导方案》。为此，我们在教育部、中国物流与采购联合会的指导下，组织各地高职、高专和中等职业技术院校以及企业专家、教授、高级讲师、学者编写出版“高等职业技术教育和中等职业教育物流管理专业技能型紧缺人才培养培训指导方案配套教材”，两种层次的教材充分体现了以下基本原则：

1. 以全面提高素质为基础，以增强职业能力为本位

以科学的劳动观与技术观为指导，帮助学生正确理解技术发展、劳动生产组织变革和劳动活动的关系，充分认识职业和技术实践活动对经济发展和个人成长的意义和价值，使学习者形成良好的职业道德和正确的价值观，着力提高劳动者素质。教材内容重点突出体现物流管理专业紧缺人才的培养目标，加强实践性教学、满足行业企业对生产、管理、服务一线对高素质劳动者的迫切需要为本的思想。

2. 以企业需求为基本依据，以就业为导向

以满足企业的工作需求作为教材开发的出发点，全力提高教育与培训的针对性和适应性，为探索和建立根据企业用人“订单”进行教育与培训的机制提供服务。同时为高等和中等职业技术院校适应行业发展和企业需求，及时调整专业方向，确定培养培训规模，开发、设计实施性教育与培训方案提供多方面、多层次、多种可选择的教材。

3. 适应行业技术发展，体现教学内容的先进性

力求根据国家和地区的最新技术发展，突出物流行业的新知识、新技术、新材料、新工艺、新方法，克服专业教材存在的内容陈旧、片面强调学科体系完整、不能适应企业发展需要培养人才规格的弊端。结合专业人才培

养要求，在充分强调专业基本知识和基本技能的基础上，为各地高职、高专和中等职业技术院校学生拓展了解掌握本领域的最新技术发展及相关技能，实现专业教学基础性与先进性的统一提供最佳教学模块教材。

4. 以学生为中心，体现教学组织的科学性和适用性

教材内容上，围绕各地物流经济技术的发展情况，充分考虑学生的认知水平和已有知识、技能、经验及兴趣，为每一个学生提供适应人才市场需要和有职业发展前景的、模块化的学习资源，力求在学习内容、教学组织、教学评价等方面给教师教学和学生学习提供选择和创新的空间，构建开放式的课程教材体系，适应学生个性化发展的需要。紧密结合模块式课程结构和弹性学习制度，以满足企业和学习者的不同需要。

经审定，两种职业技术教育物流管理专业配套教材既可作为高职、高专院校物流管理专业（国际物流、物流管理、仓储与配送、企业物流等培养方向）和中等职业技术学校物流管理专业（运输、仓储与配送、物流营销、物流信息处理等培养方向）的教材，亦可作为各层次成人教育和企业培训教学参考用书，也适合于作为广大物流从业人员的自学读物。同时，对参加物流职业资格认证考试的人员具有较高的参考价值。

在教材的编写过程中得到了教育部、中国物流与采购联合会有关领导，以及许多院校和研究机构的专家、教授和物流企业领导的大力支持，在此一并致谢。由于编写时间仓促，加上编者水平有限，书中有不足之处在所难免，恳请广大读者提出宝贵意见，以日臻完善。

高等职业教育和中等职业学校物流管理专业
紧缺人才培养指导方案配套教材编审委员会

前　言

现代物流是沟通原料供应商、生产厂商、批发商、零售商、物流公司及最终用户的桥梁，更是实现商品从生产到消费各个流通环节的有机结合的载体。物流按业务流程可分为四大部分，即供应过程中的原材料和零部件配送、运输，生产过程中的储存、搬运，成品的销售、储存及运输和工业废弃物的回收处理。

销售与回收物流是现代物流的重要组成部分，它以满足顾客和保护环境为出发点，根据实际需要，研究生产企业、流通企业出售商品时，物品在供方与需方之间的实体流动，以及不合格物品的返修、退货以及周转使用的包装容器从需方返回到供方所形成的物品实体流动。从企业层面看，不仅有利于提高企业的物流服务水平，提升企业的运营效率，还可降低企业的生产成本，赢得顾客的信任，从而占有较大的市场份额，增强企业自身竞争力。同时，生产企业可以从物流的发生源头上找到在生产、管理、服务中存在的不足和缺陷，从而促使企业提高产品设计、内部管理和经营水平。从社会层面看，能够有效降低对环境的不利影响，提高资源的利用率，同时还能促进绿色物流的发展。

本书有助于对销售与回收物流知识的整体把握，提升管理能力，使读者成为一个适应现代社会职业发展的有用之才。

每章前的学习目标及每章后的思考题前后照应。学习目标、每章主要内容、思考题、案例分析、案例思考题一线贯穿、整体一致。每章后的案例都是在参考了大量案例的基础上精心挑选的，真正起到了画龙点睛的作用。从某种意义上讲，这些案例是教材理论的延伸，与各章节知识相互补充、相互结合。通过案例，读者会对相关知识有更深层次的理解和把握。尤其值得一提的是本书所涉及的前沿知识，如客户关系管理、网络营销、绿色物流等章节，完善了教材体系。

本书共计十二章。由彭建良担任主编，周建亚担任主审，编写人员由包万根、刘云霞、陈帆、庞海云、钱丽霞、彭鸿广、彭建良组成。具体编写分工如下：第一章由庞海云、彭建良编写；第二章、第十章由刘云霞编写；第三章、第四章由包万根、彭建良编写；第五章、第六章由钱丽霞编写；第七章、第八章由彭鸿广编写；第九章由彭建良编写；第十一章、第十二章由陈帆编写。

本书可满足各类职业教育院校对《销售与回收物流》课程教学的需求，也可满足其他学历层次、成人教育和企业培训的需要。当读者阅读完本书后，对销售与回收物流就会在整体上有一个新的认识和把握。同时，结合每章后所附案例，真正体现了管理理念的先进性和操作实用性较完美的结合。

在编写过程中，编者参考了大量的文献及著作，在此一并向编著者表示最诚挚的感谢。由于编者水平有限，虽然已尽力而为，但难免有疏漏和不妥之处，敬请读者批评指正。

编　者

内容简介

本书在管理学、经济学和营销原理的基础上，结合专业最新动态，较系统、全面地介绍了销售与回收物流的相关知识。全书共分十二章，分别介绍了销售物流的特点和意义、销售物流的管理过程、物流市场的调研与预测、物流市场细分与定位、销售物流战略管理、物流服务产品与定价策略、销售物流渠道与促销策略、销售物流客户关系管理、网络营销、回收物流与废弃物物流、绿色物流等内容，为了做到理论联系实际，每一章配有一定的实例、案例等。本书可作为各类物流专业人员及从事相关领域管理人员的培训、参考用书，亦可作为高等学校和高等职业学校相关专业的教材及参考用书。

CONTENTS

目录

第一章　销售物流概述

第一节　销售物流的产生与发展 ……………………………………（1）
第二节　销售物流的意义和特点 ……………………………………（10）
第三节　销售物流的管理过程 ……………………………………（14）
第四节　销售物流案例 ……………………………………（16）

第二章　物流市场的调研与预测

第一节　物流市场概述 ……………………………………（23）
第二节　物流市场的调研 ……………………………………（27）
第三节　物流市场的预测 ……………………………………（52）
第四节　物流市场调研与预测案例 ……………………………………（61）

第三章　物流市场细分与定位

第一节　物流市场细分 ……………………………… (71)
第二节　物流目标市场选择 ……………………………… (76)
第三节　物流市场定位 ……………………………… (82)
第四节　物流市场细分与定位案例 ……………………………… (89)

第四章　物流企业销售战略

第一节　物流企业销售战略的内涵 ……………………………… (92)
第二节　物流企业销售战略的管理过程 ……………………………… (95)
第三节　物流企业销售战略的分析方法 ……………………………… (98)
第四节　物流企业销售战略案例 ……………………………… (102)

第五章　物流服务产品策略

第一节　物流服务产品的内涵与分类 ……………………………… (113)
第二节　物流服务产品的组合策略 ……………………………… (116)
第三节　物流服务品牌策略 ……………………………… (120)
第四节　物流企业物品包装策略 ……………………………… (123)
第五节　产品生命周期策略 ……………………………… (127)

第六节　物流服务新产品的开发策略 …（131）
第七节　物流服务产品策略案例 …（138）

第六章　物流价格策略

第一节　物流服务产品价格的概念 ……………………………（145）
第二节　物流服务产品定价的程序 …………………………（150）
第三节　物流服务产品定价方法 …………………………（151）
第四节　物流服务产品定价策略 …………………………（160）
第五节　物流价格策略案例 …………………………（164）

第七章　物流渠道策略

第一节　物流渠道的概念 ……………………………………（168）
第二节　中间商的功能 ……………………………………（174）
第三节　物流销售渠道策略 …………………………………（177）
第四节　物流渠道策略案例 …………………………………（183）

第八章　物流促销策略

第一节　物流促销的含义 ……………………………………（191）
第二节　人员推销 ……………………………………………（193）

第三节 广告促销 …………………………………………… (199)
第四节 营业推广 …………………………………………… (205)
第五节 公共关系 …………………………………………… (209)
第六节 促销组合 …………………………………………… (214)
第七节 物流促销案例 ……………………………………… (218)

第九章 物流客户关系管理

第一节 客户关系管理概述 ………………………………… (224)
第二节 客户关系分类管理 ………………………………… (229)
第三节 电子商务环境下的客户关系管理 ………………… (235)
第四节 物流客户关系管理案例 …………………………… (243)

第十章 网络营销

第一节 网络营销概述 ……………………………………… (254)
第二节 网络营销的基本技术 ……………………………… (268)
第三节 网络营销策略 ……………………………………… (276)
第四节 网络营销管理 ……………………………………… (280)
第五节 网络营销案例 ……………………………………… (286)

第十一章　回收物流与废弃物物流

第一节　回收物流与废弃物物流概述 …………………………（292）
第二节　再生资源的回收和利用 …………………………（297）
第三节　废弃物资的处理与利用 …………………………（306）
第四节　回收物流与废弃物物流案例 ……………（316）

第十二章　绿色物流

第一节　绿色物流概述 ……………………………………………（322）
第二节　绿色物流的主要构成 ……………………………（340）
第三节　绿色物流系统 ……………………………………（345）
第四节　绿色物流案例 ……………………………………（353）

参考文献 ……………………………………………………………（361）

第一章　销售物流概述

学习目的

通过本章学习，了解市场营销学的基本概念；了解物流企业的含义、类别及其服务方式与内容；重点理解销售物流的含义、特点和作用；认识与掌握销售物流的管理过程。

【关键词】　物流企业　销售物流　市场营销

第一节　销售物流的产生与发展

一、市场营销学的基本概念

市场营销学是一门建立在经济科学、行为科学和现代管理理论基础之下的应用科学。市场营销学的研究对象是以满足消费者需求为中心的企业市场营销活动过程及其规律性，即在特定的市场营销环境中，企业以市场营销研究为基础。为满足消费者现实和潜在的需要，所实施的以产品、定价、地点、促销为主要内容的市场营销活动过程及其客观规律性。其内容具有综合性、实践性、应用性的特点。具体来讲，主要涉及如下内容：市场营销管理、市场营销环境、市场购买行为、市场营销研究与预测、市场营销组合决策、市场营销组织和控制、服务市场营销及国际市场战略联盟等。

在理解和把握市场营销这个概念时应注意以下方面：

第一，在英语中 Marketing 一词有两种含义：①指一种经济行为，一种实践活动，即由企业等组织的市场营销活动，中文译为市场营销；②指一门科学，即以市场营销活动为研究对象，中文译为市场营销学。

第二，区分市场营销的微观和宏观层次。宏观市场营销是一种社会经济活动过程，其目的在于求得社会生产与社会需求之间的平衡，满足社会需要，实现社会目标；微观市场营销是一种企业经济活动过程，其目的在于满足目标客户的需要，实现企业的目标。

第三，市场营销的含义不是固定不变的。市场营销的含义是从工商企业的市场营销活动和实践中概括出来的，因此，它是随着工商企业的市场营销活动和实践的发展而发展的。

第四，市场营销的核心观念是交换。企业的一切市场营销活动都与市场、商品交换有关系，都是为了实现潜在交换，与客户达成交易。市场营销是一种买卖双方互利的交换，即所谓“赢—赢游戏”。也就是说，卖方按买方的需要供给产品或劳务，使买方得到满足；买方则付出相应的货币，使卖方也得到满足，双方各得其所，而不是一方盈利，一方就必定亏损。

二、市场营销学的产生与发展

（一）形成阶段（19 世纪末 ~20 世纪初）

19 世纪末 ~20 世纪初，是现代市场营销学的形成阶段。资本主义国家经过工业革命，商品经济迅速发展，城市化水平也在日益提高。企业主在开展生产管理的同时，开始重视商品推销和刺激需求，注意研究推销术和广告术。一些经济学家开始着手研究市场营销问题。美国的哈佛大学、密执安大学等高等院校，先后成立了市场营销研究机构，并开设了有关市场营销学的课程。

（二）应用阶段（20 世纪 30 年代 ~ 第二次世界大战结束）

这一阶段，是市场营销学应用于流通领域的阶段。资本主义从自由竞争进入垄断阶段后，生产社会化进一步发展，生产的增长超过了有支付能力的需求增长速度，特别是 1929 ~ 1933 年的世界性经济危机，更使得生产严重过剩，产品销售困难。这时，各种营销机构和组织纷纷成立，如 1926 年美国建立了全国销售学与广告学教师协会，1931 年成立了美国市场营销协会。专业研究机构和团体大量吸收企业界人士参加，以加强学者与企业家的沟通，促进研究成果的应用。一些专业学术机构和团体为企业主们举办了各种培训班。

（三）成熟阶段（20 世纪 50 年代至今）

第二次世界大战以后，随着科技革命的深入，劳动生产率大幅度提高，西方资本主义国家开始推行所谓高工资、高福利、高消费及缩短工作时间的政策。市场的基本趋势是产品供过于求，消费者的需求和欲望不断变化，企业市场竞争日趋激烈。市场营销学的研究空前活跃，理论体系趋于成熟和完善。市场营销学的研究从商品流通领域扩展到社会再生产的全过程，最后发展到存在交换关系的所有领域；同时，从实证性研究向系统理论化发展。美国市场营销专家鲍敦首先提出了市场营销组合的概念，将过去分散研究的产品、定价、分销、促销策略统一为相互联系、相互影响的整体，进行统一规划、运用。美国教授麦卡锡在《基础市场学》中，强调市场经营的核心是明确目标市场，形成以消费者为中心的市场营销策略组合。指出企业目标、外界环境、市场营销策略组合等因素是市场营销的基本内容。美国西北大学教授菲利普·科特勒在 1967 年出版了《市场营销管理：分析、计划、执行和控制》一书。该书集前人研究成果之大成，加以研究和创新，建立了完整的现代市场营销学的理论体系。该书从问世至今，已出版了十几版，并被翻译成十几种文字，在世界各国广为传播。

（四）传播阶段（20 世纪 50～60 年代开始）

从 20 世纪五六十年代开始，市场营销理论开始在世界各地广泛传播。日本较早地在 20 世纪 50 年代即全面引进并推广应用。西欧多数国家在 20 世纪 60 年代也先后引入市场营销学，并在应用中取得成效。匈牙利等东欧国家在 20 世纪 60 年代末期也开始引进这一新兴学科。有资料表明，中国最早的市场营销学教材，是丁馨伯先生 1933 年编译并由复旦大学出版的《市场学》。但由于历史的原因，市场营销学在我国未能传播开来。1979 年和 1980 年，可以说是市场营销学重新引进中国的时期。经过 20 年的发展，市场营销学已在我国被广为学习和应用，不仅在高等院校成为一门重要的核心课程，也成为指导我国企业经营实践的重要理论。

三、物流的含义与分类

（一）物流的含义

物流（Logistics）源于美国，最早出现在第二次世界大战时期，是美国军事部门为解决军需品的供应问题，运用当时新兴的运筹学方法与电子计算机技术对军需品供应、运输线路、库存量进行科学规划而形成的系统管理科学，称之为 logistic，我国最早译为后勤学。

20 世纪 50 年代军事后勤管理的概念和技术慢慢应用到民用工业中，流行于美国的实物分拨（Physical Distribution）概念传入日本后，日本学者平原直先生将之翻译为"物的流通"，简称"物流"，经过进一步发展形成了今天广为接受的物流管理的概念。我国自 20 世纪 80 年代引进"物流"概念和相关理论。为了规范物流概念，在吸取国外有关资料的基础上，2001 年 8 月，由中国物流与采购联合会起草并由国家质量技术监督局发布了《中华人民共和国国家标准物流术语》，将物流解释为："物品从供应地向接收地的实体流动过程。根据实际需要，将运输、储存、装卸、搬运、包装、流通加工、配送、信息处理等基本功能实施有机结合。"显然，物流的构成要素既包括使物品的空间移动和时间移动成为可能的运输和储存，也包括保障物品顺利转移或流动的各种相关活动。

随着经济全球化的发展趋势和科学技术的日新月异，人们对于物流的认识也在不断地丰富和发展。

（二）物流的分类

物流活动广泛存在于社会经济领域，系统较为复杂，难以形成统一的分类标准。按不同的目的和标准，可以将物流区分为以下几种主要类型。

1. 宏观物流和微观物流

根据物流的实用价值可以将物流区分为宏观物流和微观物流。所谓宏观物流是指社会再生产总体、产业或大型集团的物流活动。这些物流活动对一国具有较为综合性和全局性的影响。如：社会物流、国民经济物流、国际物流等；微观物流指消费者和生产者所从事的或所需的各种具体的、实际的物流活动，是针对特定客户、特定产品的物流活动。包括供应物流、销售物流、回收物流、废弃物物流、生产物流、企业物流等。

2. 供应物流、生产物流和销售物流

根据物流的作用可以将正向物流区分为供应物流、生产物流和销售物流。为生产企业提供原材料、零部件或其他物品的活动称为供应物流；生产物流则指产品生产过程中，原材料、在制品、半成品、产成品等在生产企业内部的移动和保存等活动。生产物流必须与生产过程同步，否则生产过程可能停滞或者出现额外成本；当物品从生产企业、销售企业向需求者移动时，销售物流也就产生了。

3. 地区物流、国内物流和国际物流

按照物流服务的空间范围，可以将物流区分为地区物流、国内物流和国际物流。地区物流是指在一国疆域之内，根据行政区或地理位置划分的一定区域内的物流。地区物流的合理规划和布局不仅对特定区域内的物流成本、速度和效率产生影响，而且对一国的整体物流水平产生巨大的影响；国内物流是指一国政府为了服务于国民经济发展的总目标而制定的有关物流的总体规划和相关政策法规等。如：物流基础设施和配套实施的规划、交通法规、投资和税收政策、各种物流装备和单据的标准化等；国际物流则是指物品在不同国家之间的移动。较之国内物流，国际物流活动更为复杂、难度和风险更大。

4. 社会物流、行业物流和企业物流

根据物流系统的性质，物流可以被区分为社会物流、行业物流和企业物流。社会物流是企业外部物流活动的总称，属于宏观物流范畴；行业物流指同一行业中的企业为了实现物流效率和低成本而在物流运作、物流管埋方面进行的有效协作；企业物流则是指某一企业内部的物品移动。

5. 第一方物流、第二方物流和第三方物流

根据物流服务提供者的不同，可以将物流区分为第一方物流、第二方物流和第三方物流。由物品供应商提供的物流服务称为第一方物流；而由物品的需求方提供的物流服务被称为第二方物流；由物品的提供方和需求方以外的中介组织提供的物流服务常常被称为第三方物流。随着生产的一体化，第三方物流正在成为现代物流的主要内容，是物流业发展的主要趋势之一。

此外，还有根据物品的流向可以将物流区分为正向物流和反向物流；按照从需求方向供应方所流动的物品的特点可以将物流区分为回收物流和废弃物物流等。

四、物流企业的含义、类别及其服务方式与内容

（一）物流企业的含义

物流企业（Logistics Enterprise）是指从事物流活动的经济组织。它是独立于生产领域之外，专门从事与物品流通有关的各种经济活动的企业，是在市场经济中依法进行自主经营，自负盈亏，自我发展，自我约束，具有法人资格的经营单位。

现代物流企业能够提供运输、储存、装卸搬运、包装、流通加工、物流信息处理等基本的服务，甚至还能进行结算、需求预测、物流系统设计咨询、物流教育与培训等方面的服务，并且具有组织社会物资资源、商品供应、商品储存、运送物资实体、信息流通的职能。

（二）物流企业的类别

1. 按照物流企业完成的物流业务范围的大小和所承担的物流功能分类，可将物流企业分为综合性物流企业和功能性物流企业。功能性物流企业，也可叫单一物流企业，即它仅仅承担和完成某一项或几项物流功能。而综合性物流企业能够完成和承担多项甚至所有的物流功能。综合性物流企业一般规模较大、资金雄厚，并且有着良好的物流服务信誉。

2. 按照物流活动的空间范围分类，可分为区域性物流企业和跨区域物流企业。区域性物流企业是指物流业务受一定地方、区域限定的物流企业，通常是指省内或者省际之间的物流企业。区域性物流的资源需求与供给只能在一定的区域范围内进行。这类物流企业应当拥有仓储资源、运输能力和地缘优势，通过资源最优化、功能最大化、服务专业化、功能多样化、优化用户结构以及利用外部资源等方式实现经营规模化。由于物流服务需要业务网络支持，区域性物流企业没有分布在各地的公司网络，因此，不具备发展跨区域物流的优势，其优势在于本地区。地方物流企业的发展方向应当是区域性的物流，首要任务是做好本地的物流业务。跨区域物流企业是指物流业务

打破区域界线的物流企业，包括省际之间、行政区之间、国际间的物流企业等。跨区域物流企业在国内外建立公司网络或者分支机构。发展跨区域物流企业要做好资源整合，要选择业务区域，要明确服务功能，要调整用户结构，集中力量开发重点行业和重点用户，要建立业务网络。跨区域物流企业有着自己的独特优势：专业化或行业优势，对所处的行业市场比较熟悉，具有行业经验；拥有面向一个特定行业的网络。

3. 按照物流企业资本的构成分类可分为国有企业、民营企业、外资企业等。国有企业如中远物流公司、中国外运总公司等；民营企业如宝供物流、南方物流等；外资企业如马士基物流、TNT 物流等。

五、销售物流的含义及其内容

（一）销售物流的含义

销售物流又叫做分销物流，是销售过程中的物流活动。具体是指将产品从下生产线开始，经过包装、装卸搬运、储存、流通加工、运输、配送，一直到最后送到用户手中的整个产品实体流动过程。

（二）销售物流的内容与环节

销售物流的内容与环节有以下几个方面。

1. 产品包装。包装是企业生产物流系统的终点，也是销售物流系统的起点；包装的目的：一个是为了便于商流、一个是便于物流；包装分为销售包装和运输包装。

2. 产品储存。解决货品在时间位置上的位移问题，是保障生产和生活正常进行的前提条件。

3. 货物运输。运输是通过运输工具解决货品在空间位置上位移问题。在物流学上叫做创造货品的空间效用。

4. 货物配送。配送是一种有别于普通运输的一种运输活动；配送是在局部范围内对多个用户实行单一品种或多品种的按时按量联合送货。

5. 装卸搬运。是局部范围内的物流活动。装卸是局部范围内货品上下位置的变动，搬运是在局部范围内货品平面位置的移动。

6. 流通加工。是流通过程中为方便销售、方便用户、废物利用、增添附加价值而进行的加工活动，是销售物流中最具综合效益的一个重要环节。

7. 物流信息。物流信息活动是指销售物流中的信息处理活动，物流信息处理是销售物流中关系整体效率和效益的重要环节。

8. 分销物流网络规划与设计。分销物流网络，是指以配送中心为核心、连接从生产厂出发、经批发中心、配送中心、中转仓库等，一直到客户的各个物流网点的网络系统。

9. 货品管理。货品管理，即对于物资品种规格、类别的管理。

10. 物流网点内部物流管理。物流网点，包括配送中心、中转仓库、批发点、零售店等。

六、销售物流的作用

在现实生活中，企业经营者往往把精力花在刺激消费者需求和推销方面，而忽视销售物流的作用。实际上，销售物流绝不仅仅是销售的一种附属功能。它的作用表现在以下几方面：

（一）实现产品的价值和使用价值

销售物流使产品的价值和使用价值真正得以实现。企业生产的产品如果不通过运输、配送等方式送到消费者手中，它只是一种可能的产品；只有通过销售物流，产品的消费才能成为可能。

（二）树立良好的企业形象

销售物流的好坏影响企业的形象。有效率的储存、运输及送交等，使产品适时、适地和适量地提供给消费者，这是销售完成以前的重要工作。这样，在消费者心目中可以树立起企业效率高和信用好的声誉；反之，产品供应不及时，就会影响或降低企业声誉，失去客户。

（三）有利于提高企业经济效益

销售物流合理化，有利于降低成本，提高企业经济效益。销售物流成本包括运输成本、存货成本、管理成本等，它们是构成销售成本的重要组成部分。降低物流成本，可以进一步降低售价，促使销量上升和利润增加，从而提高企业经济效益。

七、销售物流的发展趋势

（一）信息化、网络化是现代销售物流的基础

现代社会是信息社会，物流的信息化是整个社会信息化的一部分。销售物流的信息化包括物流信息的商品化、物流信息的搜集数据化和代码化、物流信息的电子化和计算机化、物流信息传递的标准化和实时化、物流信息储存与交换的数字化。诸如条形码技术、数据库技术、电子订货（EOS）系统、电子数据交换（EDI）及快速反应、有效的客户反应等技术与观念，有的刚开始采用，有的已经广泛应用。

（二）自动化能提高销售物流的效率

自动化的基础也来源于信息化，其核心是机电一体化，从而达到省时、省力，扩大物流作业能力，提高劳动生产率，减少物流作业的差错事故率。例如自动化立体仓库，又称自动化存取系统，由货架、巷道机、周边搬运系统和控制系统组成，在单元格组成的货架里，一个单元格内存放一个托盘的货物，由管理人员通过计算机发出入库或出库指令，巷道机、自动分拣及其他周边设备按指令启动，共同完成入库或出库作业，做到大量储存，自动存取，提高工作效率。

（三）及时制生产方式成为销售物流发展的原动力

及时制（Just In Time，JIT）是日本丰田汽车公司20世纪60年代实行的一种生产方式，它要求将必要的零部件以必要的数量在必要的时间送生产线，做到恰到好处。而JIT应用到现代物流领域，就是要将正确的商品以正确的数量在正确的时间送到正确的地点，这种生产方式的运用是推动销售物流发展的原动力。

（四）供应链管理促进了销售物流的发展

供应链管理是以最终客户为中心的现代营销观念取代了传统的以生产和产品为中心的观念而产生的。供应链是从初始供应商向最终用户顺流向下的产品和服务的传递过程。它将供应链管理中涉及的众多供应商，包括供应商以及众多的客户、客户的客户直至终端客户，组成了一个“供应网络”，通过这个网络中各有关方面的协作配合，以最低成本为客户提供销售和物流

服务。

（五）共同配送中心是销售物流的崭新模式

配送是现代物流系统的终端，是由集货、配货和送货三个环节有机结合而成的，它直接面对服务对象，配送的水平和质量可以直观而具体地反映销售物流功能的发挥程度。配送可以分为集团或企业内自营、单项服务外包型、中介型配送和共同配送模式。如法国乌耳姆配送中心，有一座 7000 平方米仓库，库内货架高 5 层，有近 9000 个货位，配送中心有自己的车队，承担 70% 的货运量，在中心信息管理系统的指挥下每天向 80 家商店供货，每家店在 30 个小时内即可收到订单所需商品。共同配送中心更可以发挥资源共享、管理共用的优势，使销售物流达到物尽其用和货畅其流的效果，这是我国普遍存在的传统仓储式运输型的物流企业所不能比拟的。

（六）第三方物流——方兴未艾的销售物流模式

国际上第三方物流正方兴未艾。第三方物流（Third Party Logistics, TPL）以代理形式为客户制定物流服务，这种全新的物流代理模式是销售物流中专业化物流中间人依靠电子信息和物流网络信息，对商品进行分拣整理、制定配送方案、装车送货，可以承接多家企业的销售物流业务、配送业务，乃至为客户办理报关、接运、质检、分析、选货、配货、集成、结算、信息传递、储存运输、装卸等多项作业，提供一揽子、全过程的物流服务。

第二节　销售物流的意义和特点

一、销售物流的意义

物流所涉及的活动中很多都与营销策略有关，这些活动构成了营销和物流两个系统的相互联系。物流企业只有首先了解客户企业的物流活动与营销活动的关系，才能在揽接客户外包的物流业务时，明确客户需求，切实为客户提供相应的物流服务以支持客户的营销活动，也就是说物流企业为客户所提供的物流服务最终还是以满足客户营销活动为目标的。

（一）客户营销产品策略与物流是交织在一起的

从产品策略的角度看，客户企业的物流活动中的采购、推销、客户服务与之关系最为密切。产品的生命周期一般要经过导入期、成长期、成熟期和衰退期。进入成熟期后，从表面来看，产品的规模不断扩大，是销售的旺季，但实际上，产品生产者和销售者的利润都逐步下降。从营销的角度看，这时庞大的销售额同时意味着市场对该产品的需求已达到饱和，如果只生产该产品，生产者将开始逐步退出市场。此时，企业必须立即向市场推出新的产品，或加宽、加深原有产品的系列，以抵消该种产品销量下降而引起的利润减少，成功的企业莫不如此。物流系统的销售人员对成熟期的到来最为敏感，能及时将这一信息反馈给营销策划部门。在策划开发研制新产品时，由于销售人员经常与客户接触，最了解客户的需求是什么，对开发何种新产品、系列产品应达到怎样的广度及深度才最有市场潜力、新产品应具备什么功能等问题，销售人员能为开发人员提供最有价值的信息。

（二）客户营销价格策略与促销活动对物流的影响

价格策略对物流及其所提供的服务也具有影响作用。价格策略的正确与否将影响物流活动的广度和深度及其顺畅性。价格策略中对客户的数量折扣将影响客户的订货规模。适宜的折扣优惠，将吸引客户加大订货量，仓库的作业将趋向于处理大宗货物，搬运和运输作业都将变得简单而高效，在实行配送制时尤为突出。因此，只有从营销和物流两个角度综合考虑，才能制订出一个能够满足营销和物流综合需求的定价策略。

促销活动也影响物流活动。对广告、公共宣传等促销活动大量投资是对推销人员提高销售量的一种支持。但是，如果物流系统不能及时把产品供应到客户手中，销售量将得不到如期的扩大。所以，需要在物流部门与营销部门之间建立便于信息快速传递的信息系统，不断沟通并协调促销活动的规模与库存、运输、客户服务等物流环节。

（三）物流是营销的大动脉

物流作为营销的大动脉，在实施中，所有物流活动都与客户企业的营销目标、方案、市场活动、广告宣传、分销零售、售后服务等息息相关。所以，客户企业的物流战略计划定位应处于整个物流系统最上端，它规定了客户企业的物流服务定位。而营销系统处于中间层。这个层次具体体现了客户企业物流能力与运作的表现，与客户有着直观的互动和接触。这一阶段中，物流与营销的关系表现得最为显著和全面，营销强调在适当的地点和适当的时间，以适当的价格将适当的商品或服务提供给目标市场，满足客户的需要。营销能否取得满意的效果，能否吸引和满足客户，在很大程度上受客户企业物流管理能力和决策的制约。物流能力直接影响着企业的销售业绩。客户企业的客户化增值服务，则是与营销密切联系的个性化服务，它具有差异性和不确定性，因而对客户企业的物流服务要求更高。

物流过程中向客户提供的服务水平是影响客户购买和连续购买客户企业产品的关键因素。为客户服务的水平越高，预期的销售量水平也就越高。服务水平的提高，同时意味着产生的费用上升。客户企业应在较低的费用与客户满意的服务之间进行抉择。物流是响应市场需求、改善营销绩效的极富潜力的工具。客户企业要求物流企业通过改善物流管理，提高服务质量，降低价格，吸引新的客户，提高企业竞争力和营销效果；相反，如果不能及时将产品送达客户手中，就必然失去客户，丧失市场份额。物流管理是企业营销管理的重要组成部分。

（四）物流成本占营销成本很大比重

一般认为，营销物流总成本的主要构成部分是运输（46%）、仓储（26%）、存货管理（10%）、接收和运送（6%）、包装（5%）、管理（4%）以及订单处理（3%）。物流成本在生产企业占到全部营销总成本的13.6%以上，所以物流成本与营销成本息息相关，日益受到管理人员的重视。

【小资料】

供应链上物流的速度以及成本一直是令中国企业苦恼的老大难问题。据统计，中国制造企业有90%的时间花费在物流上，只有10%用于制造；中国企业物流仓储成本占据了总销售成本的30%~40%。中国企业本来在基于产品创新的超额盈利方面较之发达国家企业就不占优，而供应链上的支出又使得原本不丰厚的利润变得更加微薄。

二、销售物流的特点

（一）销售物流是一个系统，具有一体化特征

销售物流是企业为保证自己的经营利益，不断伴随销售活动，将产品所有权转给用户的物流活动。包括订货处理、产成品库存、发货运输、销售配送等物流活动。

（二）销售物流是连接生产企业和用户的桥梁

销售物流是企业物流的一部分。销售物流是企业物流活动的一个重要环节，它从产品离开生产线进入流通领域为起点，以到达用户并经售后服务为终点。

（三）销售物流是企业物流与社会物流的另一个衔接点

作为连接生产企业与用户的桥梁，企业销售物流与社会销售物流系统相互配合共同完成企业的分销和销售任务。

（四）销售物流是生产企业赖以生存与发展的重要条件

对于生产企业来讲，物流是企业的第三利润源，降低销售物流成本是降低企业成本的重要手段。销售物流成本占企业销售总成本的20%左右。销售物流的好坏直接关系到企业利润高低，企业一方面依靠销售物流将产品不断运至消费者和用户，另一方面通过降低销售过程中的物流成本，间接或直接增加企业利润。

（五）销售物流具有很强的服务性

在现代社会中，市场环境是一个完全的买方市场，只有满足买方要求，卖方才能最终实现销售。在这种市场前提下，销售往往要到送达用户并经过售后服务才算终止，因此销售物流具有更强的服务性。销售物流的服务性表现在要以满足用户的需求为出发点，树立“用户第一”的观念，要求销售物流必须快速及时，这不仅是用户和销售者的要求，也是企业发展的要求。

三、销售物流的原则

（一）商物分离

在商品销售活动过程中有两大类活动，一类是商流活动，另一类是物流

活动。商流活动具有灵活、活跃的特点，可以在任意场合多层次多环节地进行；物流活动具有惰性、稳重性的特点，货物不轻易流动，一动就要花费成本。

（二）输送与配送相结合的体制

输送主要追求提高运输效率，配送主要追求服务好。

第三节　销售物流的管理过程

一、分析市场机会

物流企业在进行市场机会分析时可以采用 SWOT 分析法来进行。SWOT 分析代表分析企业优势（Strength）、劣势（Weakness）、机会（Opportunity）和威胁（Threats）。因此，SWOT 分析实际上是将对企业内外部条件各方面内容进行综合和概括，进而分析组织的优劣势、面临的机会和威胁的一种方法。其中，优劣势分析主要是着眼于企业自身的实力及其与竞争对手的比较，而机会和威胁分析将注意力放在外部环境的变化及对企业的可能影响上。但是，外部环境的同一变化给具有不同资源和能力的企业带来的机会与威胁却可能完全不同，因此，两者之间又有紧密的联系。

二、选择目标市场

（一）目标市场的界定

界定目标市场有助于为既有的产品实现销售目标计划，同时也有助于为新产品设定实际销售目标。界定目标市场之前，要将整个市场细分化。

市场细分（Segmentation）是指把广泛的消费市场，根据共同的特征，以最低的成本了解最大的销售潜力，区分为可加以管理的几个市场的选择过程。界定目标市场时，首先选择目前和潜在的购买者与使用者；其次将广大的消费群，区分为最相似的几个市场，以便最有效率地传达及推销产品。

（二）界定目标市场的要点

1. 利用一步一步的缜密规划程序，检讨目标市场的选择方案，要考虑所有可能的目标市场。

2. 确定所选择的目标市场足够大，可以达成销售目标。

3. 为了区别销售量的重要程度及决定目标市场的选择性，要切实考虑细分市场的总销售量与集中化程度。

4. 把客户特征和竞争者、市场作比较，找出具有潜力的其他目标市场。

5. 确实了解目标市场，如人口资料、产品的使用、购买特征、需求、欲望等，重视及了解购买者及使用者。

三、确定销售组合策略

市场营销组合策略，是指企业为了实施市场营销战略，综合运用企业可以控制的各种营销因素，优化组合成一个系统化的整体策略，以实现企业的战略目标，使企业获得最佳的经济效益和社会效益。

企业可控制的市场营销因素多种多样，主要归纳为四大类，即4Ps。所谓营销组合策略的4Ps就是指四个P的组合与搭配，它们是产品（Product）策略、价格（Price）策略、渠道（Place）策略、促销（Promotion）策略。营销组合策略体现了现代市场营销观念指导下的整体营销思想，企业根据市场目标的需要，决定自己的产品结构，制定产品价格，选择分销渠道和促销手段，使它们成为最佳组合。

4P营销组合策略自20世纪50年代末提出以来，对市场营销理论和实践产生了深刻的影响，被营销经理们奉为营销理论中的经典。如何在4P理论指导下实现营销组合，实际上也是企业市场营销的基本营运方法。因此，物流营销也不能脱离4P的理论框架基础。物流企业在确定营销组合策略时，不仅应求得4个“P”之间的最佳搭配，而且还要注意每个“P”内各个细分因素的合理搭配，使所有的因素达到最有效的组合。在企业营销活动中，组合的四大策略运用得好，所形成的整体营销合力大于四个策略单个运用的效力之和，这就是系统的整体作用。

四、销售活动的管理

通过销售活动，将销售机会转换成销售额，是产生业绩过程的核心要素。但销售活动是很难管理的，一些公司要求销售人员记录下来，交给主管，这个过程没有得到量化，像前面谈到的，没有量化，就很难分析、改进和控制。

一般销售活动管理的要素有：销售活动的时间、对象、客户采购流程、活动类型、效果、参与人和费用，这些构成了销售活动的所有要素。

第一，活动时间。这次销售活动发生的时间。

第二，活动对象。这次销售活动针对的客户对象。按照客户的级别，客户可以分成操作层、管理层和决策层；按照职能，客户可以分成使用部门、技术部门和财务/采购部门；按照在采购中的角色，客户可以分成发起者、设计者、评估者、决策者、使用者。

第三，采购阶段。销售活动发生在采购流程的什么阶段，分别是发现需求、内部酝酿、系统设计、评估比较、购买承诺和安装实施。

第四，活动类型。销售人员常用的销售活动包括：展会、技术交流、测试和样品、拜访、赠品、参观考察、商务活动、电话销售。

第五，活动效果。同样的活动取得的效果可能完全不同，因此须将每种活动的效果分成不同的级别。

第六，参与人。参与这次销售活动的人员，通常包括销售人员、技术工程师、销售主管。

第七，费用。与这次销售活动相关的费用情况。

第四节 销售物流案例

案例 1

美的公司的销售物流之路

从20世纪90年代末期开始的家电行业价格战，一方面把家电这一原来百姓眼中的“几大件”变成了普及的物品，另一方面此起彼伏的价格战也把整个行业拖进了深渊。成本的过快增长在相当程度上抵消了销售额的增长，直接成为利润下降的罪魁祸首。以 2000 年为例，空调大战导致美的公司主营业务利润从上一年同期的 22.19% 降至 17.89%。

在这种情况下，各家电企业纷纷采取措施进行自救。由于要大幅减低成本，物流成为了很多家电企业的"救命稻草"。美的公司通过第三方物流的专业化管理大大降低了物流成本。美的公司为了既可满足消费者对产品越来越苛刻的差异化需求和愿意支付的价格，又可确立在接近饱和的中国家电业生存空间中的独特地位，在管理层融资收购改革（MBO）的同时，用五年的时间进行了一场"低成本差异一体化"的物流完善之战，就是通过不断完善的物流设计保证公司总成本领先，又能实行适度差异化。

首先，美的集团进行改组，使用"事业部制"和分级法人提高反应速度。各"事业部"均通过相对独立的后勤体系来覆盖市场。空调、风扇这样季节性强的产品，断货或者压货是常有的事。各事业部的上千个型号的产品，分散在全国各地的 100 多个仓库里，有时一个仓库甚至就是只存两三种商品，光是调来调去就是一笔巨大的开支。而且因为信息传导渠道不畅，传导链条过长，市场信息又常常误导工厂的生产，造成生产过量或紧缺。

为减少无效物流，在保证事业部销售的前提下，美的在 1998 ~ 1999 年走出了完善物流的第一步：开始建立"内部虚拟物流中心"，通过物流中心内部整合资源，初步改善整合现有物流环节中不合理方面，并为长期物流发展作准备。内部虚拟物流中心以满足事业部所有日常销售的仓储运输要求为最高目标。值得注意的是，在这一阶段，内部虚拟物流中心对仓库管理进行全面的整合，包括了统一租赁、管理、监控等。

在美的重整供应链的一系列动作中，安得物流公司的成立，是尤其令人侧目的一个亮点。2000 年，美的通过建立自己的第三方物流公司——安得物流，不仅解决了别的企业为之头痛的物流成本居高不下的问题，还造就了一个新的利润增长点。安得物流公司的主要业务是建立自己的平台，包括仓储平台和网络平台。美的把各个事业部原先分散的仓储资源整合起来交给安得，使安得在全国建立了比较健全的仓储网络。安得还掌管家庭事业部的全部运输业务和空调事业部 1/3 的运输业务。安得的出现使得美的公司总部的物流工作量大量减少，工作趋向监督、管理。

安得的出现还使美的公司根据安得的价格，可以去压外面运输公司的价，使得运输费削减了10%以上，一年下来可以节省几百万元。同时，服务水平也提高了。家庭电器事业部的仓储业务以前也是外包，现在2000多万台产品的运输、仓储全部交给安得，安得24小时发货，做到货物先进先出，减少积压折价的压力，还实现电脑管理、信息反馈，这些是以前没法做到的。美的以前的装车时间需要60分钟，现在加快到每20分钟装一车；以前上午10点前能发车的很少，现在早上8点半就可以大批发车了。

由于储运资源的整合，在物流公司投入运作的半年内，美的各事业部运输成本平均下降了10%，全集团的仓储成本也下降了10%。

但是由于历史原因，有些运输公司与销售客户有着捆绑的关系，安得还不能把整个美的集团的储运业务全部整合，因此对运输的管理还不到位。在这个阶段，美的一般采取招标的形式来选择物流服务商，安得公司也是竞标方之一。第三方物流公司的招标由总部和事业部共同完成，并按照公开、公平、高效的原则执行物流公司招标，每年定期举行一次。招标小组包括三个事业部的代表，共同起草竞标要求，同时接受应标书，并按另行制定的严格评估标准进行审评。

2002年以来，美的集团旗下的威尚科技产业发展集团布下了其物流战略至关重要的一子，该集团旗下的安得物流公司在广州正式成立“安得供应链技术有限公司”。这家注册资金仅为160万元人民币的新公司一亮相，就在华南物流界引起强烈反响。其业务定位在“为客户提供高端服务”的“第四方物流”——这在国内物流业尚属首次。国内第四方物流还处在摸索阶段，供应链和物流大家都在谈，但核心的一点就是技术。“病人找医生看病，医生开了处方，然后病人拿着处方去药店抓药——第三方物流是药店，而供应链公司就是开处方的医生。”第四方物流公司本身可能、或者说现在只是个概念。但这是一个信号，标志着美的公司将以高效高质、低成本和先进的信息技术支持提供全方位最佳的客户物流服务。

安得物流公司开始利用自主开发的信息系统，使美的集团在全国范围内实现了产销信息的共享。有了信息平台做保障，美的原有的100多个仓库精简为8个区域仓，在8小时可以运到的地方，全靠配送。这样一来，美的集团流通环节的成本降低了15%～20%。同时从市场第一线到工厂生产的信息传递链条大大缩短，各事业部更有效地实现了订单生产，减少了生产环节的浪费——靠制造环节降低成本，以物流增加收入，是分享第三利润源的共赢过程。

围绕效益这个考核的第一标准，美的展开了名为“供应链整合”的管理创新活动。各事业部内采用“成本倒逼法”，从产品最后的售价，推导出各环节的造价。在原材料采购环节，通过网上公开招标投标，杜绝了暗箱操作带来的成本黑洞；在制造环节，进行技术改造，提高合格率，降低消耗。降低成本往往在设计环节中就开始了。在这个阶段，美的公司总部的工作主要集中在规划和整合方面。将仓库管理、运输管理及具体运作全权下放到少数几个优秀的第三方物流公司管理，美的公司总部只负责日常的协调、监督方面的工作。

案例讨论题：美的公司的销售物流之路对你有何启示？

案例2

某医药企业销售物流计算机管理系统的实施

基于物流理念的销售体系重组，正在被越来越多的医药流通企业所采用。某家在全国范围内进行处方药销售的医药流通企业，年销售额超过2亿元人民币，在全国设置了28个办事处，有近300人的销售队伍。为了搭建一套在现代物流管理思想指导下的全新销售物流体系，这家大型医药流通企业实施组织结构和业务流程重组，并应用了业务管理流程优化软件以及销售物流系统软件。

根据该企业的实际情况，包括对销售体系3～5年的发展预测，项目组构筑了统一的电子商务平台，管理其面向全国的销售网络。并利用电子商务领域处于国际领先水平的销售物流计算机管理系统，重点解决集中控制和分散经营的问题。

项目组对企业现有物流系统进行了分析，认为出现问题的根本原因，在于未能很好解决集权与分权之间的矛盾，各职能部门信息不共享。如较突出的仓储问题（经销商库存），表现在仓储处难以得到实时的各地分仓库、经销商以及销售终端的库存信息，因而不能对分仓库进行有效的集中控制。

项目组提出总的实施策略是：总体规划，目标明确，重点突破，分步实施。同时确定未来销售物流系统应达到的目标，第一是优化采购环节，从而降低进货成本，提高药品的质量；第二是降低库存量，减少药品的周转期，降低企业运行成本；第三是提高企业管理水平，加强企业营销能力；第四是减少客户资金占用期，提高企业的服务水平；第五是提高企业信息准确度和及时性，从而提高企业的决策能力。

针对企业控制力不强、业务流程不科学和计划不科学的主要弊端，项目组制定了重组的近期目标是建立销售物流系统。这个目标分三个层次：

第一层次建立基本销售物流信息系统，重新制定业务流程，采用计算机系统实现这个流程，拥有比较完善的数据查询系统和数据管理系统。

第二层次是在第一层次的基础上，建立比较合适的销售物流管理系统。

第三层次是在前两个层次的基础上，提高系统的智能化程度和业务自动化程度，建立销售物流决策支持系统。

综上所述，这家企业改进物流系统的基本点是在改进业务流程，合理分配权限，简化处理环节。

仓储管理是改进工作最重要的着眼点。从物流作业的角度来看，存货决策的特点是风险大、影响也大。存货决策需要对特定的存货进行分类，然后负责将其装运到具体的市场或地区，并以销售量预测来确定一系列的物流活动；同时存货计划的制订对生产部门也至关重要，它是生产计划制订的基础。从资金负担数量和在总资源中的相对比例就可以知道，存货是企业具有重要意义的一个核心成本，即在不影响市场的情况下，将药品仓储量下降，可以在很大程度上提高企业利润。从物流管理理论的角度出发，项目组认为，重新改进物流过程以减少存货是可行的。

整个物流活动的改进包括以下措施：

第一，重新划分销售部门的职责，将重点放在销售业务处理、销售计划制订和销售数据分析上。

第二，加强仓储处的力量，建立统一的仓储中心，利用销售物流计算机管理系统实现对各地分仓库的实时控制，使仓储中心具有完整的库存管理能力。

第三，优化“订单处理流程”，规范销售过程，实现销售信息、药品实物、财务、现金流之间的一致。

第四，利用销售物流计算机管理系统中强大的预算管理功能实现对各分公司、各业务员销售及费用预算的事前计划、事中控制、事后核算分析。

通过实施流程革新以及销售物流信息系统第一阶段的应用，这家医药流通企业的业务状况有了很大的改善，企业各职能部门运转良好，采购状况与库存状况有了严格的控制，报表体系快速有效，企业正在焕发出新的活力，销售业绩在短暂的下滑之后，已经开始大幅度提升。

案例讨论题：销售物流计算机管理系统在企业改造过程中发挥了怎样的功用？

本章小结

本章首先阐述了市场营销学的基本概念，以及物流企业的含义、类别及其服务方式与内容。重点分析了销售物流的含义、作用、特点和原则，最后详细讲述销售物流的管理过程。

销售物流又叫做分销物流，是销售过程中的物流活动。具体是指将产品从下生产线开始，经过包装、装卸搬运、储存、流通加工、运输、配送，一直到最后送到用户手中的整个产品实体流动过程。要充分理解销售物流的含义：销售物流是一个系统，具有一体化特征，是连接生产企业和用户的桥梁，是企业物流与社会物流的另一个衔接点，是生产企业赖以生存与发展的条件，具有很强的服务性。

销售物流决不仅仅是销售的一种附属功能。它的作用表现在以下方面，即销售物流使产品的价值和使用价值真正得以实现；销售物流的好坏影响企业的形象；销售物流合理化，有利于降低成本、提高企业经济效益。

销售物流的管理过程，主要包括市场机会分析、目标市场界定、市场营销组合策略的确定和销售活动的管理。

市场机会分析实际上是将对企业内外部条件各方面内容进行综合和概括，进而分析组织的优劣势、面临的机会和威胁；界定目标市场有助于为既有的产品实现销售目标计划，同时也有助于为新产品设定实际销售目标；市场营销组合策略，是指企业为了实施市场营销战略，综合运用企业可以控制的各种营销因素，优化组合成一个系统化的整体策略，以实现企业的战略目标，使企业获得最佳的经济效益和社会效益。企业可控制的市场营销因素多种多样，主要归纳为四大类，即4Ps。所谓营销组合策略的4Ps就是指四个P的组合与搭配，它们是产品（Product）策略、价格（Price）策略、渠道（Place）策略、促销（Promotion）策略。通过销售活动，将销售机会转换销售额，是产生业绩过程的核心要素，但销售活动是很难管理的，因此要把握几个要素，即活动时间、活动对象、活动类型、活动效果、参与人及活动费用。

复习思考题

1. 解释物流企业的含义。
2. 什么叫销售物流？销售物流的作用体现在哪里？
3. 销售物流的特点和原则是什么？
4. 目标市场界定的作用是什么？
5. 解释4P营销组合策略。
6. 对销售活动的管理要针对哪些要素？

第二章　物流市场的调研与预测

学习目的

通过本章的学习，理解物流市场的基本概念和类型，重点理解与掌握物流市场调研与预测的内容、方法和步骤。

【关键词】　物流市场　调研　预测

第一节　物流市场概述

一、市场的概念

市场是社会分工和商品经济发展的产物。早期的市场指的是买卖双方聚集交易的场所。而现代市场则是指以交换过程为纽带的现代经济体系中的经济关系的总和。从生产经营者角度看，市场是指某种产品和劳务的现实购买者与潜在购买者需求的总和。销售者构成行业，购买者形成市场。如：所有船舶承运人组成航运业，所有货主组成航运市场。

基于对市场概念的理解，可以看出市场包含三个基本要素：客户（消费者）、购买力和购买欲望。

（一）客　户

客户作为市场的消费主体，通常指购买商品和服务的消费者及各类社会组织的总和。消费者作为构成市场的基本要素，通过其自身包含的各种因素，如国家和地区的消费者人口总量、增长速度、自然构成、民族构成、教育程度、地区分布以及地区间的移动等因素，对消费需要的变化产生直接或间接的影响。与消费者市场相类似，各类组织消费的需求结构和消费水平受到组织规模、类型、构成及活动方式等多种因素的影响。

（二）购买力

购买力是指一定时期社会各方面用于购买商品或劳务的货币支付能力，包括消费者购买力和组织购买力。

购买力的大小主要取决于国民经济的发展水平以及由此决定的人均国民收入水平。国民经济发展速度快，人均收入水平高，社会购买力就大，市场规模也会随之扩大。购买力的实现与市场供求状况密切相关。当商品供需关系处于协调状态时，就会促进购买力的实现；反之，就会使一部分社会购买力的实现遇到严重障碍。

消费者购买力水平由消费者收入水平决定。消费者收入主要形成消费资料购买力，它是社会购买力的主要组成部分。

组织购买力是指包括各类工商企业、政府机构和其他非盈利性社会机构在内的社会组织的货币支付能力。它不仅包括各类组织购买消费资料的能力，也包括购买生产资料的能力。

（三）购买欲望

购买欲望是指消费主体购买商品和服务的动机、愿望或要求，是消费主体把潜在的购买力变为现实购买力的重要条件。

二、市场的类型

（一）按产品或服务供给方的情况分类

1. 完全竞争市场，是指同一行业中存在大量的独立生产者，他们以相同的方式向市场提供同类、同质的产品或服务；每个生产者只供应市场需求量的很小一部分，因而任何生产者都不可能独自控制整个市场；生产者、销售者可以自由加入或退出某一行业，资源流动不受限制，买卖双方可获得完全的信息。

2. 完全垄断市场，主要表现为某一国家或地区的某一行业只有一家企业经营，即某种产品或服务只有惟一的生产者或销售者，而且不存在相近替代品的供应者。市场上产品的惟一供应商对商品的价格具有相当程度的控制权，不存在或基本不存在竞争。这种垄断的产生可能是由于管制法令、专利、许可证、规模经济或其他原因的结果。

3. 垄断竞争市场，是一种介于完全竞争和完全垄断之间的、且近于前者的市场结构。在这种市场上，同一行业存在大量的生产者或销售者，他们提供具有一定差别的、能从整体上或局部上加以区别的而且可以互为替代品的相近产品或服务。在这种市场中，每个商品供应者的产量或销量只占市场总需求量的一小部分，因此，任何一个商品供应商都不可能独立地控制商品的市场价格，也无法控制整个市场。由于企业进入市场容易、同行业企业多、产品替代性大，因而市场竞争激烈。

4. 寡头垄断市场，是介于完全竞争和完全垄断之间的、且近于后者的一种市场结构，可以细分为完全寡头垄断和差别寡头垄断。完全寡头垄断市场是由几家生产本质上属于同一产品（如石油、钢铁等）的生产商组成；差别寡头垄断市场由几家生产有部分差别的产品（如汽车、照相机等）的生产商组成。在这种市场中，由于行业受少数大企业的垄断，新企业加入该行业非常困难，而且投资多、风险大、投资回收期长，极易被市场淘汰。

（二）按照消费主体不同分类

1. 消费者市场，是由所有为满足自身及其家庭成员的生活需要而购买商品和服务的人们组成。根据消费者的年龄、性别、文化程度、职业、经济状况、生活方式、社会阶层和宗教信仰等各因素的不同，消费者市场还可以相应地细分为一系列子市场。

2. 组织市场，是由所有非个人消费者的团体组织组成，包括生产企业、服务企业、政府机构、民间团体及各种非盈利组织。

（三）按照消费客体的性质不同分类

1. 有形产品市场，为消费者或组织提供有形物质产品，也即一般的商品市场。按照商品的经济用途，商品市场还可以进一步分为生产资料市场和生活资料市场。

2. 无形产品市场，也称服务市场，它通过提供具有方便性、知识性、娱乐性、保健性和辅助性等的服务活动和服务过程来满足消费者或组织的某种需求。

（四）按照市场出现的先后分类

1. 现实市场，是指企业经营的某种商品和服务有需要、有支付能力、又有购买欲望的现实客户。

2. 潜在市场，是指有可能转化为现实市场的市场。在构成市场的三要素中，支付能力和购买欲望中的任何一个不具备都意味着市场是潜在市场。

3. 未来市场，是指暂时尚未形成或只处于萌芽状态，但在一定条件下必将形成并发展成为现实市场的市场。

（五）按照地域的不同分类

它可分为国内市场和国际市场。随着经济的全球化和市场的一体化，国内市场与国际市场已基本连为一体，国内企业要勇于走出国门，敢于在全世界市场上开展竞争。

三、物流市场的概念及其特征

（一）物流市场的概念

物流市场是指为保证生产和流通过程顺利进行而形成的商品在流动和暂时停留时所需要的服务性市场以及包装、装卸、搬运等辅助性市场。

物流市场是一个新兴的服务业市场，物流业是一种复合型产业。现代物流产业的发展要求物流资源都进入市场，通过物流市场来优化资源配置、实现规模经济、提高物流效率、降低物流成本。

（二）物流市场的特征

纵观发达国家的物流市场，可以发现它们具有以下一些共同特征：

1. 规范的市场。国外物流市场的规范表现在法律、法规的规范与健全。自从运输活动对国内贸易和国际贸易产生重大影响以来，各国政府就特别关注如何控制和促进运输活动，为物流企业创造一个开放、公平、竞争、有序的市场环境，而且这一切通常通过健全的法律法规来保障。

2. 成熟的市场。国外物流市场的成熟，表现在政府对物流网络的规划与统一布局。在物流管理上打破行业分割、地区分割，建立跨地区、跨行业、全国统一开放、公平、竞争、有序的物流市场。

3. 具有规模的市场。国外的物流市场具有一定的规模，这是显而易见的。例如：2000 年美国物流产业规模达 9000 亿美元，是高科技产业的两倍，占美国国内生产总值的 10% 以上。

4. 全球化市场。据不完全统计，在欧洲分布着 60% 的美国配送中心和 50% 的日本配送中心。随着世界经济一体化的发展，物流市场全球化的趋势愈加明显。

第二节　物流市场的调研

一、物流市场调研概述

（一）物流市场调研的概念

物流市场调研，是物流市场调查研究的简称，它的根本任务是寻找和提供准确的信息来减少决策的不确定性。因此，物流市场调研是物流企业为了提高决策质量，所进行的系统地、客观地识别、搜集、分析和传播信息的工作。

市场调查是一件非常重要的工作，有了市场调查的资料，才有更好的市场定位，才能使企业前期的投资得到充分利用。

（二）物流市场调研的意义

从一般意义来讲，作为微观经济活动的主体，物流企业必须以市场为导向，通过满足市场需求来谋求自身的生存和发展。也就是说，只有充分了解和把握自身、物流客户和竞争同行的市场现状及发展趋势，才可能选择和确定有效的营销策略。对任何营销活动而言，市场调查都是一项基础工作，从根本上决定着营销活动的质量和水平。

1. 物流营销市场调查能够为科学、合理的营销决策提供依据

现代物流具有高度的集成性，它涉及许多领域，提供综合性的服务，需要合理整合和配置资源。通过经常性的市场调查活动，探知市场的变化状况，无疑能够使企业营销计划的编制更符合实际，更有针对性，进而使企业的经营决策更富有科学性。

2. 物流营销市场调查能够增强物流企业应付市场波动的能力

一般来说，市场波动是市场经济的常态。从微观角度来看，企业必须以市场波动及其趋势为依据，根据市场需求，有针对性地组织生产和经营，才能增强企业自身的实力，增强在多变的市场中应付突发性市场波动的能力。

3. 物流营销市场调查能够促进物流企业改善经营管理，获取竞争优势

企业的竞争优势来源于组织的差异化竞争能力和以低成本获得高利润的经营能力，即来源于成本优势或价值优势，或者两者的共同作用。在市场竞争中首先以实力为基础；同时，参与竞争的物流企业也应该通过市场调查，做到知己知彼，不仅可以及时了解本企业在竞争中所处的位置，还能够对比自己与竞争对手在经营方面的差异。这无疑可以为企业赢得更多的机会，改善经营管理。

4. 物流营销市场调查有助于物流企业提高市场预测和经营决策的有效性、准确性

经营决策是在市场调查和市场预测的基础上，在各种可供选择的方案中，根据需要和可能，选择最优方案。而经营决策的信息源主要来自企业的市场调查活动，因此，市场调查在企业的整个市场预测和经营决策中无疑起到基础性作用。

5. 物流营销市场调查有助于物流企业形象的塑造

物流客户在选择物流企业的过程中，固然会受到价格和服务质量等因素的影响，但物流企业在客户中的企业形象也是不可忽略的因素。因此，企业形象设计的前提和关键，就是要客观地测定企业形象的实际状态。显然，关于企业形象的市场调查活动愈全面、愈充分，企业形象的设计就愈有针对性，成功的可能性就愈大。

（三）物流市场及其环境的调研

环境是指事物外界的情况和条件。可表述为：物流市场环境是指与物流企业市场营销活动有关的各种外界条件和因素的综合。物流市场环境可以分为宏观环境与微观环境。

1. 物流市场宏观环境分析

宏观环境因素是指那些给物流企业带来市场机会、同时也是环境约束的主要社会力量，包括政治、经济、社会文化、科学技术等方面。这些因素的

变化是物流企业所不能控制的，物流企业必须时刻关注这些因素的变化，并且适应它才能更好地发展。

（1）政治环境。政治环境泛指一个国家的社会制度，执政党的性质，政府的方针政策以及国家制定的有关法令、法规等。市场经济也是法制经济，国家对经济的干预主要通过法律手段和各种经济政策来进行。这些往往是物流企业从事市场营销必须遵循的准则，同时国际惯例、行业惯例也对物流企业的营销活动有巨大影响。因此，物流企业的市场营销人员必须注意国家的每一项政策和立法以及国际规则及其变化对市场营销活动的影响。

（2）经济环境。这里的经济环境是指与物流企业市场营销活动有关的经济发展趋向及其性质。政治法律环境中的许多因素实际上是通过经济环境作用于物流企业的，因此经济环境对物流企业营销活动的影响最直接，也是最主要的环境因素。对经济环境，可以从宏观经济环境和微观经济环境两个方面加以分析。

宏观经济环境通常指一国的国内生产总值及其发展变化情况；社会总供给与社会总需求的状况及变化趋势；产业结构、物价水平、就业以及国际经济等方面的内容。微观经济环境主要是指物流企业所在地区或所需服务地区客户的社会购买力、收支结构以及经济的迂回程度等造成物品的流量与流向情况。这些因素直接决定着物流企业目前及未来的市场规模。

（3）科技与自然环境。随着科学技术的发展，各种现代化交通工具和高科技产品层出不穷，它们既为物流企业提高服务水平和质量提供了技术支撑，也为物流企业进行市场营销活动的创新提供了更为先进的物质技术基础。实际工作中，以电了技术、信息技术、网络技术为一体的电子商务平台，实现了数据的快速、准确传递，提高了仓库管理、装卸运输、采购、订货、配送发运、订单处理的自动化水平，使包装、保管、运输、流通、加工实现一体化，提高了进行结算、需求预测、物流系统设计咨询、物流教育与培训方面的服务能力。在海运方面，船舶的大型化、装卸机械的高速化自动化、运输方式的集装箱化、大宗货物的散装化，前所未有地提高了远洋运输能力。总之，科学技术为物流企业从事市场营销活动提供了强大支持，也大大提高了物流企业面向客户提供全面、准确、高效、经济的综合物流服务能力。

自然环境因素包括国家或地区的自然地理位置、气候、资源分布、海岸线及其资源的开发利用等。自然环境及其发展变化会影响到物流企业资源获取的难易和交通运输成本的大小，影响到市场营销组合的设计等，所以物流企业从事市场营销活动万万不可忽视自然环境的影响。

（4）社会文化环境。社会文化环境是由价值观念、宗教信仰、伦理道德、风俗习惯、审美观念等构成的，它影响着人们的欲望与行为。物流企业不能忽视社会文化环境影响的分析，这对开辟新的目标市场非常重要。如价值观念不仅影响社会成员对物流企业存在理由和目标的认识，而且会影响到客户的兴趣与偏好，导致需求差异的形成，使得特色物流服务产生；又如宗教信仰和风俗习惯则会禁止或抵制某些行为和活动的进行，从而对物流营销活动产生影响。

2. 物流市场微观环境分析

微观环境是指直接影响物流企业在目标市场上开展营销活动的因素，包括物流企业、供应商、营销中介、竞争者、客户、社会公众等。这些因素与物流企业紧密相连，对物流企业的绩效产生紧密的、直接的影响，是任何物流企业都不会忽视的因素。

（1）物流企业。每一个物流企业都有其发展目标，有其具体明确的经营任务。为了实现其目标或完成其工作任务，必须依据自身条件（如人才资源、信息技术、运输设备、装卸搬运机械及工具、储存条件、集装箱、托盘等）和市场要求开展某些业务活动。物流企业的营销部门在制订和实施营销计划、开展营销活动时必须考虑到与企业其他部门的协调，包括与最高管理层、财务部门、供应部门、仓储部门、研发部门、维修部门等的协调，使营销活动得到内部高层和相关部门的大力支持。

（2）供应商。供应商是指物流企业从事物流活动所需各类资源和服务的供应者。包括为物流企业提供设备、工具、能源及土地和房产的各类供应商；提供信贷资金的各类金融机构以及在各类人才市场上为企业提供人力资源的中介机构等。另外，为物流企业生产经营过程提供各种劳务和服务的机构，如货物运输、设备修理、员工培训、环卫清洁及保安等服务机构，也都构成企业的供应商。供应商对物流企业营销活动的影响主要表现在三个方面：①供应的可靠性，即资源供应的保证程度，这将直接影响物流企业的服务能力和交货期；②资源供应的价格及其变动趋势，这将影响到物流企业服务的成本；③供应资源的质量水平，这将直接影响到物流企业提供的服务质量。因此，物流企业必须与供应商互惠互利，建立彼此间的信任关系，降低服务成本，实现服务目标。若供应商选择不当或出现问题，将给企业的生产经营带来不可估量的损失。

（3）营销中介。营销中介是指协助物流企业把物品从供应地运送到接收地的活动过程中的所有中介机构，包括各类中间商和营销服务机构。对于物流企业而言，其中间商就是众多的货运代理机构。营销服务机构主要包括营销研究机构、广告代理商、CI 设计公司、媒体机构及营销咨询公司等。营销中介机构凭借自己的各种联系、经验、专业知识以及活动规模，在为物流企业提供货源，拓宽营销渠道，提供市场调研、咨询、广告宣传、塑造企业形象等方面，发挥着重要作用。

（4）客户。客户是物流企业服务的对象，是物流企业一切营销活动的出发点和最终归宿。客户既可与物流企业同在一个国家，也可以在其他国家和地区。物流企业必须坚持以客户为中心，识别当今物流市场上客户的特征，以便为客户提供优质、高效、便捷的物流服务。

（5）竞争者。所谓竞争者是指与本企业争夺服务市场和资源的对手，包括现有的物流企业、从事同类产品及服务的所有企业及潜在的进入者。企业的营销活动是在一群竞争者的包围和制约下进行的。因此，对竞争者作调查和分析，及时掌握其动向，是企业作出正确营销决策的重要条件和前提。

（6）社会公众。社会公众是指对实现物流企业的营销目标的能力具有实际的或潜在的影响力的群体。它包括：①金融公众，如银行、投资公司、证券经纪商和股东等；②媒介公众，如电视、电台、报纸、杂志等大众媒体；③政府公众，如负责管理物流企业经营的各有关政府机构；④企业内部公众，包括公司董事会、经理、职工等；⑤一般公众，物流企业必须关注一般公众对其服务的态度和活动，要采取积极措施，开展公共关系工作，努力维持和发展与公众的良好关系，塑造良好的企业形象，以利于物流营销活动的开展。

（四）物流客户形成和需求调研

1. 物流客户形成

客户，就是能够因购买某种产品而得利又能出得起钱购买这种产品的个人或公司。客户划定一定要满足两个条件：第一，所指的个人或公司必须有利用这些产品的需求且能够从这种产品获利，那些得到产品毫无用处的人或公司不是客户；第二，只要他们无钱购买，哪怕想得到产品的心情有多么迫切，也不管产品能够给他们产生多大利益，都不能成为企业的客户。

2. 客户需求调研

（1）客户的满意是营销的实质。营销经过近一个世纪的发展之后，其核心仍然是客户的满意。如果说企业的营销是为了满足客户的需求，那么客户购买行为产生则是希望得到满意。只有满意，才会使客户购买到的需求利益达到最大。这种满意不仅仅体现在对一件产品、一项服务、一种思想、一次机会上，还体现为对一种系统、一种体系的满意。

明确营销实质的实际意义在于：从营销的起点与终点的全过程分析，客户对企业的市场行为是否满意，决定了客户是否再次光顾或介绍发展其他潜在客户，是否会成为企业固定消费群一员，是否会忠诚地持续购买企业的产品，从而影响到企业的利益，更是企业将营销落实到根本上的惟一标准。

（2）客户满意度的衡量内容。客户的满意不仅表现为经济性，在一个产品较为丰富、人们生活水平较高的市场中，同时表现为社会性和精神性的满意。因此，客户的满意是多方面、多层次的，是实在的、系统化的，但不论从哪一方面归纳，客户的满意均可以表示为客户购买的总价值与购买的总成本之比，用公式表示为：

$$客户满意度=\frac{客户购买的总价值}{客户购买的总成本}$$

客户的总价值是指客户购买某一件产品或服务过程中得到的一组利益。这一组利益归纳为：产品价值、服务价值、员工价值和形象价值。客户的总成本是指客户为了获取这一组利益时而不得不付出的货币成本、时间成本、精神成本和体力成本的组合。

客户满意的标准与其购买的价值成正比，而与购买的成本成反比。因此，向客户提供最大的购买价值和最大限度地降低购买总成本就可以使客户的满意度最大。只有这样，才能让企业的产品进入到客户的选择范围，才能在竞争中战胜实际和潜在的竞争对手。

（3）物流客户需求的一般规律。物流客户的需求产生于其内生要求。从经济学角度分析，需求与效率和效益结合在一起。一般而言，物流客户只有在其外部物流供给的效率和效益超过其内部物流满足时，才会去寻求物流的需求。此外，物流客户希望得到物流服务，还在于取得更迅速的市场先机，即取得企业的竞争力。上述内容构成物流客户需求的一般规律性。

①物流需求的特性，包括以下三个方面：

第一，物流需求的空间和时间特性。物流需求会因时间和空间的变化而异，例如销售的增长或下降、季节性变化的波动等。物流需求的这种空间和时间的维度，要求物流企业必须知道物流需求量在何处发生、何时发生、仓储位置以及平衡运输资源等。

第二，物流需求的规律性和非规律性。物流企业通过对物流需求的分组，确定不同的服务水平。然而这些不同的产品组和不同种类的产品都会随时间不同形成不同的需求模式。如果需求是“规律性的”，则需求变化是趋势性的；如果需求是“非规律性的”，则需求变化就是随机的。

第三，物流派生需求的独立需求。就第三方物流企业而言，其物流需求的差异很大。因为在一般情况下，需求会来自许多不同的客户，它们独立采购，物流量只占物流企业能够满足量很少的一部分。此时，这种需求往往被称作“独立需求”；而有时，物流需求是特定计划下的派生。例如：某汽车制造厂商需要一批新轮胎，其原因是该厂商制造了一种新车型而需要配套。此时，这种需求称之为“派生需求”。如此，根据派生需求的特点及时掌握需求者的计划，就可以做到及早准备，及时满足。

②本质需求。物流客户是经济活动中的特殊群体，当它们购买物流服务时，作为“消费者”，希望得到“消费者剩余”；而在出售其产品时，又作为“生产者”，希望得到“生产者剩余”。不同流程导致的物流客户这种双重身份，尤其显得效率与效益对它们需求产生的重要性。

经济学原理告诉我们，如果资源配置使总剩余最大化（总剩余＝购买者评价－出售者成本），这种资源配置就表现出效率，总剩余将带给企业效益。如果一种配置是无效率的，那么买者和卖者之间交易的一些好处就还没有完全被实现。就物流服务而言，如果一种服务方案不是由最低成本的物流企业提供，则此时物流客户的资源配置就是低效率的。在这种情况下，将物流需求从高成本物流提供者转到低成本物流提供者就会降低物流客户的总成本并增加总剩余。同样，对物流企业来说，如果一种物流服务方案不是被评价最高的物流需求者“购买”，则资源配置也是低效率的。在这种情况下，使该服务方案的“消费”从出价低的买者转到出价高的买者，就会增加总剩余。而总剩余的走势将决定市场的运行效率，它们的构成内容又决定了客户的需求。因此，效率和效益承担的是物流客户的本质需求。

③市场竞争力。从性质上看，竞争力是一种能力，是企业在一个竞争性市场中取得企业行为绩效的创造力和持续力的总称。从效果上讲，竞争力是一种优势，是企业获得一种区别于竞争对手的、稳定地为市场提供更优越价值的地位。而从目的上分析，竞争力创造出企业生存和发展的社会活动空间。

21 世纪是强调速度价值的时代。在一个工业化高度发达的经济社会中，企业创造经济价值的方式与途径已有很大的变化。那种依赖规模化壮大企业的做法已经是很传统的了，取而代之的是速度，一种经济要素流动的速度。通过速度的加速，取得实际上的大企业效果；丧失了速度，任何商业机会，任何“订单”都会流失。所以，在这样一个信息无时差、经济全球化的时代中，企业要获得竞争优势，就必须重视以速率提高来增强或改善企业的竞争力。

（五）物流客户及其消费者行为的调研

物流客户的需求模式，包括三个阶段内容。①刺激部分，也就是说，物流需求的产生源自内在动机和外部激励；②混合思维过程，该过程受思维者各种客观条件的约束；③反应过程，经过思维之后，物流需求者作出的对物流的各种要求（如图 2－1 所示）。

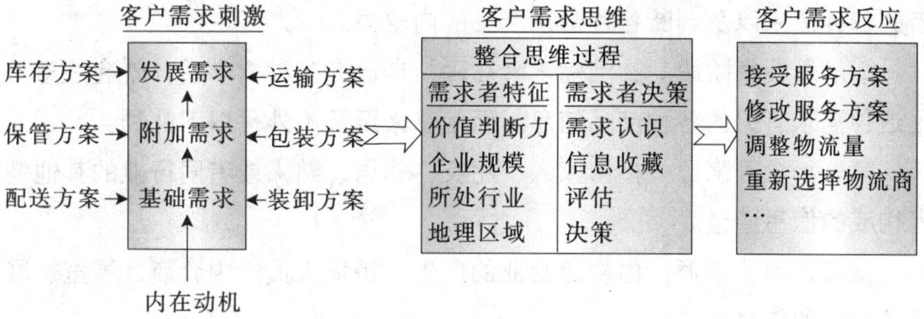

图 2-1　物流客户需求模式

1. 客户需求刺激

(1) 外部激励内容。外部激励来自于物流的主要方案。当物流企业提供出一个系统的物流方案时，它们综合地激活了物流需求者的内在动机。

(2) 内在动机组成。①基础需求，指物流需求者对物流的基本要求。它们具有明确的标的，但并无特殊的要求。②附加需求，指物流需求者在基础需求之上，对物流的客体有着特殊性要求。例如，希望比常规时间更短的运输时间等。③发展需求，指对物流供给者的延伸服务的追求。物流需求者不仅要完成自己产品的空间和时间协调统一的转移，更希望物流供给者在市场信息、市场准入方面提供完整的服务。

2. 客户需求思维

显而易见，思维过程是一个“自我操作”的过程，对外界而言，这是一个可能被感受但无从知晓的过程。这一过程的完成，是多种条件混合的“化学反应”过程。

(1) 需求者特征。包括服务价值判断能力、本企业的规模大小、本企业所处的行业以及地理区域等形成的物流特殊性。

(2) 需求者决策，包括以下 4 个阶段：

①认识需要阶段。无论是购买什么样的商品，总是以认识到对某种商品的需要为开始。服务也不例外，购买者自身的因素和其所处的环境因素都会引起这种需要。而物流需要可能与实际的条件之间存在着一定的差距，主要来源于经验和需求。营销人员在这一阶段的主要任务是：仔细辨别物流需求

者的各种需求以及判断各种需求产生的内驱力。

②信息搜集阶段。物流需求者在确认自己有某种需求后，就会注意与满足这种需求有关的各种产品信息。而信息来源又不外乎以下几种：

第一，个人来源：指由家人、朋友、邻居、熟人或者同行业的其他需求者构成的信息通道。

第二，商业来源：由物流企业的广告、销售人员、中介商、展览、展示活动构成的信息通道。

第三，公共来源：由大众媒体、行业组织等构成的信息通道。

第四，经验来源：由包装等物流环节活动构成的信息通道。

在信息搜集的阶段，营销者重要的工作就是要了解物流需求群主要的信息来源是什么，以及这些信息来源对需求者作出购买决策的重要意义是什么。在此基础上作出有效的传播计划。

在信息传播中，重要的是增强客户对信息的关注和认识。如果只是提高认识还不足以推动客户需求力的增强，信息及时转化为物流服务购买力才是目标。

③可供选择的方案评价阶段。需求者评价物流服务方案过程中，最常见的模式是认识导向模式。他们首要考虑的是服务的属性，即首要考虑物流供给者的服务方案中哪些属性能满足自己的需求。长期合作形成的品牌信念，构成了物流企业的品牌形象，但由于认识的个体差异，使品牌信念与服务的真实属性并不一致。因此，需求者往往要对不同物流企业的服务方案属性进行一一对比，并按照比较结果和这一属性对满足需求的重要性两种因素，对各企业提供的服务作出综合评价。评价值越高，说明需求者对这一品牌的倾向性越大。

④购买决策阶段。在评价阶段，物流需求者已经对各种服务方案选择形成了一定的倾向。但此时仅仅是一种购买意图的倾向。在真正作出购买决定之前还会经历一个小过程，受到两种因素的影响（如图 2－2 所示）。

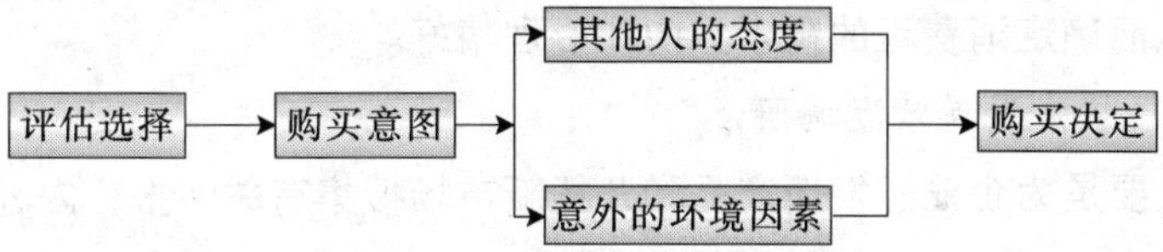

图 2－2　影响购买决策的两个因素

第一，其他人的态度：这一因素对购买者购买意图的影响非常微妙，因为他人态度本身是一种通过个人途径传播的信息；另一方面，购买者在决策之前易听取他人的意见，也是一种避险心理的表现。

第二，意外的环境因素：不可预料的环境因素对物流的产生有着重大关联。

3. 客户需求反应

客户需求反应是其决策的结果，表明物流客户是否接受、又在多大程度上接受物流服务的行为路径，也是物流企业能够直接“领略”并为之服务的基本出发点。

从营销的角度分析，在这一阶段，物流企业不仅在推出物流服务方案前要根据物流客户的需求，开发“服务方案”；同样应该根据物流客户的“反应”，进一步作出让物流客户满意的服务方案。

（六）产品和消费调研

随着商品经济的发展，产品的种类日新月异，怎样才能了解消费者需要什么产品，又怎样使消费者在众多的商品中选购你的产品，就完全取决于市场调查。从市场调查中可以清楚地了解到消费者的需要，了解你的产品是否符合这种需要，也可以了解消费者对产品是否有好感。生产者只有对消费者充分了解，才能生产出受消费者欢迎的、符合消费者需要的产品。通过市场调查，对消费者和产品进行研究，对产品市场进行研究，为企业了解消费者情况、产品是否符合消费者需求和是否具有市场竞争能力提供了帮助。

市场调查对消费者的研究，主要调查其需求动机和购买特征。通过市场调查，了解消费者的年龄、性别、收入、职业分布和家庭情况，研究消费者的需求特点和消费心理特征以及生活方式、文化环境等对消费者购买行为的影响，从而确定消费者的需求方向和心理嗜好。

（七）技术发展情况调研

这主要是为企业开发新产品和开拓新市场搜集有关情报，内容包括社会上的新技术、新工艺、新材料的发展情况，新产品与新包装的发展动态或上市情况，某些产品所处的市场生命周期阶段情况，消费者对本企业新老产品的评价以及对其改进的意见等。

（八）竞争情况的调研

这方面主要是为了使企业在市场竞争中处于有利的地位而搜集有关的情报，主要包括的内容有：同行业或相近行业的各企业的经济实力、技术和管理方面的进步情况；竞争性产品销售和市场占有情况、竞争者的主要竞争；竞争性产品的品质、性能、用途、包装、价格、交货期限以及其他附加利益等；还可以包括率先进入市场的企业的一些经济技术指标、人员培训法、重要人才进出情况、新产品的开发计划等情报，并加以对比、借鉴或参考。

二、物流市场调研方法

（一）访问法（询问法）

1. 访问法的概念和特点

访问法，是指将所拟调查的事项，以当面、电话或书面方式向被调查者提出询问，以获得所需资料的调查方法。它是最常用的市场调查方法。

访问法的特点在于整个访谈过程是调查者与被调查者相互影响、相互作用的过程，也是人际沟通的过程。访问法体现在直接性，即访谈双方直接沟通感情，直接搜集信息资料。调查结果受访谈双方的态度和素质的影响。如被调查者是否认真负责地提供资料，即他肯不肯回答问题，回答多少，真实程度如何等，都会影响调查结果。在面对面询问中，被调查者往往根据调查人员的诚意、谈吐及行为来决定自己是否予以支持与合作。也就是说调查人员的性别、年龄、服饰、仪表、气质、风度、口音、表达能力等等都会对被调查者产生影响，从而影响调查结果。

2. 访问法的主要类型

访问调查有多种具体的形式，可以从不同角度对其进行划分。如按照访问方式不同，可分为直接访问和间接访问。直接访问，是指调查者和被查者进行面对面的交谈；间接访问，是指访问者通过电话或书面问卷而对被调查者进行的访问。又如按照访问内容不同，可分为标准化访问和非标准化访问。标准化访问，是指由调查者按照事先拟好的调查表的具体项目，有顺序地依次发问，让被调查者作答；非标准化访问，是指调查者按照一个粗提纲与被调查者自由交谈，了解情况。通常采用的划分方法是根据调查人员与被调查者接触方式的不同，具体分为个人访问、邮寄调查、电话调查、留置调查、因特网调查等几种形式。

(1) 个人访问，又称面谈调查，是指访问者通过面对面的询问和观察被访问者而获取市场信息的方法。它是市场调研中最通用和最灵活的一种调查方法。访问中要事先设计好问卷或调查提纲，调查者可以依问题顺序提问，也可以围绕调查问题自由交谈。在谈话中要注意做好记录，以便事后整理分析。个人访问的交谈方式，可以采用个人面谈、小组面谈和集体面谈等多种形式。

①个人访问的优点是：

第一，富于伸缩性。个人访问法具有高度伸缩性，可采取任何一种问卷询问，如果被调查者同意的话，还可以利用录音机进行访问，一旦发现被调查者不符合样本条件，可立即终止访问。

第二，具有激励效果。个人访问还具有高度的激励效果，可以给被调查者充分发表意见的机会，以达到个人情绪上的满足，或是与他人议论问题获得知识上的满足。有些被调查者如果知道是有关某类产品的调查，他们极有可能愿意与调查者面对面地讨论该类产品，以便自己有发表意见的机会。这样，被调查者的合作可能性自然也就提高了，回答率也就相应提高。

第三，可获得较多资料。个人访问调查方式时间较长，可作深入询问。有些问题，被调查者可能并不了解，需要调查者的解释才能明白，这样可减少不完整答案或欠缺答案；只有个人访问方式，才能做到这一点，使答复误差减少到最小程度。

第四，能控制问题的次序。问题的次序往往会影响被调查者的答案。个人访问能控制问题的次序，使被调查者的答案不会发生偏差。当被调查者因某种原因不愿意回答或回答困难时，可以进行解释，启发、激励被调查者合作，完成调查任务。

第五，有观察机会。在个人访问时可观察被调查者所回答的问题是否正确，如年龄、社会阶层、种族等问题可通过观察来核对。

②个人访问的缺点是：

第一，费用高，时间长，调查的人力、经费消耗较多，对于大规模、复杂的市场调查更是如此。所以，这种方法比较适用于在小范围内使用。

第二，询问偏见。面对面的交谈，调查员的态度、语气等有时不免对被调查者发生影响，以致产生询问偏见现象。因此，个人访问对调查人员素质要求较高，调查质量易受访问者工作态度、提问技巧和心理情绪等因素的影响。

第三，对调查人员的管理比较困难。有的调查人员出于便利或急于完成调查任务的目的，随意破坏对样本的随机性要求和其他质量要求；有的调查人员在取得一些资料后即擅自终止调查作出结论，甚至还有人根本不进行调查，自己编造调查结果。这些做法都是十分错误的，但并非这种调查方法所特有，只是采用这种方法对调查人员较难控制罢了。

第四，面谈法通常要求调查人员亲自到被调查单位或家庭中调查，对于规章制度较严的单位和对来访者有戒心的家庭，采用此法有时会遇到不少困难。

③访问方式的选择。欲取得良好的访问效果，访问方式的选择是非常重要的。一般地讲，个人访问有三种方式：

第一种，自由问答，是指调查者与被调查者之间自由交谈，获取所需的市场资料。一般在调查开始时采用此种方式。自由问答方式，可以不受时间、地点、场合的限制，被调查者能不受限制地回答问题，调查者则可以根据调查内容和时机、调查进程灵活地采取讨论、质疑等形式进行调查，对于不清楚的问题可采取讨论方式解决。如调查者可以问："您认为××商品的质量如何?""您想购买哪种牌子的××商品?""您觉得××商品的市场前景如何?"等，实践证明，这种询问方式有利于消除隔阂，创造良好的交谈气氛但调查者要注意把握引导谈话中心和主题，避免走题和延误调查时间。

第二种，发问式调查，又称倾向性调查，是指调查人员事先拟定好调查提纲，面谈时按提纲进行询问。如调查洗衣粉市场，可以这样排列调查问题：您选用什么牌号的？为什么？这种牌号的优点有哪些？通过询问，可以判断消费者对商品的偏爱程度以及偏爱理由，判断市场占有率，弄清企业开拓市场和改进商品的努力方向。这种方式谈话简明，节省时间，便于统计归总数据。可以采用一问一答形式进行，但要注意调节气氛，使被调查者不至有被“审问”的感觉，注意消除被调查者的误会和隔阂，避免产生调查误差。这种方式对于较熟悉的调查对象效果较好。

第三种，限定选择，又称强制性选择，是指个人访问调查时同时列出说明商品特征的句子，被调查者从中选择接近或赞同的句子进行回答的询问方式。

（2）邮寄调查，是指调查人员将设计印制好的调查问卷或调查表格，通过邮政系统寄给已选定的被调查者，由被调查者按要求填写后再寄回来，调查者根据对调查问卷或调查表格的整理分析，得到市场信息。此法在国内外市场调查中广泛采用。

①邮寄调查的优点是：调查区域较广。可以扩大调查区域，增加更多的调查样本数目，只要通邮的地方，都可以进行邮寄调查。此外，提问内容可增加，信息含量大；调查费用较低。调查成本较低，只需花费少量邮资和印刷费用；被调查者有较充分的时间填写问卷，如果需要，还可以查阅有关资料，以便准确回答问题。且被调查者无时间上的压力，回答质量较高；无调查者的偏见。邮寄调查可以避免被调查者受调查者态度、情绪等因素的影响，资料更客观；让被调查者采取匿名方式，可对某些敏感和隐私情况进行调查；无须对调查人员进行专门的培训和管理。

②邮寄调查的缺点：回收率低。征询回收率一般偏低，原因有多种，或是被调查者对问题不感兴趣，或是问卷过长或复杂，使被调查者没有时间或没有能力回答；时间花费较多，信息反馈时间长，影响资料的时效性；容易产生差错。无法判定被调查者的性格特征，也无法评价其回答的可靠程度，如被调查者可能误解问题意思、填写问卷可能不是调查者本人等，从而破坏了样本的代表性；对于被调查者的要求较高。要求被调查者要有一定的文字

理解能力和表达能力，对文化程度较低者不适用。

（3）电话调查，是指通过电话向被调查者询问有关调查内容和征询市场反映的一种调查方法。这是为解决需要的带有普遍性的急需问题而采用的一种调查方法。

①其优点主要有：经济。三种调查方式中以电话调查费用最低；快速与节省时间。对于一些急于搜集到的资料而言，采用电话调查法为最快。例如，调查观众有无收看某一电视节目，以打电话方式来调查最为快速；适宜访问不易接触到的被调查者。有些被调查者不容易接触到，例如工作繁忙，或个人访问方式不易被其接纳，则短暂的电话访问可能被接受；统一性。用电话调查，多按已拟定好的标准问卷询问，因此，资料的统一性程度较高；坦白。有些例如有关私人方面的问题，在面对面情况下，被访者多感到有些不自然，尤其是女性，而在电话访问中，则能获得较坦白的回答。例如，教育水平、节育以及分期付款等问题；控制易。电话访问员的声调、语气及用字等是否正确，可由研究员予以纠正。

②电话调查也有其不足：总体欠完整。电话调查法乃根据电话用户名单作为抽样基础，但并非所有的消费者或家庭皆有电话。因此，总体欠完整，有的消费者在电话簿上仍用公司名称，如果作消费者调查则显然总体名单中还会漏了这些人；问题不能深入。电话调查法询问时间不能太长，故通常问卷较短。因此，有些问题不如个人访问法那样深入，较复杂的态度测量表不能用，要求被调查者对某种问题发表意见时，只能作简短说明。

（4）留置调查，是指将调查问卷当面交给被调查者，说明填写的要求并留下问卷，请被调查者自行填写，由调查人员定期收回的一种调查方法。这是介于个人访问法和邮寄调查法之间的一种调查方法，可以消除面谈法和邮寄法的一些不足。

留置调查的优点是：①调查问卷回收率高。由于当面送交问卷，说明填写要求和方法，澄清疑问，因此，可以减少误差，而且能控制回收时间，提高回收率。②答案正确率高，被调查者有充分的时间来考虑问题，并不受调查人员的影响，能作出比较准确的回答。

留置调查的缺点是：调查区域范围有限，调查费用较高，也不利于对调查人员的管理监督。

(5) 因特网调查。因特网调查在现代尤其热门。主要有如下原因：由于省略了印刷、邮寄和数据录入过程，问卷的制作、发放及数据的回收速度均得到提高。市场调研者可以在几小时内完成问卷并统计结果及报表。印刷、邮寄、录入及调研员的费用都被节省下来，而调研费用的增加项却很有限。因此，进行大规模的调查较其他如邮寄或电话调查方法更可以节省费用。随着网上固定样本调查的出现，调研员能够通过跟踪受访者的态度、行为和时间比例进行纵向调查。复杂的跟踪软件能够做到根据上一次的回答情况进行本次问卷的筛选，而且还能填补落选项目。

尽管因特网调查具有以上众多优点，但这种方式也存在一些缺点。最大的缺点恐怕就是上网的人不能代表所有人口。只有不到10%的家庭经常上网（虽然不少人都已入网，但不常用）。使用者多为男性，教育水平高、有相关技术、较年轻和有较高收入。不过，这种情况正在发生变化，越来越多的人开始接触Internet，Internet会成为一种大众化的市场调查工具。

进行因特网调查主要有以下三种方法：

①E-mail问卷。调查问卷就是一份简单的E-mail，并按照已知的E-mail地址发出。被访问者回答完毕将问卷回复给调查机构，有专门的程序进行问卷准备、列制E-mail地址和搜集数据。E-mail问卷制作方便，分发迅速。由于出现在被访问者的私人信箱中，因此能够引起注意。

②交互式系统。利用一种软件语言程序设计问卷结构并在网上进行传输。因特网服务器直接与数据链接，对搜集到的被访者答案直接进行储存。交互式系统为网上调研的使用者提供了一个方便的工具，而且支持程序问卷的再使用。

③网络调查系统。有专门为网络调查设计的问卷链接及传输软件。这种软件设计为无须使用程序的方式，包括整体问卷设计、网络服务器、数据库和数据传输程序。一种典型的用法是：问卷由简易的可视问卷编辑器产生，自动传送到因特网服务器上，通过网站，使用者可以随时在屏幕上对回答数据进行整体统计或图表统计。

3. 访问调查表的设计技术

访问调查表应包含以下基本要素：开场白、调查的问题、被调查的情况和编号。在具体设计问卷时应注意以下几点：

（1）问卷开始时，必须说明调研的目的，并感谢被调研者的合作；

（2）问句必须简单明了，含义清楚，避免使用语意模糊的问句；

（3）不要问难以回答的问题；

（4）问卷提问中所采用的措辞或语气不能带有某种倾向或暗示；

（5）问卷要简短。全部问题最好能在15分钟内回答，以免被调查者产生厌烦情绪。

此外，调查表的形式也会影响到问卷质量。在调查中，调查表形式有两种类型。一种是封闭式，调研人员事先准备好所有可能的答案，被调查者从中选择回答。这种方式更易进行统计分析；另一种是开放式，由被调查者用自己的话回答。这种方式有可能提供更多的信息。

4. 抽样调查技术

在许多调研对象中，如何以最少的时间、费用与手续获得正确的调研结果，这就有赖于抽样调查。所谓抽样调查，是从需要调查的对象的总体中，抽取若干样本进行调查，并根据调查的情况推断总体特征的一种调查方法。采用抽样调查要注意抽样对象的确定、样本大小的选择、抽样方法的确定。

抽样调查可分为两大类：一类是随机抽样，另一类是非随机抽样。

（1）随机抽样。随机抽样就是按随机的原则抽取样本，在调查对象中，每一个个体被抽取的机会都是均等的。由于随机抽样能够排除人们有意识的选择，所以，抽出来的样本具有很好的代表性。随机抽样的方式很多，常用的有：简单随机抽样、分层随机抽样、分群随机抽样。

（2）非随机抽样。非随机抽样是根据调查目的与要求，按照一定的标准来选取样本。因而，在整体中不是每个个体都有机会被选作样本。非随机抽样常用的方法有：任意抽样法、判断抽样法、配额抽样法。

（二）观察法

1. 观察法的概念

观察法是指调查者在现场对被调查者的情况直接观察、记录，以取得市场信息资料的方法。它不像访问调查法那样，调查者与被调查者直接见面或谈话，向被调查者直接提出问题要求回答，而是凭调查人员的直观感觉或是借助于某些摄录设备和仪器，跟踪、记录和考察被调查者的活动和现场事实，获取某些重要的市场信息。

2. 观察法的类型及优缺点

（1）观察法的类型。观察法的类型有很多种，应根据调查的目标要求选择一种合适的观察方式，观察法的类型可从不同的角度来划分：

①按照观察者置身于观察活动中的深浅程度划分，分为完全参与观察、不完全参与观察和非参与观察。

第一，完全参与观察，即观察者隐瞒自己的真实身份，较长时间置身于被观察者的群体之中，成为他们的一员，与他们生活在同一环境，身临其境开展调查；亲自体验被观察者的处境与感受，倾听他们的言谈，更快、更直接地掌握事态发生与发展情况，取得更深入、更全面的资料与信息。在这种调查中观察者要注意避免两种情况：避免让被观察者发觉而产生戒备心理，导致行为失真；要避免自己长时间与被观察群体在同一种环境的共同生活中受到同化而失去客观的立场。

第二，不完全参与观察，即调查者参与被观察者的群体活动，但不隐瞒自己的真实身份，并取得被观察者的容纳与信任，置身于观察事项之中去获取资料。在这种调查中，观察者虽也身临其境，参与被观察群体的一些活动，但被观察者往往会出于种种考虑而掩饰对自己不利的表现和掩盖更深层的隐秘材料，使调查结果不全面或失去真实性。

第三，非参与观察，即调查者不置身于被观察群体之中，以局外人身份观察，不参与被观察对象的任何行动，也不干预事件发生过程，主要依靠耳闻目睹，完全处于客观立场，只是记录事件发生、发展的真相。在这种调查中，观察者虽然能保持客观、冷静，但往往只能看到表面现象，无法深入了解在行为背后的真实原因，取得全面细致的调查资料。

②按照观察结果的标准化程度，分为系统观察和随机观察。

第一，系统观察，是指在观察调查中根据调查目的，按照标准化规程做总体规划，即预先确定观察范围，拟订观察提纲，确定观察具体对象和项目，以标准化的手段、观察程序和观察技术，有计划地系统观察，使观察结果达到标准化的要求。系统观察适用于调查目的明确、资料要求精确度较高的调查活动。

第二，随机观察，是指对观察项目、程序和步骤事先不作严密的规定，也不用标准化方法进行观察和记录，可以见机行事，比较灵活。随机观察适用于探索性的调查或更深入的专题调查。

③按照取得资料的时间特征划分，分为时间纵向序列观察和时间横向断面观察。

第一，时间纵向序列观察，是指通过对某一事项的连续调查，取得前后顺序的不同时间的连续资料。对取得资料进行分析，能了解调查对象发展变化的过程和规律。

第二，时间横向断面观察，是指在某一特定时间内对若干个调查对象所发生的事态同时加以记录，取得相关资料。对横向观察资料进行分析研究，能够扩大调查的范围。

（2）观察法的优缺点。

①观察法的优点：直观，可靠。观察调查是在被观察者没有觉察到自己的行动正在被观察的情况下进行的，被观察者能够保持正常的活动规律，从而可以客观地搜集、记录观察现场实况，搜集到第一手资料，调查资料真实可靠、准确性高，调查结果更接近实际；简单、易行。观察灵活性较强，只要选择好合适的时间和地点，可随时进行调查；干扰少。观察调查法基本是调查者的单方面活动，特别是非参与观察。它一般不依赖语言交流，不与被调查者进行人际交往。因此，有利于排除语言交流或人际交往中可能发生的种种误会和干扰。

②观察法的缺点：观察深度不够。观察法只能观察被观察对象的外部动作和表面现象。对其内在因素和动机观察不到，有些时候需要投入大量的人员，长时间地观察方可发现某些规律性；限制性比较大。观察法在实施时，常受到时间、空间和经费的限制，一般需要大量人员到现场长时间观察，调查费用支出较大，比较适用小范围的微观市场调查。而且，一旦特定的时空条件发生变化，便无法控制。例如，在调查中遇到突发事件，使原来的调查

计划无法进行等；受调查人员自身条件的制约较大。观察法对调查人员技术要求较高，如敏锐的观察力、良好的记忆力、必要的心理学知识等，如果调查人员调查时的心理、生理状态不好，或是经验、应变能力不行，都会影响调查效果，容易出现主观臆断、观察不够深入、全面等问题。

（三）实验法

1. 实验法的概念

实验法是指从影响调查问题的许多因素中选出一个或两个因素，将它们置于一定条件下进行小规模的实验，然后对实验结果作出分析，研究是否值得大规模推广。实验法是一种特殊的市场调查方法，它是根据一定的调查研究目的确定某一调查对象，创造某些条件，采取某种措施，然后观察其后果的一种调查方法。其应用范围非常广，常常是某种商品在改变品种、包装、设计、价格、广告、陈列方法等因素时应用这种方法。

实验法的最大特点，是把调查对象置于非自然状态下开展市场调查，它是在实验者事先设计的条件下进行调查，容易受一些可变动的因素的干扰，对实验假设条件以外的其他条件的影响无法控制，对实验人员自身行为所引起的影响难以避免。因此，在设计实验条件时，应尽量充分考虑各种内在和外在的因素；同时，在实验调查过程中，实验人员应该尽量使自己保持中立、客观的立场。

2. 实验法的优缺点

(1) 实验法的优点，包括以下几个方面：

①实验法的结果具有一定的客观性和实用性。它通过实地实验来进行调查，将实验与正常的市场活动结合起来，因此，取得的数据比较客观，具有一定的可信度。

②实验法具有一定的可控性和主动性。调查中，调查者可以主动地引起市场因素的变化，并通过控制其变化来分析、观察某些市场现象之间的因果关系以及相互影响程度，是研究事物因果关系的最好方法。

③实验法可提高调查的精确度。在实验调查中，可以针对调查项目的需要，进行合适的实验设计，有效地控制实验环境，并反复进行研究，以提高调查的精确度。

(2) 实验法的缺点，包括以下几个方面：

①市场中的可变因素难以掌握，实验结果不易相互比较。由于市场现象与自然现象相比，随机因素、不可控因素更多，政治、经济、社会、自然等各种因素都会对市场发生作用，因此，必然会对实验结果产生影响，完全相同的条件是不存在的。

②有一定的限制性。实验法仅限于对现实市场经济变量之间关系的分析，而无法研究过去和未来的情况。

③时间长。实验法要求制订出很精确的实验计划和方案，实验时间较长，而在市场调查实际工作中，往往要求在尽可能短的时间内得出调查结论。

④风险大，费用高。实验调查法要冒一定的风险，在操作时要由专业人员来运作。难度较大，费用也相对较高。

三、物流市场调研过程的管理

不同的市场调查项目，由于调查目的、内容和方法不同，工作程序也会有所不同，但一般程序基本上是一样的，概括起来主要有以下几个步骤。

(一) 明确调查目标

在企业经营活动中，面对着复杂多变的市场环境，企业必须对其有一个充分的了解和认识，企业了解市场的基本途径和方式是通过市场调查来实现。企业进行市场调查，首先要明确市场调查的目标，按照企业的不同需要，市场调查的目标有所不同，企业制订经营战略时，必须调查宏观市场环境的发展变化趋势，尤其要调查所处行业未来的发展状况；企业制订市场营销策略时，要调查市场需求状况、市场竞争状况、消费者购买行为和营销要素；当企业在经营中遇到了问题时，应针对存在的问题和产生的原因进行市场调查。只有市场调查目标明确具体，才能使调查工作做到有的放矢，围绕目标展开调查工作，从而抓住问题的关键。

(二) 设计调查方案

在明确了调查目标后，市场调查的下一步工作是设计调查方案。一个完善的市场调查方案一般包括以下几方面内容。

1. 调查目的要求。根据市场调查目标，在调查方案中列出本次市场调查的具体目的要求。例如，本次市场调查的目的是了解某产品的消费者购买行为和消费偏好情况等。

2. 调查对象。市场调查的对象一般为消费者、零售商、批发商。零售商和批发商为经销调查产品的商家；消费者一般为使用该产品的消费群体。在以消费者为调查对象时，要注意到有时某一产品的购买者和使用者不一致，这时有关购买因素的调查对象应是购买者；使用因素的调查对象应是使用者，但当使用者不具备对产品的评价能力时，调查对象应为购买者。

3. 调查内容。调查内容是搜集资料的依据，是为实现调查目标服务的，可根据市场调查的目的确定具体的调查内容。如调查消费者行为时，可按消费者购买、使用、使用后评价三个方面列出调查的具体内容项目。调查内容的确定要全面、具体，条理清晰、简练，避免面面俱到，内容过多，过于烦琐，避免出现把与调查目的无关的内容列入其中。

4. 调查表。为便于实地调查，调查内容要具体化为调查表格形式，调查表由一系列问题和答案组成，问题和答案根据调查内容来设计。调查表是市场调查的基本工具，设计调查表是市场调查的一项重要工作，调查表的设计质量直接影响到市场调查的质量。调查表初步设计完成后，可由设计人员试答一遍，检查是否存在问题；修改后可作一次小范围的试调查，经进一步修改，确定调查表准确无误后，即可付印。

5. 调查地区范围。调查地区范围应与企业产品销售范围相一致。当在某一城市做市场调查时，调查范围应为整个城市，但由于调查样本数量有限，调查范围不可能遍及城市的每一个地方。一般可根据城市的人口分布情况，主要考虑人口特征中收入、文化程度等因素，在城市中划定若干个小范围调查区域。划分原则是使各区域内的综合情况与城市的总体情况分布一致，将总样本按比例分配到各个区域，在各个区域内实施访问调查。这样可相对缩小调查范围，减少实地访问工作量，提高调查工作效率，减少费用。

6. 样本的抽取。调查样本要在调查对象中抽取，由于调查对象分布范围较广，应制订一个抽样方案，以保证抽取的样本能反映总体情况。样本的抽取数量可根据市场调查的准确程度的要求确定，市场调查结果准确度要求越高，抽取样本数量应越多，但调查费用也越高，一般可根据市场调查结果的用途情况确定适宜的样本数量。

7. 资料的搜集和整理方法。市场调查中，常用的资料搜集方法有调查法、观察法和实验法。这几种调查方法各有其优缺点，适用于不同的调查场合，企业可根据实际调研项目的要求来选择。资料的整理方法一般可采用统计学中的方法，利用 Excel 工作表格，可以很方便地对调查表进行统计处理，获得大量的统计数据。若要作较深入的分析研究，还可应用一些数理统计方法，如回归分析、相关分析、聚类分析等。

（三）调查的经费预算

在进行经费预算时，一般需要考虑如下几个方面：

1. 总体方案策划费或设计费；
2. 抽样方案设计费（或实验方案设计）；
3. 调查问卷设计费（包括测试费）；
4. 调查问卷印刷费；
5. 调查实施费（包括选拔、培训调查员、试调查、交通费、调查员劳务费、管理督导人员劳务费、礼品或酬金费、复查费等）；
6. 数据录入费（包括编码、录入、查错等）；
7. 数据统计分析费（包括上机、统计、制表、作图、购买必需品等）；
8. 调研报告撰写费；
9. 资料费、复印费、通讯联络等办公费用；
10. 专家咨询费；
11. 劳务费（公关、协作人员劳务费等）；
12. 上缴管理费或税金；
13. 鉴定费、新闻发布会及出版印刷费用等。

在进行预算时，要将可能需要的费用尽可能考虑全面，以免将来出现一些不必要的麻烦而影响调查的进度。

（四）制订调查工作计划

在完成设计调查方案后，根据调查方案的要求，为了保证市场调查项目的顺利实施，还要制订一个市场调查的工作计划。调查工作计划包括以下几项内容。

1. 组织领导及人员配备。建立市场调查项目的组织领导机构，可由企业的市场部或企划部来负责调查项目的组织领导工作。针对调查项目成立市场调查小组，负责项目的具体组织实施工作。

2. 访问员的招聘及培训。

3. 工作进度。将市场调查项目整个进行过程安排一个时间表，确定各阶段的工作内容及所需时间，要保证在规定的时间内，能完成相应的工作内容。

4. 费用预算。市场调查的费用预算主要有调查表设计印刷费、培训费、劳务费、礼品费、调查表统计处理费用等。企业应核定市场调查过程中将发生的各项费用支出，合理确定市场调查总的费用预算。

5. 组织实地调查。市场调查的各项准备工作完成后，开始进行问卷的实地调查工作，组织实地调查要做好实地调查的组织领导工作和做好实地调查的协调、控制工作。

(五) 物流调研资料的整理和分析

实地调查结束后，即进入调查资料的整理和分析阶段。收集好已填写的调查表后，由调查人员对调查表进行逐份检查，剔除不合格的调查表，然后将合格调查表统一编号，以便于调查数据的统计。调查数据的统计可利用 Excel 电子表格软件完成，将调查数据输入计算机后，经 Excel 软件运行后，即可获得已列成表格的大量的统计数据。利用上述统计结果，就可以按照调查目的的要求，针对调查内容进行全面的分析工作。

(六) 撰写物流市场调研报告

撰写调查报告是市场调查的最后一项工作内容，市场调查工作的成果将体现在最后的调查报告中，调查报告将提交企业决策者，作为企业制定市场营销策略的依据。市场调查报告要按规范的格式撰写，一个完整的市场调查报告格式由题目、目录、概要、正文、结论和建议、附件等组成。

第三节　物流市场的预测

一、物流市场预测的概念

预测是对未来可能发生事件的预计和推测。物流市场预测是指运用历史统计资料、科学方法和数学模型，通过对影响物流市场需求的各种变动因素进行系统调查研究，探索物流需求变化规律及今后的发展趋势，对物流市场的需求量作出估计，为物流企业制订计划和进行物流决策提供依据。

（一）物流市场预测的作用

1. 物流市场需求预测是物流企业制订物流计划的依据。在市场经济条件下，要使物流企业能够生存和发展，物流企业管理层必须时刻关注市场的变化，必须对物流市场的变化趋势作出预测，使制订的物流计划能有效地贯彻执行，实现生产、需求和物流的平衡，从而提高物流企业的经济效益。

2. 物流市场需求预测是物流企业进行决策的基础。面对瞬息万变的现代市场，物流企业进行决策时，必须以物流市场需求预测为前提，通过物流市场需求预测来获得物流决策所需要的大量信息，以便及时、正确地作出物流决策，从而确保物流企业在激烈的市场竞争中立于不败之地。

3. 物流市场需求预测是企业参与竞争的需要。在经济全球化的今天，物流企业要不断提高自身在国内外市场的竞争力，就必须通过物流市场需求预测，了解自己物流服务水准在国内外市场所处的状况，并针对具体情况采用不同对策，保证和提高物流企业的竞争力，促使其真正成为自主经营、自负盈亏、自我发展、自我约束的经济实体。

（二）物流市场预测的内容

1. 市场需求预测

市场需求受两类因素影响，一类是市场环境，如政府政策、经济发展状况、家庭收入、竞争情况等，这是企业本身不能加以控制的因素；另一类是推销方式，如广告、推销、展销、服务等，这是企业本身能够加以控制的因素。进行市场需求预测时，应重点搞清市场环境因素对市场需求的影响。如国家经济政策、人口、购买力、竞争状况等因素对市场需求的影响。

2. 市场占有率预测

市场占有率是指本企业的产品销售量占该种产品市场销售总额的百分比。任何一种产品往往有若干家企业在生产，哪一个企业都不可能独占市场，而只能占有市场销售量的一定份额。因此，市场占有率反映了企业之间的力量对比关系，反映了企业的竞争力和市场地位，市场占有率预测实质上是竞争能力的预测。市场占有率的预测包括以下几个相互联系的内容：①市场供给能力预测。主要了解同类产品生产厂家的数量、规模、生产成本、生产技术、管理水平的现状和发展趋势。②本企业发展能力预测。包括企业生产规模、技术条件、资源供应、服务能力等发展趋势的预测。③市场占有率预测。确定了市场供给能力和本企业的发展能力，就可以作出本企业及竞争对手市场占有率现状及发展趋势的预测。

3. 与企业相关的科学技术发展趋势预测

这是通过对物流技术的历史和现状进行分析，认识其规律性，来推测科学技术的发展变化对企业发展的影响。它为企业开发新产品、改进老产品、生产技术手段更新等方面的决策提供了依据。

（三）市场预测的种类

1. 按预测的范围可分为宏观预测和微观预测

宏观预测是指对国家或某地区市场总体发展变化的预测。如国家或某地区市场需求、供求状况、发展变化趋势的预测等；微观预测是指对某部门、某企业、某种产品的市场情况及其发展变化趋势的预测。如对某企业产品供求状况、销售前景的预测等。

2. 按预测时间长短可分为长期预测、中期预测和短期预测

长期预测是指对市场五年以上情况及其发展变化趋势的预测。主要包括潜在市场预测、产品寿命周期阶段预测、商品需求结构变化预测、市场技术发展变化预测等；中期预测是指用于三年到五年的预测，主要为协调长、短期计划的落实提供依据。如资源预测、市场需求预测等；短期预测是指用于一年以内的预测。它为制定适当的营销策略，适时地调整产销计划及策略提供依据。如商品价格预测、成本及利润预测等。

3. 按预测方法的性质可分为定性预测和定量预测

定性预测，也称为经验判断预测，它是由一些熟悉业务知识、具有丰富经验和综合分析能力的人员凭主观经验，分析判断进行的预测；定量预测，也称分析计算预测，它利用数学模型和数理统计方法来定量地研究和推测市场发展变化的趋势。

二、市场预测方法

物流需求预测的方法有很多种类，并且各种方法之间还存在着很大的差异。根据物流需求预测方法的不同，一般将预测分为定性预测和定量预测两类。前者也称为主观预测，具有简单明了、不需要复杂计算公式等优点，主要来源于各物流部门经理和物流业务人员的主观意见；后者则称为统计预测法，主要是利用过去历史统计数据资料和数学模型来表示需求与各种变量之间的关系来进行预测，其精确性较高，但一般比较烦琐，往往需要专业人员来进行。

（一）定性预测方法

1. 集合意见法

集合意见法是指集合企业内部经营管理人员、业务人员等人员的意见，凭他们的经验和判断共同讨论市场趋势而进行市场预测的方法。由于经营管理人员、业务人员等比较熟悉市场需求及其变化动向，他们的判断往往能反映市场的真实趋向，因此它是进行短、近期市场预测常用的方法。

（1）集合意见法预测步骤，包括以下五个步骤：

第一步，预测组织者根据企业经营管理的要求，向研究问题的有关人员提出预测项目和预测期限的要求，并尽可能提供有关资料。

第二步，有关人员根据预测要求，凭个人经验和分析判断能力，提出各自的预测方案。在此过程中，有关人员应将质的分析与量的分析相结合，力求既有充分的定性分析，又有较准确的定量化描述。

定性分析包括：①历史生产和销售趋势，目前市场的状态，消费心理的新变化，客户流动情况等。②各生产厂的产品适销对路情况，商品资源、流通渠道及供应情况的变化，新产品投入市场的可能性；流动资金来源和运用情况，商品库存结构以及上级主管部门对任务的要求（如果有上级的话）。③劳动组织状况，改善企业经营管理的措施及其可能取得的效果等。

在定性分析基础上，将自己的判断结果作出定量化的描述，形成各自的预测方案。具体包括：①确定未来市场的可能状态（两种或两种以上）；②确定各种可能状态出现的概率（主观概率）；③确定每种状态下市场销售可能达到的水平（状态值）。

第三步，预测组织者计算有关人员的预测方案的方案期望值，即方案期望值等于各种可能状态主观概率与状态值乘积之和。

第四步，将参与预测的有关人员分类，如厂长（经理）、管理职能科室、业务人员等类，计算各类综合期望值。综合方法一般是采用平均数、加权平均数统计法或中位数统计法。

第五步，确定最终的预测值。当预测组织者采用统计法得到综合预测值后，应当参照当时市场上正在出现的苗头，考虑对综合预测值是否需要调整，或进一步向有关人员反馈信息，再经酝酿讨论使预测结果更趋合理。

使用这种方法时，激进与保守的看法对预测值常有较大的影响，且容易受市场形势的影响。例如，市场畅销，容易盲目冒进；市场疲软，容易保守。在出现最大值、中间值、最小值三种情况僵持不下时，可采取合理准则，最大值和最小值的合计概率与中间值概率相等，即最大值概率为 0.25，最小值概率为 0.25，中间值概率为 0.5。计算公式为：

$$Y = (0.25A + 0.5B + 0.25C)/3$$

式中：

Y——推断平均值，即预测值；

A——最大值；

B——中间值；

C——最小值。

（2）集合意见法的组织形式。集合意见法有多种组织形式，大体上可归纳为三种，即集合经营与管理人员的判断意见、集合企业内外的业务人员的判断意见和集合企业内业务人员的判断意见。

2. 典型调查法

典型调查（又称重点调查）是根据调查性质和目标，有意识地选择典型作为调查对象进行调查。即对调查对象中具有代表性的部分对象进行调查，从而达到一定的目的。典型调查对象是根据调查人员主观选定的，而抽样调查是按照一定的规则取样，两者有区别。

3. 专家调查预测法

专家调查预测法，是指根据市场预测的目的和要求，向有关专家提供一定的背景资料，请他们就市场未来的发展变化作出判断，提出量的估计。

专家调查预测法，一般应用于以下几种情况：没有历史资料；或历史资料不完备，难以进行量的分析；或需要进行质的分析。

专家调查预测法在具体运用中，基本只采用两种形式，即专家会议法和专家小组法。

（1）专家会议法

专家会议法是指邀请有关方面的专家，通过会议的形式，对企业的生产经营或某个产品及其发展前景作出评价，并在专家们分析判断的基础上，综合专家们的意见，对该企业或产品的市场需求及其发展趋势作出量的预测。其具体步骤如下：

①召开会议征询意见。邀请出席会议的专家人数不宜太多，也不能太少，一般以6～10人为好，要包括各个方面的有关专家，都能独立思考，不受一两个权威所左右。会议气氛应是民主、活跃、有舒适感的，使人无拘无束，畅所欲言。

②会议主持人提出题目，要求大家充分发表意见，提出各种各样方案。主持人不要谈自己有什么设想、看法或方案，以免影响与会专家的思路。对专家所提出的各种各样的方案和意见，不应持否定态度，应表示热情欢迎。

③强调会议上不要批评别人的方案，大家畅谈自己的方案，敞开思想，各谈各的，方案多多益善。

④会议结束后，主持人再对各种方案进行比较、评价、归类，最后确定预测方案。

为了使这种会议形式取得成效，会前也需要进行一定的调查研究，提供一定的资料，如市场动态资料，不同厂家所生产的同类产品的质量、性能、成本、价格对比资料，以及同类产品的历史销售资料，等等。同时，会前也需要作一些组织准备工作，特别是专家的遴选工作。专家选得是否合适，将决定预测结果的可靠性和全面性。为了能够使问题研究得更全面、更深入一些，也需要吸收一些“对立面”、“少数派”参加。

通过专家会议形式进行市场预测的方法，也存在着某些缺点。例如，参加会议的专家人数有限（一般不超过10人），会影响代表性；易受个别有权威专家的左右，形成意见一面倒；由于某些与会者的个性和心理状态使其限制了自我，如不愿发表与多数人不同的意见，出于自尊心不愿当场修改原来发表过的、即使是根据不充分的意见。由此，会议的最后综合意见，可能并不完全反映与会专家的全部正确意见。但是，在难以进行量的分析的情况下，专家会议形式不失为很有实用价值的预测方法。

（2）专家小组法

专家小组法，又称德尔菲法，主要是指按规定的程序，采用函询的方式，依靠专家小组背对背地作出判断分析，来代替面对面的会议，使专家的不同意见充分发表，经过客观分析和几次征询及反馈，使各种不同意见趋向一致，从而得出比较符合市场发展规律的预测结果。

专家小组法的预测步骤如下：

①拟订意见征询表。根据预测的目的要求，拟订需要调查了解的问题，列成预测意见征询表。征询的问题要简单明确，而且数目不宜过多，以便于专家回答。意见征询表中还需要提供一些已掌握的背景材料，供专家预测时参考。设计意见征询表应遵循以下原则：

第一，问题要集中，要有针对性；问题要按等级排队，先简单，后复杂；先综合，后局部。这样可以使各个事件构成一个整体，容易引起专家回答问题的兴趣。

第二，调查单位和领导小组的意见不应强加于调查的意见之中，要防止出现诱导现象，使专家的评价向领导小组靠拢，从而得出迎合领导小组观点的预测结果。这样，将会大大降低预测结果的可靠性。

第三，避免组合事件。如果一个事件包括两个方面，一方面是专家同意的，另一方面则是专家不同意的，这样，专家就难以作出回答。

②选定征询对象。选择的专家是否适合，是德尔菲法成败的关键。专家的人数不宜过多，一般10～20人为宜。专家之间彼此不发生关系，只与预测组织者直接发生关系。在综合介绍各方面专家意见时，采用匿名方式。选择专家的类型是由预测任务决定的，一般应选择从事的专业工作与预测题目有关、精通业务、熟悉市场行情、具有预见性和分析能力的专家。

③反复征询专家意见。预测主持者通过书信向专家寄送意见征询表，请专家于限期内寄回结果。接到各专家的结果之后，将各种不同意见进行综合整理，汇总成表，再分送给各位专家，请他们对各种意见进行比较，修正或发表自己的意见，以及他人对自己意见的评价。第二轮答案寄回后，再加以综合整理与反馈。经过这样几轮的反复征询，使各位专家的预测意见趋向一致。

④作出预测结论。根据几次提供的全部资料和几轮反复修改的各方面意见，最后作出预测结论，即采用统计分析方法对预测结果进行定量评价和表述，确定预测方案。

专家小组法经过多次反馈，可以不断修正预测意见，使预测结果比较准确可靠；有助于专家们开拓思路，集思广益；在进行函询调查中，专家们彼此互不通气，不受领导、权威的约束和能言善辩者所左右，可以充分发表各种不同意见；对各种不同类型的预测问题，采用相应的不同的数理统计方法。专家的意见经过几轮反馈后，有可能趋向集中，统计结果趋于收敛。

专家小组法的主要缺点是：这种方法主要是凭专家们主观判断，缺乏客观标准，预测需要的时间较长。因此，这种方法一般多用于缺乏历史资料和数据的长期预测。

(二) 定量预测法

定量预测方法是用数学表达式或数学模型来表示物品需求与各种变量之间关系的预测方法。这里只简要介绍基于时间序列分析的简单平均法、移动平均法、一次指数平滑法。

1. 简单平均法

这种方法是将以往几期的实际数字进行简单平均，将其结果用作预测数的一种预测方法。例如，某物流企业 2005 年 1～4 月份的实际配送量为 10 万台、13 万台、9 万台、12 万台，则：

$$5\text{月份的预测配送量} = \frac{10+13+9+12}{4} = 11\ (\text{万台})$$

2. 移动平均法

这种方法是用靠近预测期的各期实际配送量的平均值来预测未来时期配送量的一种预测方法。它是不断引进新数据来消除偶然因素的影响，以求得未来的预测配送量。移动平均法的计算公式为：

$$M_t = \frac{y_t + y_{t-1} + \cdots + y_{t-n+1}}{n} = \frac{1}{n}\sum_{i=t-n+1}^{t} y_i$$

式中：

M_t——第 t 期的移动平均值；

y_t——第 t 期的实际配送量；

n——移动平均数。

例如：某物流企业 2005 年 12 个月的配送量如表 2－1 所示，求 2006 年 1 月的预测配送量。

表 2－1　　某物流企业 2005 年 12 个月的配送量

月　份	实际配送量（台）	预测值 n＝3	预测值 n＝5	预测值＝7
1	100			
2	103			
3	98	100.3		
4	104	101.7		
5	120	107.3	105	
6	117	113.7	108.4	
7	115	117.3	110.8	108.1
8	121	117.7	115.4	111.1
9	125	120.3	119.6	114.3
10	130	125.3	121.6	118.9
11	134	129.7	125	123.1
12	140	134.7	130	126

取 3 期平移（n=3），则：

$$M_3 = (100+103+98)/3=100.3$$

$$M_4 = (103+98+104)/3=101.7$$

同理可得：

$$M_5=107.3；M_6=113.7；M_7=117.3；M_8=117.7；$$

$$M_9=120.3；M_{10}=125.3；M_{11}=129.7；M_{12}=134.7$$

取 n=5，n=7 时，结果见上表。

这样就可将2006 年1 月份的预测配送量定为：134.7 台（n=3 时），或为 130 台（n=5 时），或 126 台（n=7 时）。

由上可知，n 的取值不同对预测值有较大影响。一般 n 取值大，预测值适应新水平的时间长，但落后于可能发展的水平；n 取值小，预测值较灵敏地反映实际趋势，适应新水平的时间短。一般来说，n 的取值要考虑资料期的多少，综合考虑上述因素，选择一个较适当的 n 值。

3. 一次指数平滑法

这种方法是根据近期数据比远期数据对预测的影响要大的情况下，而给近期数据以较大权数。具体做法是以本期实际值和本期预测值为基础，分别给两者不同的权数，计算出一次指数平滑预测值，作为预测结果。其计算公式为：

$$S_{t+1}=S_t+a(Y_t-S_t)$$

式中：

S_{t+1}——下期预测值；

S_t——本期预测值；

Y_t——本期实际配送值；

a——平滑指数（或称平滑系数，$0 \leqslant a \leqslant 1$）。

应用指数平滑法，关键是 a 值的选择。a 值越大，则近期资料的影响也就越大；a 值越小，则近期资料影响越小。a 取值的一般原则是：时间序列长期趋势处于稳定状态，则 a 取值应较小，一般为 0.05～0.2；时间序列具有迅速明显的变动倾向，则 a 取值应较大，一般为 0.3～0.5。

另外，对初始值 S_1 的取值，可以取时间序列前几项的算术平均值为 S，也可取时间序列数据中的第一项 Y_1 和 S_1。

例如，某物流企业 1～6 月份甲产品的实际配送量分别为 30 台、32 台、34 台、35 台、32 台、34 台。设 a＝0.3，预测 7 月份甲产品配送量为多少台？

初始预测值一般取实际配送值。

$S_{t+1}=aS_t+(1-a)S_t$

$S_2=0.3\times30+(1-0.3)\times30=30$（台）

$S_3=0.3\times32+(1-0.3)\times30=30.6$（台）

$S_4=0.3\times34+(1-0.3)\times30.6=31.6$（台）

$S_5=0.3\times35+(1-0.3)\times31.6=32.6$（台）

$S_6=0.3\times32+(1-0.3)\times32.6=32.4$（台）

$S_7=0.3\times34+(1-0.3)\times32.4=32.9$（台）

甲产品 7 月份配送预测值为 32.9 台。

第四节　物流市场调研与预测案例

案例 1

中国 2008 年奥运物流市场预测

2008 年北京奥运会期间，大量的比赛前后器材、体育用品的运送、储存和人们的旅游、娱乐、餐饮等活动都将会对物流提出高质量的服务需求，形成了一个巨大的奥运物流市场。奥运物流是由运输、存储、包装、装卸、配送、流通加工和信息处理等物流基本活动构成的、与举办奥运会相关的物品从供应地到接收地间的实体流动过程。从时间维的角度可以将奥运物流分为赛前物流、赛中物流和赛后物流。赛前物流是指为举办奥运会，在会前进行的诸如城市基础设施、奥运比赛场馆建设用品、比赛器材、新闻媒体器材和生活资料的仓储、运输等物流活动。赛中物流主要是指奥运会举办期间，主办城市及其他比赛地区发生的各类物流活动的总称。赛中物流活动的目的是为奥运会提供后勤保障。赛后物流主要是指奥运会结束后，比赛场馆、奥运村、新闻中心等场所的物品清理、回收和废弃物等物流活动。

现代奥运会不是一个独立封闭的系统，它存在于发达的商业社会中，就必须和这个商业社会进行各种物质和能量的交换。举办奥运会而引发的物流服务需求，形成了一个潜力巨大、备受关注的奥运物流市场。奥运物流市场需求既包括直接为奥运会服务的物流市场需求，也包括奥运会带动的相关物流市场需求。

负责2000年悉尼奥运会物流运作的是悉尼2000物流团队（Sydney 2000 Logistics Team，S2LT）。S2LT提出了几项关于奥运会的组织和物流运作的重要战略决策，将一些服务外包给物流提供商，并建立物流指挥中心（Logistics Command Center，LCC），负责协调物流各项服务工作。对于直接为奥运会服务的物流，如货运代理、信件与包裹快递、奥运村生活物流、奥运比赛器材的物流需求等活动可以承包合同的形式委托给第三方物流公司，合作中规定了第三方物流公司的责任和奥组委S2LT所需提供的必要设施、条件以及协调与监督管理的职责。事实证明，由于奥运会是特有的短期行为，且奥运物流活动又是十分复杂、需要现代物流技术支撑才能完成的，因此，在技术、人力、物力等条件有限的情况下，将那些需要高度专门技术来完成的奥运物流活动外包，不仅可行而且具有特殊的优越性。悉尼奥运会的主要物流服务提供商有：货运代理指定提供商——德国Schenker国际公司、信件与包裹快递指定服务商——美国UPS公司、悉尼展会服务供应商——Geologistics公司、饮料供应商——CUB公司等。

由于悉尼奥运会和雅典奥运会采用物流活动外包和零库存策略，其物流部门所管理的运输车辆和仓储面积，与亚特兰大奥运会相比明显减少。

2008年奥运会对我国国民经济的增长会起到巨大的拉动作用，这已经成为学术界的共识，但在具体拉动的幅度上还存在不同的意见。至今为止，一个被普遍接受的数字是由美国高盛公司给出的，即中国获得2008年奥运会主办权后，从2002~2008年，每年的GDP将会提高0.3%，累计对中国经济发展的贡献可达1.38万亿元人民币。高盛公司认为，主办奥运会不仅会对中国2008年的旅游业带来刺激，由现在至2008年对基建设施的大量投资，还将大大提高中国的经济效益，良好的影响无疑会延伸到2008年以后。2003年，中国的物流总成本为24974亿元人民币，占GDP的比例为21.4%，未来几年这一比例会稳中有降。所以，估计奥运会之前的几年中的平均值为20%。根据高盛公司对奥运GDP贡献的测算数和中国物流总成本占GDP的比重为20%的估计值，可以大致测算北京奥运会的总体物流需求约为2760亿元人民币。

另外，根据北京交通大学汝宜红教授等人的预测，2008年北京奥运会与奥运直接相关的物流需求量为417.2亿元人民币，其中奥运会预算占7.7亿元人民币，北京市投入为409.5亿元人民币。与奥运会直接相关的商品物流需求量为4.91亿元人民币，其中旅游业为1.41亿元人民币，零售与餐饮业为3.5亿元人民币。与奥运会直接相关的废弃物物流需求量10.8亿元人民币，其中奥运会直接产生1.2亿元人民币，观众和游客产生9.6亿元人民币，因此与奥运会相关的物流需求总量大约为432.91亿元人民币。其中发生在赛前的为402.5亿元人民币，赛中的为28.21亿元人民币，赛后的为2.2亿元人民币。

2008年北京奥运会的赛前物流市场包括物流基础设施建设市场、奥运场馆建设物流市场、物流装备市场、物流信息与咨询市场、物流人才培训市场、比赛器材物流市场、生活物流市场、奥组委及各国代表团的货运代理市场、奥运新闻器材物流市场、商业物流市场等10个部分。

以奥组委及各国代表团的货运代理市场为例，目前北京近90%的进出境货物通过天津港出入，因此奥组委及各国代表团的货物的主要运输方式也应为海运，其奥运赛前物流的进出通道主要在北京的“出海口”——天津港。其他奥运分会场分布在青岛、天津、沈阳、秦皇岛、上海等城市，物流量较少。

奥组委及各国代表团的货运代理物流过程为：大部分入境货物首先通过国际运输到天津港，然后在天津港采用海关跨关区运输方式直接运至北京，在北京奥运物流主要仓储基地（可以优先考虑朝阳十八里店物流港，因为此物流基地有京津海关直通系统）办理海关和检验检疫手续，可以在北京奥运物流仓储基地进行存放，或根据需要直接运到相关的目的地。其他不需报关、报检的非进口货物可以通过合理的运输方式运到相关物流基地仓库存储，根据需要向相关场馆进行配送。通过北京首都机场的空运货物可在报关、报检后直接运输至北京奥运物流仓储基地。

2000 年悉尼奥运会“赛中物流”的配送规模为：每天向悉尼奥运公园的 25 个场馆大致 115 个配送点进行 500 次配送业务，每天向 Darling 港的 4 个场馆 10 个配送点进行 100 次配送业务。根据粗略估计，2008 北京奥运会“赛中物流”总的配送规模约为悉尼的 1.2 ~ 1.5 倍。

北京奥运“赛中物流”的重点是奥运村和各比赛场馆的物流配送，“赛中物流”主要区域包括物流设施及各比赛场馆的设置，即奥林匹克公园、各比赛场馆及相关设施、物流基地和物流中心。赛中物流市场包括比赛器材物流市场、生活物流市场、奥运信函与包裹快递市场、商业物流市场、奥运展会物流市场、奥运新闻器材物流市场、废弃物物流等 7 个部分。

赛后物流的主要活动是出境物流及国际国内物流运输、配送、仓储等相关工作，涉及到的主要物流服务内容是待出境货物的暂时仓储、国际运输、通关、报检、空陆联运、海陆联运、货运代理、仓储等服务，其中重点内容是仓储、运输、通关、报检等物流服务。

赛后物流市场包括商业物流市场、回收物流市场和废弃物物流市场三个部分。北京奥运赛后物流的大部分货物尤其是出境货物，首先在奥运物流主要仓储基地进行存储（如北京朝阳十八里店物流港），然后办理海关和检验检疫手续，或根据需要直接通过陆路运输到天津港，在天津港办理海关和检验检疫手续，然后通过海运运至目的地。

虽然赛后物流不像赛前物流和赛中物流的作用突出，但大部分货物都要求在几周之内运送完毕，时间紧迫，要求高质量的物流服务。

主要物流业务外包已经成为奥运物流基本的市场运作模式。分析历届奥运会所选择合作的一些第三方物流公司的基本情况，可以归纳出奥组委选择第三方物流公司所考虑的主要因素有：公司的业绩和经验、公司的技术装备水平、公司的管理水平、公司的物流服务质量、公司的规模及网络化管理能力和公司的品牌信誉等。显然，公司技术装备水平和管理水平先进、物流服务质量高、公司规模大、网络化管理能力强、有从事相关项目经验的第三方物流公司是首选对象。

我国目前尚没有能与 Schenker、UPS、Geologistics、CUB、Maesk 等国际物流大公司相匹敌的第三方物流公司，但是，考虑北京奥组委筹划和组织 2008 年奥运会的目的，不仅仅是为完成“中国要举办历史上最好一次奥运会”的庄严承诺，更重要的是要让世界了解中国，要借奥运之机，推动中国经济的发展。因此，北京奥组委在选择第三方物流企业的时候，在满足奥运物流需求的前提下，要优先选择条件比较具备的国内物流企业，以便给我国物流企业走向世界的机会，推动我国物流业的发展。

案例讨论题：2008 年奥运物流市场的预测对我国物流企业具有怎样的启示？

案例 2

天津物流市场需求调查

工商企业是物流市场的需求方。调查和了解工商企业的物流需求是把握物流市场发展走势的前提和基础，而通过对天津市物流需求与物流供给情况的对比分析，有助于天津市促进物流企业改进服务及工商企业内部物流的合理化运作。

一、物流运作绩效

调查显示，物流费用占销售额比例为 5% 以下的企业占 50%，比例为 6% ~15% 的企业占 31.25%，比例为 16% ~30% 的企业占 12.5%，比例为 31% ~50% 的企业占 6.25%。工商企业的成品平均库存期普遍集中在 11 ~30 天和 1 ~3 个月的范围内，所占比例分别为 36.84% 和 31.58%；10 天以下的比例为 23.68%；超过 3 个月的比例较低，为 7.89%。

二、物流设施

调查显示，工商企业拥有的营运车辆种类较为单一，主要是普通货车，占 48.71%。其中，商业企业中普通货车拥有比例高达 70.34%；其次，翻斗车、半挂车和厢式货车也占有一定比例，分别为 14.04%、8.84% 和 5.89%。与物流企业拥有的车辆结构相比，层次明显偏低。工商企业的车辆利用率普遍较高，利用率在 90% 以上的企业占 50%，其余大部分企业车辆的利用率也都在 70% 以上，特别是工业企业车辆利用率在 90% 以上的企业比例已达到 63.64%。

被调查企业的自有仓库中，比例最高的是普通平房库，占自有仓库总面积的 30.33%，其他专业化仓库和设施较先进的仓库比例很小。其中商业企业自有普通平房库的面积比例为 55.84%，工业企业仅为 21.54%，这表明商业企业仍以传统仓储设施为主。一半以上的企业仓库利用率超过 90%，其余大部分仓库的利用率也在 70% 以上。工业企业仓库利用率达到 90% 的企业占到了 72.22%。仓库作业方式仍然以手工作业为主，其比例占 56.25%，采用机械化作业并采用计算机信息处理的企业比例为 40.63%。

采用先进的物流信息技术对提高企业的物流效率有着重要的作用。根据调查结果，有 68.75% 的企业采用了现代物流信息技术，其中，使用比例最高的是 EDI 系统（电子数据交换系统）和条码技术，分别为 18.2% 和 27.27%；其次为 EOS（电子订货系统）、GPS（全球卫星定位系统）与 GIS（地理信息系统）以及当前最先进的 RFID（无线射频识别），虽然使用比例普遍偏低，但表明企业已经开始采用最先进的物流技术。

调查显示，企业物流信息系统模块主要集中在几大传统的物流服务功能上，仓储管理所占比例高达 68.75%，其次是订单处理占 46.88%，运输管理也在 40% 以上；而代表未来发展方向的一体化服务管理模块的使用比例则较低，为 18.75%。

三、物流需求

调查显示，产品辐射范围超过 1800 公里以上的企业所占比例最高，占 43.75%；其次是 800 ~ 1800 公里，占 21.88%；最后是 300 公里以内和 300 ~ 800公里，分别是 18.75% 和 15.63%。这一结果反映出天津市是全国重要的制造基地，工业产品辐射全国；同时从商业企业看，天津市是华北地区重要的商品集散地，商品销售范围大部分也在 1800 公里以内。

工商企业选择的运输方式仍以公路运输为主，选择比例达93.75%；其次是铁路，为75%；再次是海运，为43.75%。其中工业品输出选择海运的比例高达55.56%，商业企业选择海运的仅占28.57%，这与工业企业产品的辐射范围大于商业企业的分析结果是一致的。另外，商业企业使用铁路公路联运的比例为21.88%，已具有一定的规模。由于天津市工商企业的产品价值相对较高，因而公路水路和铁路水路联运比例较低，分别只有6.25%和3.13%。同时，选择空运作为主要运输方式的比例已经达到28.13%，航空运输出现上升趋势，表明随着天津市空港物流区的建设，航空运输呈现出良好的发展趋势。

调查结果显示，工商企业在选择运输方式时，仍将运输成本和作业速度作为重要标准，有96.88%的企业认为运输成本是最重要的考虑因素，有59.38%的企业则考虑作业速度。同时，物流信息的及时准确率和货损率也是企业关注的两个焦点，选择的企业所占比例分别为50%和46.88%，说明工商企业越来越重视运输服务质量。

被调查企业在选择物流外包服务商时，主要考虑价格水平的选择比例为71.43%，信誉的选择比例为64.29%，运营能力为50%，信息服务水平为42.86%。被调查企业在选择外包服务商时，选择民营物流企业的比例最高，占被调查企业的75%；其次为国有物流企业，选择比例为62.5%。

被调查企业认为，物流服务商需要在以下几方面改进服务：一是信息传递效率，选择比例为62.5%；二是作业速度，为56.25%；三是运作成本，为46.88%；四是服务一体化，为40.63%；五是破损率，为34.38%；六是作业差错、服务态度和需求波动的适应能力，均为18.75%；最后是运作网点数量，为9.38%。

四、物流业务外包

调查显示，有75%的企业将物流业务外包。其中，已经有21.88%的企业将70%以上的物流业务外包，9.38%的企业将51%～70%的物流业务外包，12.5%的企业将31%～50%的物流业务外包。这说明，大部分工商企业认识到外包物流业务对于培育企业核心竞争力的重要意义。同时还应该看到，有3.13%的企业物流业务外包只占11%～30%，仍有28.13%的工商企业外包的物流业务仅占10%以下，而且还有25%的企业尚未进行外包。

对比商业企业和工业企业，物流外包比例达70%以上的商业企业只占7.14%，明显低于工业企业33.33%的比例；而35.71%的商业企业完全没有外包物流业务，比例明显高于工业企业16.67%的比例。这一调查结果反映了商业企业物流外包整体低于工业企业的现象。

被调查的工商企业外包物流业务的内容，目前仍主要集中在干线运输、配送、中转运输和仓储保管等领域，选择比例分别为56.25%、53.13%、40.63%和28.13%；外包物流系统设计、物流信息系统和包装加工等项功能的比例较低，分别为9.38%、6.25%和6.25%。

从调查中还可以发现，商业企业和工业企业在选择外包的主要业务中差异较大。商业企业仓储保管的外包比例较低，为14.29%，说明商业企业的仓储自营能力较强；同时，商业企业的中转运输外包比例高达50%，远远高于工业企业。而工业企业外包干线运输的比例达到66.67%，外包配送的比例达到61.11%。

企业将物流业务外包的主要目的是专注于企业核心业务和降低成本，这两方面选择的比例均高达40.63%；其次是提高服务质量和提高市场反应速度，选择的比例分别为37.50%和18.75%。从工业企业和商业企业对比分析中可知，50%的工业企业外包物流业务主要目的是专注于企业的核心业务，而50%的商业企业主要目的是为了降低成本。

调查显示，物流业务外包后，81.25%的企业经营成本降低、服务质量提高；12.50%的企业成本增加、服务质量提高；也有6.25%的企业成本降低、服务质量下降。从总体上看，物流外包对企业的生产与经营确实产生了积极的影响。从调查看出，企业物流业务没有外包的主要原因中，服务费用、企业控制力和服务质量被列为三个重点问题。其中担心社会化物流服务费用高是主要考虑因素，所占比例最高；其次，担心企业控制力减弱和物流服务质量低也是较为重要的因素。

调查显示，未来将要增加物流外包业务的企业占到了53.13%，外包比例不变的为43.75%，外包比例下降的仅占3.13%。这表明大部分工商企业物流外包的需求还会增长。特别是在工业企业中，选择物流外包比例增加的企业达到61.11%，而选择外包比例不变的主要是商业企业。

在未来外包的业务中，配送、仓储和干线运输选择比例相对较高，比例分别为56.25%、43.75%和40.63%；其次是中转运输、物流系统设计、物流信息管理和包装加工，选择比例分别为34.38%、25.00%、21.88%和12.50%。

案例讨论题：天津物流市场需求调查的结果对你有何启示？

本章小结

物流市场的调研与预测是物流企业运作成败的一个关键的环节，物流市场是指为保证生产和流通过程顺利进行而形成的商品在流动和暂时停留时所需要的服务性市场以及包装、装卸、搬运等辅助性市场。物流市场是一个新兴的服务业市场，是一种复合型产业。

物流企业的物流市场调研与预测的准确程度影响了物流营销的效果。物流市场调研的主要内容包括环境、需求、客户及消费者行为、产品和消费、技术发展情况、竞争情况等方面。调研的方法主要有访问法、观察法和实验法，各种调查方法各有其优缺点和适用范围，应根据调查的对象和目的的不同选择成本较低同时又高效率的调研方法。

物流市场的预测方法大致可以分为定性预测方法和定量预测方法，根据能够搜集信息的不同、预测的目的不同，可以选择不同的预测方法，但在实际的工作当中，往往是两种方法的综合使用。

复习思考题

1. 如何正确理解物流市场的概念和特点？
2. 物流市场调研的类型有哪些？
3. 物流市场预测的方法有哪些？

4. 如何开展物流市场调研？

5. 如何对物流市场进行预测？

6. 物流市场调查的内容包括哪些方面？

7. 专家预测法的实施步骤？

【计算题】

某物流企业的前9个月的流通加工量如表2-2所示，请预测该企业10月份的流通加工量。

表2-2

月份	1	2	3	4	5	6	7	8	9
加工量	60	48	45	40	58	31	27	38	52

【技能训练项目】

某大型电器超市拟新开业，需要确定其物流配送方式，请设计其物流市场调查方式和调查表，确定物流市场大小其配送模式。

第三章　物流市场细分与定位

学习目的

了解市场细分的含义、标准和方法；理解与掌握物流市场细分和定位的原理和方法，重点掌握如何进行物流企业的市场定位。

【关键词】　物流市场　细分　目标市场　定位

第一节　物流市场细分

一、物流市场细分的含义

市场细分指企业按照消费者的需要、爱好、购买动机、购买行为、购买能力等差异作为标准，将市场上的客户划分成若干个客户群。每一个客户群构成一个子市场或细分市场，每一个细分市场都是由具有类似需求倾向的消费者构成的群体。

物流市场细分是指根据物流需求者的不同需求和特点，将物流市场分割成若干个不同的小市场的分类过程。通过物流市场细分，物流市场将区分为不同的子市场；而每个子市场的物流需求者都有类似的消费需求、消费模式等；不同子市场的需求存在着需求特点的明显差异。

客户的需求、购买动机以及购买行为的差异性，为市场细分提供了客观依据。物流市场营销分析市场的需求，是以特定的产品去满足特定市场中特定需求为依据的。这是产生交换或交易的重要条件。但是，从另一方面讲，客户需求与行为存在差异，并不是每个客户各属一种类型，而是有相当数量的客户在对某种商品和服务的需求和购买行为上存在着相似或一致性。每个具有相似性的客户群体就成为一个具有一定个性特点的细分市场。所以，客户需求的差异性使市场细分成为必要。某些客户需求的相似性或一致性使市场细分成为可能，市场细分就是按照求大同存小异的原则对市场进行划分的，并且这种划分随着客户需求的差异性和相似性的变化而不断变化。物流市场中，客户对物流服务的需求，无论是产品的质量和数量，还是产品的特性和要求都各不相同。虽然客户从根本要求上都是为了完成物品从供应地向接收地的实体流动过程，但是在物流活动或物流作业的具体运作活动中却存在着很大的差异。这就为物流市场的细分提供了客观依据。因此，物流企业也必须致力于分析确认客户的需求差别，以求得较多一致的细分市场。例如：客户在运输的方式上、存储的要求上就会产生各自的不同。首先，由于地域的差别，不同地区的客户可能倾向不同的运输方式，而且也有可能为降低运输成本去采用某种运输方式等；再看存储要求上，其实不同的产品就已经产生了不同的存储要求，再加上其他多种因素，其差异是显而易见的。这也就说明了物流市场细分的必要性。

需要指出的是，市场细分和市场分类是两个不同的概念。尽管市场细分和市场分类都是把一定条件下的整体市场划分成不同的部分，但两者的内涵却完全不同。市场细分和市场分类在“市场”概念的运用上不同，前者使用的“市场”是指消费者；后者使用的“市场”可以不是消费者。市场细分的营销主体是指企业；而市场分类可以有不同的行为主体。市场细分的对象是消费者，即把消费者划分开；而市场分类则可以有其他划分对象。市场细分要求被划分后的市场有营销意义，可运用其制定营销策略；而市场分类则不一定是要有营销意义。市场细分是对特定的产品和服务市场进行划分；而市场分类不一定是针对特定产品和服务的。认识以上问题，对于我们理解市场细分的内涵有重要意义。

根据物流市场的特点，物流行业也可按照客户行业、地理区域、物品属性、客户规则、时间长短、服务方式和利润回报等对物流市场进行细分。

（一）客户行业

按照客户所属的行业性质可将物流市场分为农业、制造业、商贸业等。由于客户所在行业不同，其产业构成也存在很大差异，客户对物流需求也各不相同，但是同一行业市场内的客户对物流需求具有一定的相似性。其差异主要体现在各个行业要根据各自的特点去组织物流活动；其相似性主要体现在物流功能的具体操作活动上。

（二）地理区域

从地理区域考虑可将物流市场分为区域物流、跨区域物流和国际物流。以地理区域来细分物流市场，就是根据客户所需物流的地理区域的不同来细分。由于物流活动所处的地理区域不同，而不同区域的经济规模、地理环境、需求程度和要求等差异非常大，使物流活动中的物流成本、物流技术、物流管理、物流信息等方面会存在较大的差异，而且不同区域的客户对物质资料的需求也会各有特色。这就使得物流企业必须根据不同区域的物流需求，确定出不同的营销手段，以取得最佳经济效益。

（三）物品属性

以物品属性来细分物流市场，就是根据客户所需物流活动的物品属性或特征来细分市场。由于物品属性的差异，物流企业在实施物流活动中，物流作业的差别会很大，物品属性差别对物流诸功能的要求会体现在整个物流活动中，而且物流质量和经济效益也同物品属性有很大的联系。

（四）客户规模

从客户规模角度可将物流市场分为大客户、中等客户和小客户。以客户规模来细分物流市场，就是按照客户对物流需求规模的大小来细分市场。由于物流需求客户的规模大小不同，需要提供的服务也存在很大差异。

（五）时间长短

从时间性方面可将客户分为长期客户、中期客户和短期客户。以时间性来细分物流市场，就是根据物流企业与客户之间的合作时间长短来细分物流市场。

（六）服务方式

以服务方式为标准可将物流市场分为单一型物流服务方式和综合型物流服务方式。以服务方式来细分市场，就是根据客户所需物流诸功能的实施和管理的要求不同而对市场加以细分。由于客户产生物流需求时对物流诸功能服务的要求会存在着很大的不同，而物流功能需要的多少与物流成本及效益等会有很大的联系，因此物流企业想以最佳的服务奉献给物流市场，就必须以不同的服务方式、服务于不同物流服务需要的客户，以取得最好的社会效益。

二、物流市场细分的作用

物流市场细分有利于物流企业挖掘和开拓市场机会，确定适宜的目标市场。通过市场细分，物流企业可以认识到每个细分市场上物流需求的差异、物流需求被满足的程度以及物流市场竞争状况。物流市场在我国的发展方兴未艾，需要整合和完善的问题还很多。那些未得到满足或满足程度较低、竞争者未进入或竞争对手很少的市场部分便是客观存在的市场机会。抓住这样的市场机会，结合企业资源状况，从中形成并确立适合自身发展和壮大的目标市场，并以此为出发点设计相应的营销组合策略，就可以夺取竞争优势，在市场占有较大的份额，为下一步的发展打下良好的基础，有利于物流企业合理使用资源，与竞争对手相抗衡。任何企业的资源是有限的，如何使用有限的资源进行有效组合为客户提供服务，关系到物流企业经营的成败。通过市场细分可以发现目标客户的需求特征，从而采取有针对性的营销策略，可以有效地与竞争对手抗衡，并在竞争中取胜，有利于物流企业提高经营效益。其主要表现为：物流企业通过市场细分选择一个或多个物流细分市场作为目标市场，就有可能深入细致地分析研究物流市场的特点，集中人力、物力、财力，有针对性地提供适销对路的物流服务，更好地满足目标市场的物流需要。由于物流企业面对的是某一个或少数几个细分市场，可以及时地捕捉需求信息，根据物流需求的变化随时调整市场营销战略和策略。这样既可以节省营销费用，又可以提高市场占有率，取得较好的经营效益。需要说明的是，市场细分作为一种策略，蕴涵着这样一种思路：物流企业并非一味追求在所有市场上都占有一席之地，而是追求在较小的细分市场上占有较大的市场份额。这种价值取向不仅对大中型企业开发市场具有重要意义，对小型企业的生存与发展也极为重要。特别对小型企业，因整体实力弱，无法与强大的竞争对手在整个市场上展开全面较量。但如果将其全部力量集中于某些大企业未曾涉及的细分市场，则可以把自己的劣势转变为局部市场的优势，从而提高企业对抗能力，达到预期的经营目标。

三、物流市场细分的标准和方法

物流市场细分的基本方法主要是按照市场细分标准的多少划分的。常用的方法主要有以下几种。

（一）单因素细分法

单因素细分法是指细分物流市场只按照一个因素进行。例如，如果按照地理区域这一因素去细分物流市场为区域内物流、跨区域物流和国际化物流等不同的细分市场。

（二）综合因素法

综合因素法是以影响物流市场需求的两种或两种以上的因素对物流市场进行综合划分。因为客户的需求差别常常极为复杂，只有从多方面去分析、认识、才能更准确地把它们区别为不同特点的群体。例如，同时按照物品属性和地理区域两个因素来细分物流市场就是按综合因素分析法进行的（见表3－1所示）。

表3－1　综合因素分析法

内　容		地理区域		
		区域内物流	跨区域物流	国际化物流
物品属性	生产资料	细分市场1	细分市场2	细分市场3
	生活资料	细分市场4	细分市场5	细分市场6
	其他类型	细分市场7	细分市场8	细分市场9

（三）“产品—市场”方格图法

“产品—市场”方格图法即按产品（客户需要）和市场（客户群）这两个因素的不同组合来细分市场。例如，物流市场对物流有五种不同的需要：供应物流、生产物流、销售物流、回收物流和废弃物物流。同时有三个不同的客户群，即国家、集体和个体，这样就形成十五个细分市场，如表3－2所示。

表 3－2 产品—市场方格图法

市场、产品	供应物流	生产物流	销售物流	回收物流	废弃物物流
国家	A11	A12	A13	A14	A15
集体	A21	A22	A23	A24	A25
个人	A31	A32	A33	A34	A35

第二节 物流目标市场选择

一、目标市场的含义

所谓目标市场，就是企业为满足现有或潜在需求而设定的细分市场。换言之，目标市场就是企业拟投其所好，为之服务的对象。选择和确定目标市场，明确物流企业的具体服务对象，关系到企业任务和目标的落实，是企业制订营销战略和策略的基本出发点。因此，物流企业在市场细分化的基础上，需要根据企业的本身条件和外在因素，确定产品即物流的服务对象。

二、物流目标市场的选择过程

物流目标市场的选择过程，就是指物流企业在按各种标准将市场细分后，直到确定目标市场的过程。在这个过程中，要对各个细分市场的发展潜力、增长率、竞争状况以及企业所拥有的资源能力、竞争优势等进行评估，选择的过程就是评估的过程。一般地讲，物流企业在选择物流目标市场时需要依据以下基本条件。

（一）有一定的物流规模

物流目标市场要有一定的物流规模是非常重要的条件，如果没有一定的物流需求规模，物流企业就不能体现行业的强势，该市场也就构不成现实的市场和企业的目标市场。

（二）有物流发展潜力

物流目标市场要有物流发展的潜力，即物流市场上有尚待满足的需求，有良好的发展前景，来保证物流企业的稳定发展。

（三）有足够的吸引力

所谓吸引力，主要指长期盈利能力的大小。一个市场可能具有适当规模和增长潜力，但从获利观点看不一定具有吸引力。决定物流市场是否具有长期吸引力的因素主要有：竞争者的数量和质量、物流需求欲望的强弱和专业能力、各类辅助手段的完善程度和质量等。物流企业必须充分估计这些因素对长期获利率所造成的机会和威胁，以便作出明智的抉择。

（四）符合企业的目标与实力

要选择符合物流企业的目标和实力理想的目标市场，还必须结合企业的目标与实力来考虑。

有些细分市场虽然规模适合，也具有吸引力，但如果不符合企业自身发展目标，就只能考虑放弃；如果符合企业目标，但企业在人力、物力、财力等条件上不具备相当的实力，无法在市场上夺得相当的市场占有率，则也不应该选其为最终市场。

三、物流企业目标市场策略及其特点

（一）市场营销的范围策略

在提供物流企业选择目标市场策略前，还必须了解一下企业市场营销时可采用的范围策略，可归纳为五种情形，如图 3－1 所示。

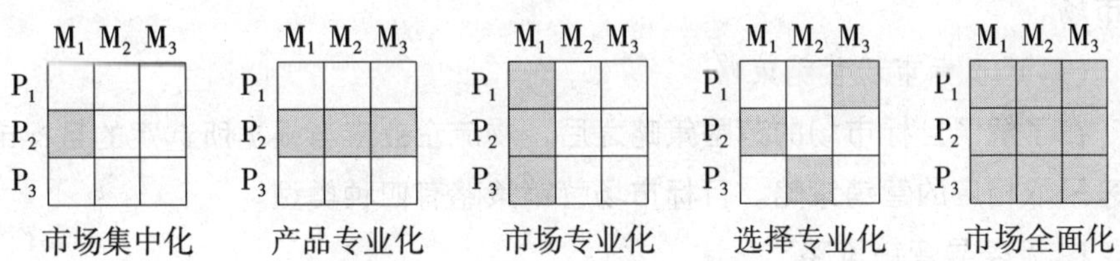

图 3－1　目标市场的五种策略

1. 产品（物品）—市场集中化型

这是指物流企业的目标市场无论从市场角度，还是从产品角度，都是集中于一个市场层面上。企业只提供一种形式物流服务供应单一客户群，这种模式一般适于小企业或初次进入市场的企业采用。

2. 产品（物品物流）专业化型

这是指物流企业提供一种形式的物流服务，满足各类客户群的需要。该模式有利于企业摆脱对个别市场的依赖，降低风险，同时有利于发挥生产技能，在某一服务领域树立较好声誉。

3. 市场专业化型

这是指物流企业向同一客户群供应不同种类的物流服务。这一模式有助于发展和利用与客户之间的关系，降低交易成本，树立良好形象。

4. 选择专业化型

指物流企业决定有选择地进入几个不同的细分市场，为不同的客户提供各种不同的物流服务。这是一种多元化经营模式，可以较好地分散企业的经营风险。但是，采用这种模式应当十分慎重，必须以几个细分市场均有相当的吸引力为前提。

5. 全面进入型

指物流企业决定全方位进入各个细分市场，为所有客户群提供它们所需要的不同种类的系列物流服务。这是实力雄厚的大企业为在市场上取得领导甚至控制地位而通常采用的模式。

物流企业在运用上述五种策略时，一般总是首先进入最有吸引力的细分市场，只是在条件和机会成熟时，才会逐步扩大目标市场范围，进入其他细分市场。

（二）目标市场营销策略

在了解了目标市场的范围策略之后，物流企业应当根据所选定的目标市场来采取相应的营销策略。目标市场营销策略有四种类型。

1. 无差异营销策略

无差异营销策略就是把整个市场看做是一个毫无差别的同质大市场，并对市场的各部分同等看待，通过求大同、存小异求得共同发展。就采用这一种策略的物流企业来说，它是把物流购买者看成是具有相同需求的整体，力图吸引所有的物流需求者，其所设计的物流和营销方案是针对广大的现实和潜在的购买者。

无差异营销策略将市场看成一个整体，不做细分，把整体市场作为目标市场。采用这种策略的企业认为，客户对物流的需求有共通性，不存在差异性。即使存在差异，也只以单一服务形式的物流向整个市场投放。同时，采取统一宣传、统一定价，建立较集中的物流网，向整个市场推出。这一策略的不足之处是可能由于过分强调无差别，而不能满足不同购买者的需求，最终被市场淘汰。

无差异营销策略的最大优点在于成本经济性，即有助于节约研发成本和销售费用。无差异营销策略适用于那些适应性强、差异性小且有广泛需要的物流。但是，在买方市场逐渐形成的情况下，这种策略会随着需求的变化而不适用。此外，成本经济性带来的丰厚利润会诱导竞争者加入，导致竞争加剧，竞争格局千变万化。

2. 差异营销策略

差异营销策略，就是把整个市场分成若干个细分市场，选择两个或两个以上的细分市场作为目标市场，分别设计不同服务形式的物流和营销方案。该策略是建立在客户需求具有异质性的基础上，物流企业对不同细分市场设计不同的物流活动，采取多品种经营。同时，采取不同的促销方式，根据该细分市场的销售渠道，制定不同的价格。对物流企业来说，将客户按一定的细分标准进行细分，并从中作出选择，可以使企业所经营的物流服务更有针对性，更能满足不同需求群体需要。差异营销策略如图 3－2 所示。

第一种物流服务	第一种营销组合	目标市场 1
第二种物流服务	第二种营销组合	目标市场 2
第三种物流服务	第三种营销组合	目标市场 3
……	……	……

图 3－2　差异营销策略

该策略能满足各类物流需求者的不同需求。对企业而言，有助于发挥潜力，扩大销路，增加盈利，有助于提高企业竞争力和应变能力，树立良好的企业形象。差异性营销策略适用于多品种经营的实力雄厚的大、中型物流企业，但也会带来生产成本和销售费用的增加和企业资源受限的局限性。

3. 集中营销策略

集中营销策略就是把整个市场划分为若干个细分部分后，只选择一个或极少数几个细分市场作为自己将要为之服务的目标市场，集中精力搞专业化开发和经营。它所追求的不是在较大的市场上占有较小的市场份额，而是力争在较小的市场上占有较大的市场份额。对一些资源有限、实力不够雄厚、新进入市场的物流企业来说，采用这一策略是为了更深入地了解细分市场的需要，实现专业化经营，在局部市场创造出独一无二的优势。一般地讲，资源有限、规模较小的中小企业常用这种策略，是为了把有限的资源用在最有利的地方。这种策略经营对象相对比较集中，并能对所提供的物流服务实行专业化经营，从而争取较高的投资收益率。但是，这种策略风险较大。由于企业的全部资源与力量均集中在一个或极少的几个子市场上，那么，一旦目标市场风云突变，就可能出现经营危机，使物流企业陷入困境。集中营销策略着眼于在较小的市场中取得较大的市场份额，采取该策略的企业针对一个或极少个目标设计细分市场的营销组合。

4. “一对一”营销策略

目标市场策略的最后一个层次是“细分到个人”和“定制营销”，即一对一营销。现在的各种新技术和信息工具，使公司能对准个人开展营销，定制个人所要求的商品。一对一营销可使人们参与生产完全符合自己愿望的商品。许多情况表明，人们喜欢这种方法。商品可按客户定制，物流服务也可如此。由于一对一客户化定制营销成本的下降，它已与细分市场的费用成本相差不大。越来越多的公司将转向客户化定制营销。物流企业采用这种策略，有利于物流企业走向市场，更贴近于物流战略。

四、物流企业目标市场策略的选择

上述四种目标市场营销策略各有利弊。一个企业究竟采用哪种策略比较有利，必须根据企业具体情况进行通盘考虑，权衡利弊，方可作出最佳的选择。一般地讲，物流企业在选择目标市场营销策略时，必须综合考虑以下几个方面因素。

（一）企业资源

企业资源是选择目标市场营销策略时应考虑的首要因素。企业的资源主要包括生产规模、技术力量、财务能力、经营管理能力等。如果企业实力较强，有可能占有较大的市场，就可采用差异性营销策略或无差异营销策略；如果企业资源有限，无法覆盖整个市场，则以采用集中营销策略为宜。

（二）物流服务寿命周期

物流与其他产品一样，也有寿命周期。处于不同生命周期阶段上的物流，各自具有不同的特点。根据产品处于投入期、成长期、成熟期和衰退期的各阶段特点，可采用不同的目标市场营销策略。一般地讲，在投入期，市场物流需求少，人们还未认清物流活动的重要性，涉足的少。此时可采用无差异营销策略，以引发和巩固购买者的偏好，或针对某一特定子市场采用集中营销策略，增加品牌的知名度；在成长期和成熟期，人们会认识物流的强大优势，涉足的客户会增加，市场上的物流服务的形式增多，竞争者亦趋增多，此时，应采用差异性营销策略；进入衰退期后，为保持原有的市场，物流的内涵亦需变化，以延长物流服务生命周期，应以集中营销策略为主。

（三）产品性质

这是指产品在性能、特点等方面的同质性或差异性大小。同质性大，可采用无差异营销策略；异质性小，可采用差异营销策略或集中营销策略。就物流市场而言，从宏观角度上看，其同质性较大；但从微观角度上看，其异质性亦不小。

（四）市场特点

如果市场上所有客户对产品偏好大致相同，每一时期的购买数量相同，对营销刺激的反应也类似，则宜实行无差异营销策略；反之，如果客户的需求偏好、态度、购买行为等差异较大，则宜采用差异营销策略或集中营销策略，对物流市场而言，方法大致相同。

（五）竞争状况

竞争者的数量和资源是物流企业确定目标市场营销策略时考虑的重要因素。当竞争者较少或竞争对手较弱时，可采用无差异性营销策略；反之，则应选择差异营销策略或集中营销策略。另外，还要考虑竞争对手采取的策略。例如，当强大的竞争对手采取的是无差异营销策略，相对较弱的企业则应采用集中营销策略或差异营销策略。当然，如果竞争对手实力较弱，也可以与之采取相同的策略，凭借实力击败对手。

以上所述，只是一般原则，并无固定模式，物流企业应在实践中根据竞争形势和市场具体情况，灵活运用。

第三节　物流市场定位

一、市场定位的含义

物流企业在细分市场上确定了所要覆盖的市场面后，还要制订和实施市场定位策略。也就是说，企业不管采取何种目标市场策略都必须进一步考虑在拟进入一个或多个细分市场中推出具有何种特色的产品，应当作何种努力使产品与营销组合在客户心目中占据特定的位置，这就把市场定位提到了很重要的地位。

市场定位（又称产品定位）是指企业根据消费者（或客户）对某种产品的某些特征或属性的重视程度，给本企业的产品规定一定的市场地位。市场定位与产品差异化有密切关系，市场定位是以产品为出发点，通过为自己的产品创立鲜明的个性、从而塑造出独特的市场形象来实现的。市场定位就是要为产品在潜在的消费者的头脑中，确定一个合适的位置。因此，产品差异化乃是实现市场定位的手段。但是，产品差异化并不是市场定位的全部内容，市场定位不仅强调产品差异，而且要通过产品差异建立独特的市场形象，赢得客户的认同。

产品定位实际是营销企业为自己准备营销或改进营销的产品设定相应的“个性”，并使消费者喜欢或者是迎合消费者对产品的特定要求，在一定的细分市场中占据有利的地位，有利于企业为产品树立特有的形象，适应细分市场消费者或者客户的特定要求，以更好地满足消费者的需要和增强产品的竞争力。

二、市场定位步骤

市场定位是一个认识比较的过程，其步骤如下：

（一）以产品的特征为变量勾画目标市场的结构图

物流服务产品的特征有：价格（高与低）、质量（优与劣）、规格（大与小）、功能（多与少）等。运用这些变量，两两不同的变量指标组合便可以画出多个平面图。下面试举一例来说明。

假定有一个M企业，以“价格”、“质量”两个因素作为产品定位因素，就可构造成图3－3的定位图。图中，A、B、C、D分别代表不同的竞争对手的产品及所处的市场位置。每一竞争对手的产品，用圆圈来表示其销售量的大小。对于M企业来说，可以有多种定位位置选择：

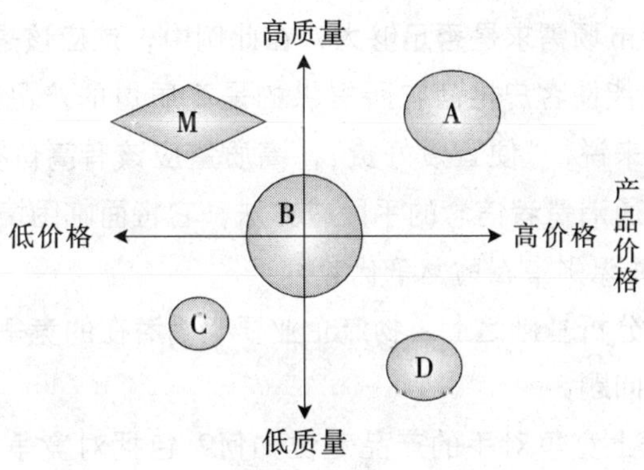

图3－3　市场定位

1. 选择在A企业所处的象限。但是，如果A企业是一家有营销经验的企业，在有竞争对手向其市场地位攻击时，它可以采用如“降价”的措施，这会使M企业在新进入该细分市场时就面临困难，除非企业确有实力向一个占据了成熟地位的竞争对手进行攻击。选择在 B 企业或 C 企业处，所面临的问题是相类似的，所以大多数企业都会避免采用向一个细分市场立足已稳的竞争者进行正面攻击这样的做法。

2. 选择在 D 企业所处的象限。显然，这是完全没有吸引力的市场位置。因为，可以设想 D 企业将不会是一个有生命力的企业，它居然可以将低质量产品用高价格销售，这绝不会拥有长期客户。所以，这是一个潜在购买力极小的细分市场。

3. 在“低价格”和“高质量”的象限处，没有任何企业在此经营，是一个明显的产品、市场空白点。M 企业可以采用填补这一“空白点”的策略。很显然，这是一个拥有许多潜在客户的市场位置。但是，M 企业需要解决至少三个问题，或是满足三个条件，才能在此位置进行产品定位并实际实施该定位策略。

（1）M 企业能否解决质量成本问题，即该企业能以较低的成本生产出高质量的产品吗？可以设想，之所以所有的竞争对手没有进入该处，可能就是缺乏高质量低成本的生产制造技术；

（2）此处的市场需求是否足够大？在此例中，这应该是不存在问题的；

（3）M 企业能使客户相信它所提供的是高质量的产品吗？因为就一般的购买者的信念来说，“便宜没好货”，高质量应该有高价格。如果 M 企业没有有效改变普通消费者信念的手段或方法，它将面临困境。

（二）明确并识别潜在的竞争优势

在上述结构分析基础之上，物流企业要明确潜在的竞争优势。为此要弄清楚三个方面的问题：

1. 目标市场上竞争对手的产品定位如何？包括对竞争者的成本和经营情况分析。

2. 目标市场上足够数量的客户确实需要什么，他们的欲望满足程度如何？必须认定目标客户认为能够满足其需要的最重要的特征。

3. 本企业能够为此做些什么？

相对的竞争优势，是一个企业能够胜过竞争对手的能力。这种能力既可以是现有的，也可以是潜在的。准确地选择相对竞争优势是一个企业各方面实力与竞争对手的实力相比较的过程，通常从经营管理、技术开发、生产、采购、产品、市场营销以及财务指标等方面进行衡量比较。

（三）企业核心竞争优势定位

选定的竞争优势不会自动地在市场上显示出来，物流企业要进行一系列的宣传促销活动，将其独特的竞争优势准确地传播给潜在客户，并在客户心目中留下深刻印象。

1. 建立与市场定位相一致的形象。让目标客户知道、了解和熟悉本企业的市场定位，使目标客户对本企业的市场定位产生认同、喜欢和偏爱。

2. 巩固与市场定位相一致的形象。要强化目标客户的印象，保持目标客户的了解，稳定目标客户的态度，加深目标客户的感情。

3. 矫正与市场定位不一致的形象。许多时候，目标客户对企业及其市场定位的理解会出现偏差，如定位过低或过高，定位模糊与混乱，易造成误会。物流企业在显示其独特的竞争优势过程中，必须及时纠正与市场定位不一致的形象。

（四）制订发挥核心竞争优势的战略

制订最终的市场定位战略是在前边的分析、比较后进行的工作，要经过初步定位和正式定位两个过程。初步定位是经过详细论证后，由最高领导层决定；而正式定位是经过调研、试销、校正偏差之后的最终工作。需再强调的是，随着目标市场供求状况的不断变化，企业在目标市场上的定位将不断得到修正。

三、市场定位的方法

市场定位就是选择以什么角度将自己的产品打入市场。作这种选择时，必须把产品特征、质量、价格、公司形象和已树立的声誉置入视野之内。要牢记一个原则：如果一个品牌不在某些对消费者有意义的方面独具一格的话，那么它成功的可能性就很小。为此，在进行市场定位时要讲求一定的策略和方法。总体上看，市场定位的方法有三种。

（一）正向定位

正向定位就是根据产品的属性（产品的属性包括生产该产品的技术、

设备、生产过程和产品的性能、成分、构造、原料、产地、文化历史等）和消费者所追求的利益来进行定位。目的是突出产品的某些特色或个性，形成一个独特清晰的市场形象，从而培养出对企业产品偏爱或忠诚的消费者。

（二）逆向定位

逆向定位就是根据对竞争对手产品特性的分析，来确定企业自身产品的市场地位。采用逆向定位时必须要明确竞争对手的市场定位是如何形成的。具体说来，较为常用的逆向定位方法大体如下。

1. 迎头定位

迎头定位是指企业在目标市场上选择与竞争对手接近或与其相同的市场定位方式来确定自身产品的市场位置，以争夺同样的目标消费者或用户。这实质上是一种以强对强的市场定位方法，存在一定的风险性，适宜于实力雄厚的企业使用。采用此方法企业一般应具备以下三个条件：

（1）企业产品的性能、质量和特色确实优于竞争对手。

（2）在这个位置上，市场上确实有潜在的销售量，能容得下竞争双方的产品。

（3）在这个产品定位上能发挥企业优势。

2. 避强定位

避强定位指企业避开与竞争对手的直接抗衡，将自己的位置定在目标市场的空白处。由于这种定位方法能使企业迅速在市场上站稳脚跟，并能在消费者或用户心中迅速树立一种形象，风险较小、成功率较高，因此经常被一些大企业采用。

3. 取代定位

取代定位指在市场竞争中，目标市场已经没有空缺位置，企业的定位目标是要把竞争对手从现有的位置上赶走，由本企业取而代之。采用这种定位策略时，企业的产品必须比竞争对手的产品有明显的优势和鲜明的特色，其他方面的竞争力也要很强，否则是很难取得成功的。因此，该策略通常是由一些实力相当雄厚的大企业在定位时采用。

(三) 重新定位

重新定位是企业为改变目前购买者对其产品的印象使目标购买者建立新的认识而对其产品进行的定位。当企业产品出现滞销、市场反应迟缓等现象时，或者第一次定位不准确时，通常会使用这种方法。目的是为了使企业摆脱困境，走出低谷，重新获得活力和效益的增长；另外，有时产品销售范围的意外扩大也会引发重新定位。

四、物流市场定位的内容

物流市场定位是物流企业为了将自己的物流进行有目的的、有选择的、有较强针对性的销售或推广而进行的一种客户定位。即物流市场的可行性如何？物流的服务对象是谁？对自己的物流进入市场的把握如何？物流服务市场受众对象究竟有多大？……一切都围绕着市场进行，从中找出一个既能让物流服务进入市场的最佳切入点，又能使本身的物流服务在客户群体中引起共鸣，并产生强烈的购买欲望。

(一) 物流销售目标定位

物流销售目标定位是前期营销的重要一面。通过明确的目标选择，为物流业主作出开发哪一种物流作业决策打下基础。

如何做好销售目标定位，无论物流企业还是购买群体，双方的要求或期望总会存在着差异。物流企业应当先了解市场，对目标定位有一个初步的构想，如客户对物流服务重要性的认知程度、对物流质量的要求程度、对物流作业和物流环境的满意程度、对物流管理和服务的信任程度等。

物流服务的最终目的就是让购买者认可并产生较大的社会效益。对此，物流企业必须要有一个比较明确的销售目标定位。因为购买者的选择要求、购买层次、接受能力、传统观念、心理承受等的差别可谓千变万化，而销售目标定位则应该完全按照客户在经济上、观念上的接受能力和市场的实际需求去确定。

(二) 物流服务定位

物流服务有规模之分，有服务质量之分，购买的层次更是不一样。因此，物流服务的定位显得尤为重要，必须在消费群体中或买方市场中树立起物流服务的特殊形象。

从营销学来讲，物流服务定位本身就是一个前期营销策略的演变过程。物流服务定位是在其选择和确立物流潜在目标客户的基础上，通过前期营销策略的调整和深化发展，在相应的固定目标客户中，对自身物流的亮点予以全面挖掘，并将最为显著或突出的亮点予以全力推广或宣传，让客户对其所运作的物流服务留下良好的印象，并对物流产生一种别无他求的强烈需求，使物流在开发和营销初期就在买方市场产生一个相当不错或者是具有特色的主体形象。

物流服务定位有着一般商品的共性，但物流服务定位，有着其他商品无可比拟的特性和个性。相对而言，物流服务定位要考虑物流作业的范围、价格、区域、质量和功能等综合因素，由于物流作业诸功能差别的存在，所以定位时应当谨慎。

（三）物流价格定位

在物流市场营销中，除了上述两种定位外，价格的定位也是其中一个足以影响物流行业发展的重要因素。物流的价格定位，其中最重要的是要根据物流服务的过程情况定位，同时兼顾不同地区、不同产业等加以区分。其根本目的在于使物流行业的整体效益最佳，不能过分地拘泥于某一功能，最大限度地挖掘市场的有效需求进行定价；其次，由于市场的可变性较强，因此，应当根据市场总体趋势做好价格定位。应特别重视对购买者群体目标各种不同需求的心理价位进行研究，所推出的价格定位须具备相应的竞争能力。在物流市场中，物流企业要想方设法在物流质量和附加值上做文章，让物流的价格充分体现其价值的含金量。

总之，物流市场定位始终要体现以下几点：①以“客户为中心”的物流服务精神。②以“降低客户的经营成本”为根本的物流服务目标。③以“伙伴式、双赢策略”为标准的物流服务模式。④以“服务社会、服务国家”为价值取向的物流服务宗旨。

第四节 物流市场细分与定位案例

案 例

凯马特（K－MART）的故事

凯马特在20世纪90年代初成为美国零售市场的龙头老大，其市场份额占到整个美国市场的1/3。但是，在不到十年的短短时间里，它就从零售业的巨人走向破产。其根本原因在于凯马特没能成功地进行市场细分，并在美国的零售市场上找到自己的定位。当时，凯马特还特地成立了一个专门小组，对美国零售市场的趋势进行深入的分析和研究。其研究结果表明，美国消费者的价格需求还有向下滑落的趋势。但是凯马特做该项研究的目的，是试图将凯马特重新定位，摆脱其“廉价零售商店”的品牌形象。其高层管理人员对该项研究的结果并未给予充分的重视。

这就给了沃尔玛可乘之机。当年的沃尔玛在美国的零售业里还只能算是个“小弟弟”。排名在它前面的，除了凯马特外，还有如西尔斯（Sears）和JC Penny等老牌零售连锁店。而20世纪90年代初的美国经济危机，也给沃尔玛一个极好的机会。记得在当年读书的大学城，沃尔玛与凯马特隔街相望。但往往是沃尔玛门前的停车场上车满为患，而凯马特店前空旷的停车场上，很少看到停有20辆以上的汽车。不久，沃尔玛因场地实在太小，不得不在街对面重建一新沃尔玛，成为凯马特的右邻，停车场的规模增加了一倍。这下凯马特的日子就更难过了。

面对着沃尔玛的强大正面攻势和另一零售连锁店目标（TARGET，总部位于明尼阿波尼斯的目标，以其商品的新颖设计而吸引了众多的年轻客户）的侧面夹击下，这些年来凯马特一直苦苦挣扎，试图找到自己的定位。几经周折，它最终打出了“最低促销价”的定位口号。但促销是一个动态的过程，把市场定位寄托在这样一个动态的过程上，凯马特似乎犯了市场定位的大忌。美国的老百姓也似乎对这样的定位不感兴趣。当发现其新的定位策略不管用后，凯马特又开始重新塑造品牌形象。真是难为了凯马特的这些名牌商学院毕业、年薪几百万美元的高级主管们。他们所能想到的，就是在原来凯马特的名字前面加一个“大”字。于是新的商标就成为“大凯马特”。新商标的更换工作陆续经历了几年。等到新商标更换得差不多了，凯马特（不，应该是大凯马特）也到了破产的边缘。2002年1月，这位曾经不可一世的全球零售业的“大哥大”，不得不借助美国的破产法来保护自己的残余利益。

案例讨论题：

1. 分析凯马特经营失败的原因。
2. 从本案例中你得到了哪些启示？

本章小结

市场细分就是将某个整体市场的消费者按其不同需要类型进行划分，使被划分后所形成的消费者组群的需要在一个或几个方面具有相同的特征，形成不同的细分（子）市场，以便于营销企业从中选取目标市场和设计相应的营销组合。市场细分不仅是选择目标市场的需要，还具有发现市场营销机会、制订市场营销组合和提高经济效益的重要作用。市场细分和市场分类是不同的概念，需要注意区分。

消费者市场和产业用品市场具有不同的特点，因此常用的细分因素是不同的。企业应根据市场的特点，按相应的细分市场的方法来正确地选取细分因素。

在细分市场的基础上，企业需要选取目标市场。目标市场是营销者准备用产品或服务及相应的营销组合来为之服务的或从事经济活动的一个特定的市场。目标市场可以只包括整体市场中的一个细分市场，也可能是几个细分市场乃至全部市场。

营销企业有五种目标市场覆盖战略和三种目标市场营销战略。营销决策者应按企业的资源拥有、产品的市场特点、企业的经营实力和市场竞争等实际情况来进行选取。

物流市场定位是物流企业为了将自己的物流进行有目的的、有选择的、有较强针对性的销售或推广而进行的一种客户定位。

复习思考题

1. 什么是市场细分？企业为什么要进行市场细分？

2. 市场细分的标准有哪些？在运用细分标准进行市场细分时应注意哪些问题？

3. 市场细分有哪些基本步骤？

4. 选择目标市场的标准是什么？有哪些基本步骤？

5. 选择目标市场的策略有哪些？

6. 简述目标市场的营销基本策略。在选择目标市场营销策略时应考虑哪些因素？

7. 市场定位的步骤有哪些？请列举几种基本的市场定位的方法。

8. 在进行市场定位时应考虑哪些因素？

第四章　物流企业销售战略

学习目的

了解物流企业销售战略的含义、作用和特点，掌握物流企业销售战略的内涵，重点掌握物流企业销售战略制订的方法和分析工具。

【关键词】　物流销售战略　SWOT　分析法　波士顿矩阵

第一节　物流企业销售战略的内涵

一、战略的含义与特点

“战略”一词源于希腊语，原意是“将军”的意思，当时引申为指挥军队的艺术和科学。在现代社会和经济生活中，这一术语主要用来描述一个组织打算如何实现其目标和使命。战略是一整套目标和为实现目标所需的行动计划，如果这些计划成功，将为企业带来竞争优势。

企业战略是一个企业发展应遵循的原则和方针。它应该根据企业拥有的资源情况及企业的产品、技术、信息优势的具体情况来制定。一般应包括：发展方向战略、企业形象战略、生产战略、企业文化战略、市场竞争战略、广告战略、人才管理战略、企业信息化战略等。企业战略一般应随企业资源优势的变动而变动。

战略具有以下几个特点：

（一）全局性

企业的经营战略是以企业的全局为对象，根据企业总体发展的需要而制订的。它所规定的是企业的总体行动，它所追求的是企业的总体效果。虽然它必然包括企业的局部活动，但是，这些局部活动是作为总体行动的有机组成部分在战略中出现的。这样也就使经营战略具有综合性和系统性。

（二）长远性

企业的经营战略，既是企业谋取长远发展要求的反映，又是企业对未来较长时期（五年以上）内如何生存和发展的统盘筹划。虽然它的制订要以企业外部环境和内部条件的当前情况为出发点，并且对企业当前的生产经营活动有指导、限制作用，但是，这一切也都是为了更长远的发展，是长远发展的起步。凡是为适应环境条件的变化所确定的长期基本不变的行动目标和实现目标的行动方案，都是战略。而那种针对当前形势灵活地适应短期变化，解决局部问题的方法都是战术。

（三）竞争性

企业经营战略是关于企业在激烈的竞争中如何与竞争对手抗衡的行动方案，同时也是针对来自各方面的许多冲击、压力、威胁和困难，迎接这些挑战的行动方案。它与那些不考虑竞争、挑战而单纯为了改善企业现状、增加经济效益、提高管理水平等为目的的行动方案不同。只有当这些工作与强化企业竞争力量和迎接挑战直接相关、具有战略意义时，才能构成经营战略的内容。应当明确，市场如战场，现代的市场总是与激烈的竞争密切相关的。经营战略之所以产生和发展，就是因为企业面临着激烈的竞争、严峻的挑战，企业制订经营战略就是为了取得优势地位，战胜对手，保证自己的生存和发展。

（四）纲领性

企业战略规定的是企业总体的长远的目标、发展方向和重点、前进道路以及所采取的基本行动方针、重大措施和基本步骤，都是原则性的、概括性的规定，具有行动纲领的意义。它必须通过展开、分解和落实等过程，才能变为具体的行动计划。

（五）风险性

战略考虑的是企业的未来，而未来具有不确定性，因而战略必然带有一定的风险性。这就要求决策者关注环境的变化，并且能根据环境的变化及时调整战略，提高企业承担风险的能力。

二、物流企业销售战略的含义与特点

物流营销战略就是指物流企业以物流市场需求为核心，通过采取物流营销行为，设计营销方案，以提供物流产品和服务来满足客户的需要和欲望，从而实现物流企业目标的营销战略。

物流战略管理工作的核心内容是通过企业外部环境、内部条件分析，对物流企业战略制定、战略实施、战略评价进行整体构思、筹划和组织实施的工作。物流战略的制定，应考虑如何更有效地利用物流企业内部现有实力以及潜在的资源和能力优势，满足目标市场的需求和完成企业既定目标的要求。

在市场经济条件下，物流企业是一种独特的服务性经济组织，它为客户提供物流服务。与一般的工商企业市场营销相比，物流市场营销具有以下特点：

第一，物流营销者提供服务产品，服务产品的无形性、不可分割性、不稳定性、不可存储性使得客户难以凭肉眼和触摸予以评价。物流的供应商与客户之间相互作用的重点正在从交易转向关系，因此物流企业所提供的物流服务质量水平并不完全由企业所决定，而同客户的感受有很大关系。企业需要通过诸如场所气氛、人员素质、价格水平、设备的先进程度和强大的供应链整合能力等反映服务能力的信息，让客户以此判定物流的服务质量。

第二，物流市场营销的对象广泛，市场的差异程度大。物流服务市场的覆盖面非常广泛。这一方面是由于物流是跨边界的功能和组织活动，另一方面是因为不同货品有不同的服务技术要求，再有就是客户的需求千差万别。所以物流企业面对的是一个差异程度很大、个性化很强的市场，这就要求物流企业进行营销工作时，必须根据目标市场客户企业的特点为其量身定制一套合理的物流解决方案。

第三，物流市场营销的能力强。一个物流企业必须具备较大的运营规模，建立有效的地区覆盖，具有强大的指挥和控制中心，兼备高水准的综合技术、财务资源和营销策略。

第四，物流营销的重点在于有利于客户群实现价值的最大化。

第五，物流营销战略重视与几个关键市场建立和扩展关系。它重视组织里面的“内部”市场，同时也重视和客户、供应商、销售渠道和招聘市场建立广泛深入的外部关系。

第六，质量、客户服务和市场营销是紧密联系的，然而对它们的管理往往各自单独进行。物流营销把这些因素集合起来，使之联系更加紧密。

第二节　物流企业销售战略的管理过程

物流企业战略管理过程由战略方案制定、战略实施和战略控制组成，是这三个环节相互联系、循环反复、不断完善的过程。

一、物流企业销售战略方案的制定

物流企业销售战略方案的制定程序为：

（一）分析企业的外部环境和内部条件，寻找发挥本企业优势的机会

企业外部环境主要包括政治、经济、科学技术、文化和自然环境。它一般具有变动性和不确定性。企业制定经营战略时，需要及时、准确、全面地掌握和分析这些环境对自己生存发展的影响。掌握和分析行业环境是分析外部环境的主要内容。行业环境主要包括行业寿命周期、规模、技术状况、战略集团等行业现状和发展前景以及行业中的竞争结构。

企业内部条件主要是指企业的综合实力。它主要包括：产品实力，如产品性能、质量、品种、销售、服务、技术水平的获利能力；战略优势，如技术、成本、资源、品牌、企业文化和形象等方面。

（二）确定企业经营的方向和目标

经营方向是指企业的发展方向、业务范围和经营领域。发展方向说明企业应满足客户哪些需要，也可称为战略方针。业务范围表明企业经营几个行业的业务或生产。经营领域表明在一个行业内具体应为哪一类特定客户提供产品或服务的经营场所。

（三）制定战略方案

这就是要制定为实现企业目标服务的对策或措施方案。战略方案可以推

动企业在自己所确定的经营领域中夺取优势，从而保证企业目标的实现。一般应当选择在现有产品和市场领域内能促进销售、降低成本、改善资金运用等方面的战略方案，这样比较容易且风险较小。如果这方面的战略方案尚不足于实现目标，就得在新的产品和市场领域里进一步寻找有效的战略方案。如开辟新市场，发展新产品，开展多种经营等。

（四）选择战略方案

为了最后决定应采取的最优战略，对已经制定的各种战略方案要进行评价和选择。评价时主要从两方面加以探讨，①战略方案的效果如何，即对实现企业目标的影响程度如何；②战略方案实现的可能性如何。一般要选择效果好（如利润率高、市场占有率高等）又易于实现（如不需要多投资、不用新的专门人员等）的战略方案作为企业首选的战略。

二、战略的实施

企业战略方案制定以后，接下来的任务就是战略的实施和执行。

（一）建立一个组织

一个新的战略，就需要一个新的组织结构，这里的组织实际上是组织结构，用来推进新的战略实施。

（二）对组织进行调整

在很多情况下，当一个领导人提出新的战略的时候，组织上得不到保证，所以他需要对组织动手术，希望能够在新的战略、新的基础上，得到圆满的实施。另外，在战略实施中还需要考虑资源配置问题。怎么样才能通过预算，将资源更好地分配给关键部门，实施战略。

（三）制订与战略相配套的政策、程序和体系

制订与战略相配套的政策、程序和体系，就是支持战略实施的政策和运作的程序、体系。虽然有了一个很好的理念，但是如果相关政策不改变，也是难以实现的。

（四）企业文化有利于保证战略的实施

保证战略实施的一个很重要的方面，是要考虑怎样鼓励员工，使他们努力地为所设定的目标奋斗。一些企业现在很重视企业文化。良好的企业文化

是有利于保证战略的实施的，通过文化，把制度规范化。一个好的制度，能保证战略有效实施，也能保证组织结构更好地运转。所以要不断地将项目制度化，而且不断地提高、改进，这是非常重要的。

三、战略控制

战略控制是实施战略中的重要一环。战略控制过程是指将战略的执行结果与既定的战略目标进行对比，发现偏差，分析原因，采取措施加以克服的整个过程。战略控制的基本环节有以下三个。

（一）战略评价标准

要从战略目标中确定几个评价标准。评价标准可以是定性的，如战略与环境的一致性，战略与资源的配套性等，但最好是定量的，以便于对比。常用的定量评价标准有：利润总额或利润增长幅度、销售利润率、资金利润率、市场占有率等。

（二）实际工作成果

实际工作成果就是战略的实际执行结果。为了获得准确的资料，除建立有效的管理信息系统外，还要采用一定的控制方法。常用的方法有两种：①产出控制，即对产量、销售量、资金等定量数据的测定，用以证明工作成绩；②行为控制，即直接对个人的行为进行观察，用以提高工作效率。

（三）发现和纠正偏差

将实际工作成果与预定的目标或评价标准进行对比，就会发现偏差，特别是实际成果达不到目标要求的情况。这就要进一步分析造成偏差的原因，究竟是战略本身的问题（如原定的战略目标过高等），还是执行不力、方法不妥、互相脱节等行动方面的问题。然后针对存在的问题，进行战略修订或调整，纠正偏差。

当偏差原因属于战略本身时，就要对战略进行调整或修订。由于企业的外部环境经常在变，战略决策人员的水平也有限，不可能对几年后的发展预计得很准确，从而产生了战略不够准确的状况。战略调整可按调整范围的大小分为以下两类：①局部战略调整。这就是按照影响战略的因素对战略进行局部性的小修改，而不涉及方向性的变化。由于这种调整并不影响总体战略，可由执行单位加以调整。②总体战略调整。这是涉及到全局的长期战略方向的调整，要慎重处理，掌握足够的论据以后再改变。这种调整应由综合部门提出调整方案交企业领导研究决定。

第三节　物流企业销售战略的分析方法

一、波士顿矩阵法

波士顿矩阵法是以设计这种分析工具的波士顿咨询集团命名的，它是根据市场份额、盈利水平以及成长潜力分析公司活动的方法，是运用最广泛的一种战略分析工具。

（一）波士顿矩阵的四个象限

以纵轴作为市场的增长率，也可说是行业的增长率，或者行业的吸引力，即这个行业的增长所带来的吸引能力；以横轴作为相对市场占有率，即企业的市场占有率和市场占有率最大的企业之比，比值可能是大于1，也可能小于1。这样就把市场增长率的高和低、相对市场占有率的高和低划分为四个象限，形成了波士顿矩阵（如图4－1所示）。

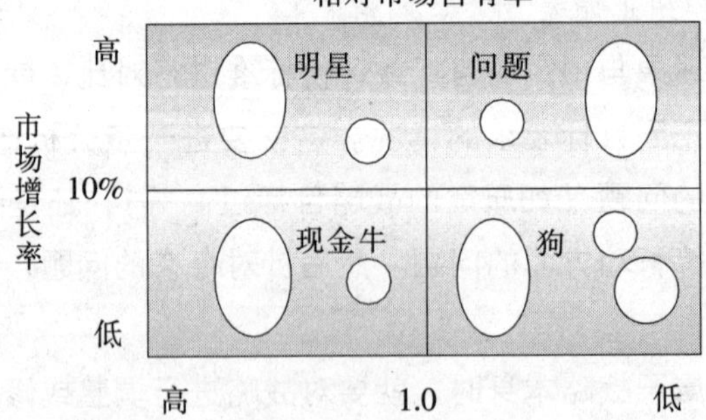

图4－1　波士顿矩阵

1. 第一象限是问题象限

在第一象限，企业考虑进入一个新的行业，因为它的市场增长率比较高，但是自己的市场占有率比较低。在这种情况下是有问题需要解决的。在问题象限，一般新产品的投入也好，新市场的进入也好，都有一定的利润亏损，不可能一开始就有很高的盈利。

2. 第二象限是明星象限

随着企业的逐渐成长，知名度提高了，品牌被人家认可了，像明星一样，企业处于上升阶段。这时带来的现金流量，可能是正的，也可能是负的，因此还需要不断地投入资金来促销、宣传、巩固产品。这个时候基本上属于生命周期的成长阶段。

3. 第三象限是现金牛象限

现金牛象限，也就是成熟阶段。用鲁迅的话讲就是牛吃的是草，挤出来的是奶。由于成熟了，大家对它认知了，自觉不自觉都去购买这个产品，虽然市场增长率比较少，但相对的市场占有率较高，从而带来大量正的现金流量。

4. 第四象限是狗象限

从问题到明星，从明星到现金牛这样一个过程，形成一个金三角关系。当然不可能一个业务永远存在，它可能被替代，可能被淘汰，所以会进入第四个象限。这时，相对市场占有率比较低，市场增长率也比较低，市场前景不高，出现萎缩，这就是狗象限。这里讲狗，实际讲狗啃骨头，榨取最后一滴油，也就是说在退出之前，还需要再回收一部分利润，至少不要带来亏损。

（二）波士顿矩阵法的基本应用法则

按照波士顿矩阵法的原理，产品市场占有率越高，创造利润的能力越大；另一方面，销售增长率越高，为了维持其增长及扩大市场占有率所需的资金亦越多。这样可以使企业的产品结构实现产品互相支持、资金良性循环的局面。按照产品在象限内的位置及移动趋势的划分，形成了波士顿矩阵法的基本应用法则。

1. 第一法则：成功的月牙环

在企业所从事的领域内，各种产品的分布若显示月牙环形，这是成功企业的象征。因为盈利大的产品不止一个，而且这些产品的销售收入都比较大，还有不少明星产品。问题产品和狗产品的销售量都很少。若产品结构显示的是散乱分布，说明其企业内的产品结构未规划好，业绩必然较差。

2. 第二法则：黑球失败法则

如果在第四象限内一个产品都没有，或者即使有，其销售收入也几乎近于零，可用一个大黑球表示。该种状况显示企业没有任何盈利大的产品，说明应当对现有产品结构进行撤退、缩小的战略调整，考虑向其他事业渗透，开发新的事业。

3. 第三法则：东北方向大吉

一个企业的产品在四个象限中的分布越是集中于东北方向，则显示该企业的产品结构中明星产品越多，越有发展潜力；相反，产品的分布越是集中在西南角，说明狗类产品数量大，说明该企业产品结构衰退，经营不成功。

4. 第四法则：踊跃移动速度法则

从每个产品的发展过程及趋势看，产品的销售增长率越高，为维持其持续增长所需资金量也相对越高。而市场占有率越大，创造利润的能力也越大，持续时间也相对长一些。按正常趋势，问题产品经明星产品最后进入现金牛产品阶段，标志着该产品从纯资金耗费到为企业提供效益的发展过程，但是这一趋势移动速度的快慢也影响到其所能提供的收益的大小。

如果某一产品从问题产品（包括从狗产品）变成现金牛产品的移动速度太快，说明其在高投资与高利润率的明星区域的时间很短，因此对企业提供利润的可能性及持续时间都不会太长，总的贡献也不会大；但是相反，如果产品发展速度太慢，在某一象限内停留时间过长，则该产品也会很快被淘汰。

企业经营者的任务是通过四象限法的分析，掌握产品结构的现状及预测未来市场的变化，进而有效地、合理地分配企业经营资源。在产品结构调整中，企业的经营者不是在产品到了“狗”阶段才考虑如何撤退，而应在“现金牛”阶段时就要考虑如何使产品造成的损失最小而收益最大。

总之，波士顿矩阵是一个投资的分析矩阵，它分析你如何投资。就像炒股票，买了一堆的股票，要保证总体是盈利的，有收益的。企业也是这样，不可能各个业务都很好，对大多数企业来讲，可能有好点的，也可能有差点的，这时就需要企业把它们很好地组合起来。

二、SWOT 法

SWOT 是英文 Strengths、Weaknesses、Opportunities 和 Threats 的缩写。SWOT 分析实际上是将对企业内部和外部条件各方面内容进行综合和概括，进而分析组织的优劣势、面临的机会和威胁的一种方法。其中，优劣势分析主要是着眼于企业自身的实力及其与竞争对手的比较，而机会和威胁分析将注意力放在外部环境的变化及对企业的可能影响上。但是，外部环境的变化可能会给具有不同资源和能力的企业带来的机会与威胁却可能完全不同，因此，两者之间又有紧密的联系。当公司要拓展某一新的业务或进行新的投资前，以及在制订销售计划时，所用的战略分析方法之一便是 SWOT 分析。

采用这种决策方法的根本目的是把自己公司和竞争对手公司的优势、劣势、机会和挑战进行比较，然后决定某项新业务或新投资是否可行。作 SWOT 分析，有利于自己的公司在做新业务前是否会充分发挥自己的长处而避免自己的短处，以趋利避害，化劣势为优势，化挑战为机遇。即所谓的知己知彼、百战不殆，从而降低公司的经营和投资风险。

进行 SWOT 分析时，主要有以下几个方面的内容：

（一）分析环境因素

运用各种调查研究方法，分析出公司所处的各种环境因素，即外部环境因素和内部能力因素。外部环境因素包括机会因素和威胁因素，它们是外部环境对公司的发展直接有影响的有利和不利因素，属于客观因素，一般归属为经济的、政治的、社会的、人口的、产品和服务的、技术的、市场的、竞争的等不同范畴；内部环境因素包括优势因素和劣势因素，它们是公司在其发展中自身存在的积极和消极因素，属主动因素，一般归纳为管理的、组织的、经营的、财务的、销售的、人力资源的等不同范畴。在调查分析这些因素时，不仅要考虑到公司的历史与现状，而且更要考虑公司的未来发展。

（二）构造 SWOT 矩阵

将调查得出的各种因素根据轻重缓急或影响程度等排序方式，构造 SWOT 矩阵。在此过程中，将那些对公司发展有直接的、重要的、大量的、迫切的、久远的影响因素优先排列出来，而将那些间接的、次要的、少许的、不急的、短暂的影响因素排列在后面（如图 4－2 所示）。

	优 势	劣 势
机会	SO 战略（增长性战略）	WO 战略（扭转型战略）
威胁	ST 战略（多种经营战略）	WT 战略（防御型战略）

图 4－2　SWOT 矩阵

（三）制订行动计划

在完成环境因素分析和 SWOT 矩阵的构造后，便可以制订出相应的行动计划。制订计划的基本思路是：发挥优势因素，克服劣势因素，利用机会因素，化解威胁因素；考虑过去，立足当前，着眼未来。运用系统分析的综合分析方法，将排列与考虑的各种环境因素相互匹配起来加以组合，得出一系列公司未来发展的可选择对策。

第四节　物流企业销售战略案例

案例 1

伊利：把经销商变成配送商

“与许多国外的品牌以及上海等地的冰激凌企业比起来，伊利并不是很幸运。在创业过程中，伊利没有一个几千万人口的庞大市场给其撑腰。这也决定了伊利在营销策略上，从一开始就必须征战全国，向消费水平较高的沿海及内地大中城市开拓市场，扩大自己的市场份额。除此之外，别无选择。”伊利冷饮事业部总经理吴建国一开始就强调了自己所处的劣势。

于是，扛着绿色草原的旗帜，伊利在国内一路驰骋。如今，伊利已经在京、津、沪三大城市建立了自己的分公司，取得了良好的市场效果。目前，伊利在全国的销售网络基本形成。除了消费比较成熟的华南、东北、华中等区域，伊利着力拓展华东、西南和西北等区域。公司在全国500多个地级以上城市建立了产品销售网络。

一、控制两端带动中间

在1997、1998年，伊利采用的经销商模式对于中小企业基本上是适中的、经济快捷的。但当市场规模扩大后，经销商的模式就使伊利冷饮的发展受到遏制，销售上不去，利益得不到保证。吴建国心里清楚如果不改变原有的销售模式，扩张将只是一句豪言壮语。于是，就悄悄开始了对伊利冷饮事业部的营销渠道进行全面整合：由过去产品从企业到一批、一批到二批、然后到终端的营销模式转变为控制两端、带动中间的营销模式。重新定义了客户概念，作出了一级配送、二级强化、决胜终端的决策。即不再像过去那样，只将一级批发商作为消费者，而是把二级批发商、最终消费者都纳入其中，将一级批发商变成配送商，以此思路来开展市场营销。

因为当伊利的规模扩大后，经销商的模式就使伊利的发展受到遏制，经销商变成配送商后，原来一级批发商的高风险、高回报，就变成无风险、稳定的回报，从而避免了同一个厂家或不同厂家的经销商之间可能相互压价的情况。厂家则可以利用原来一级批发商的配送能力和网络影响，直接把握市场。经销商之间的竞争就成了厂家与厂家的竞争，这就对企业实力提出了更高要求，整合系统需要高超的市场管理能力、开发能力、运作能力、综合调配能力。这也正是别的冰激凌厂商无法复制的。这一策略使得伊利冷饮即使在淡季期间，主打产品的发货量一直保持订购量的80%，形成了全年伊利冰品都处于供不应求的局面。

二、终端：管理到二级批发商

许多消费者都会强烈地感受到一个事实：只要能买冰激凌的地方就要看

到伊利。终端形象的建设，吴建国当然是下了大功夫的。终端是营销抢占的重点，谁占领了终端，谁就抢占了市场，就拥有了明天的市场。大卖场自不待言，C类店和社区的铺市和陈列是重中之重。要让消费者买到你的产品，就必须让消费者看到你的产品。另外，建立高效的营销队伍启动市场是冷饮事业部全体人员的共识，目前伊利的销售人员已经分布到了全国各地。在营销模式上，伊利采用的是360度整合营销战略，即从商誉、消费者、通路、形象、包装、产品和视觉等6个方面挖掘企业和产品所有的因素，并通过各种媒体加以传递。

事实上，正是管理到二级批发商的运行模式保证了伊利冷饮的旺销。所谓管理到二级，就是伊利自己的销售人员直接对二级批发商进行销售、促销、服务和管理，保证二级批发商的利益，同时维护价格秩序和物流秩序。管理到二级批发避免了由于总经销个人因素造成的产品截流，成为伊利决胜终端的保证。伊利冰品同时为此建立了一套完整的销售管理制度。这种运作方式的建立，参照了药品营销成熟的专业化管理模式。目前，经销商职能配送化和管理到二级批发商的运作模式在冰品界乃至消费品领域都是比较超前的。伊利冰品在北京的二级批发商大约有2000多家，伊利只选择了能够覆盖全市40000多个零售终端的200家二级批发商，最后精简到130家左右。选择目标二批对于厂家有两个好处：①用较少的管理成本就可以覆盖全部市场；②目标二批与非目标二批存在一个竞争关系，目标二批必须努力铺货，并且要遵循厂家的价格秩序和物流秩序，否则就可能被其他二批商取代。选择目标二批对于二级批发商也有两个好处：①利益集中化，100多家二级分流伊利的大物流，获取过去2000家二批的利益；②目标二批直接享受到厂家的促销政策、销售奖励和销售服务。

为了推行管理到二级的运作模式，伊利首先培训自己的销售人员，同时制定了严格的系列管理制度，包括月工作计划总结、周工作计划总结和日拜访日记等，并把计划的落实情况计入考评项目。

伊利将经销商确定为合作伙伴，通过合作共同竞争，实现双赢。面对白热化的竞争环境，经销商的经营风险越来越大，许多经销商一年辛辛苦苦却没有利润甚至亏本。经销商转化为配送商的意义在于，伊利将承担一切经营风险，保证合作伙伴的既得利益。作为配送商，每配送一件产品就获取一份配送费，虽然配送费比经销制下每件货加价收入低，但是除车辆外不需要投入许多人力和冷库费，没有经营风险，实质是无风险回报。为了提高配送商的积极性，伊利对完成或超额完成配送任务的配送商给予完成任务奖励和超额任务奖。事实上，伊利的经销商转变为配送商后，都得到了比较满意的收入。

经销商职能配送化后，伊利既发挥了经销商的配送能力和网络影响力，又可遏制经销制的局限性，直接掌控和疏通下游渠道，维护物流秩序和价格秩序，避免了源自经销商之间的恶性砸价和窜货现象。

案例讨论题：

1. 分析伊利物流销售战略的特点。

2. 从本案例中你得到了哪些启示?

案例 2

长三角地区发展现代物流业的 SWOT 分析

有着“朝阳产业”和“第三利润源泉”之称的现代物流业，在国民经济发展中对促进资源合理配置、优化区域产业结构、改善基础设施建设、降低社会总成本、提升经济总水平等方面起着至关重要的作用。大量数据表明，哪个地区拥有发达的物流，该地区就占有更多的资源和发展的先机，发展本地区现代物流业因而日益受到重视。作为牵引我国经济增长的两台发动机之一，长三角具有发展现代物流业得天独厚的条件，因此成为现代物流业优先发展的重点区域。

长三角和珠三角是分别位于我国东部沿海和南部沿海的两个重要区域。20 世纪 80 年代初，中央提出“以上海为中心建立长三角经济圈”，当时的长三角经济圈包括上海、南京、宁波、苏州、杭州。1986 年，长三角经济圈扩大到上海、江苏、浙江、安徽、福建、江西五省一市，但由于江西、安徽经济落后，利益分配难协调，长三角经济圈没有延续下来。20 世纪 90 年代，随着浦东的开发、上海的发展，带动了长三角经济的飞速发展。1993年上海提出新长三角经济圈，实行强强联手，由五省一市变为两省一市，包括上海市和江苏省的南京、苏州、无锡、常州、扬州、镇江、南通、泰州，以及浙江省的杭州、宁波、绍兴、湖州、嘉兴、舟山，共计15个城市。该地区土地面积99678.5平方公里，2001年户籍人口为7534.144万人，分别约占全国面积的1%和人口的5.8%。

一、优势分析

长三角具有产业集聚的地理位置、基础设施、经济实力、市场资源、政策资金等相对优势，这也是为什么优先和重点发展这个地区现代物流业的原因。明显的区位优势和不断完善的综合交通信息体系为现代物流业发展提供了有力的基础设施保障。优越的区位条件是发展现代物流业的基础所在，由此而不断完善的交通、信息基础设施建设，带来了人才流、物流、信息流、资金流的大范围快速流动，为现代物流业提供了前所未有的发展前景。

对长三角而言，它位于中国东部沿海开放城市带和沿长江产业密集城市带的结合部，是“黄金水道”与“黄金海岸”的交汇，土地肥沃、资源丰富，素有“鱼米之乡”、“丝绸之府”的美称，也是我国东部沿海地带重要的交通枢纽。长三角内高速公路网络发达，区域内城市群通过沪宁高速公路、沪杭高速公路与铁路、宁杭高速交通体系、京沪高速铁路及沿海、沿江公路与铁路运输系统连成一体。城市内轨道交通正向城市际轨道交通建设发展。长三角区域内拥有600公里的优良海岸线和众多优良港口。我国最大的综合性贸易港口上海港就在这里，2002年其吞吐量达2.64亿吨，居全国第一、世界第三，它与宁波港、南京港、镇江港、舟山港等组成了我国最大的港口群，与160多个国家和地区通航。同时，国际航运中心已定位于洋山地区，它的建成将使这一港口群组合发展成最具国际竞争力的港区。这里还有高度现代化的浦东机场，与虹桥机场、周边城市机场一起，共同构成了长三角有充分竞争力的国际空运中心。总之，长三角已形成一个以上海为中心的现代化交通网，这将使长三角交通成为区域一体化联动发展的推动力量，并为现代物流业的发展奠定了坚实的硬件基础。

良好的经济基础和巨大的经济规模为现代物流业发展提供了有力支撑，造就了潜力巨大的物流市场。改革开放以来，经过各自不同的制度创新模式，实现了经济的成功转型和快速发展，创造了区域经济发展的奇迹，成为我国经济增长最快、最发达的两大地区之一。长三角引领着中国经济的增长，成为拉动我国经济的一大增长极。2002 年长三角 15 个城市国内生产总值为 19141.62 亿元人民币，比 2001 年净增 2160.61 亿元人民币，占全国 GDP 的 18.7%，增长速度为 12.73%；出口额占全国的 28.3%，利用外资约占全国的 33.23%；中国经济实力最强的 35 个城市，长三角占了 10 个；国家统计局公布的 2001 年度全国最发达的 100 个县（市）名单中，长三角占了 37 个；世界 500 强企业有 400 多家落户于长三角。同时，比较雄厚的工商制造业和国内外贸易，以及原材料供应和产品销售“两头在外”的结构特点决定了该地区物流量巨大，为现代物流业的发展提供了广阔的市场空间，成为推动现代物流业发展的内在力量。

明确的物流业发展政策和规划，成为指导和推动现代物流业迅速发展的重要支撑因素。近年来现代物流业成为长三角地区的重要产业，国家和地区政府都比较重视，纷纷给予政策等方面的支持，并颁布了相应的物流发展规划。例如 2002 年 7 月，原国家外经贸部批准广东、江苏、浙江三省及北京、天津、重庆、上海、深圳等直辖市和经济特区开展外商投资物流业试点工作。上海将物流同生物医药、环保、新材料列为四大新兴产业，并列入《上海国民经济和社会发展第十个五年计划纲要》中。据不完全统计，2002 年全国各地、各级政府部门发布和完成现代物流（业）规划研究工作的省市有近 30 个，主要分布在长三角等经济发达地区，如《江苏省现代物流发展规划（2002 ~ 2010）》、《浙江省现代物流发展纲要》、《南京现代物流产业发展规划》等。优惠的政策和明确的规划，不仅创造了现代物流业发展的有利氛围，而且成为指导和推动现代物流业迅速发展的重要因素。

二、劣势分析

尽管该地区在发展现代物流业方面的条件得天独厚且起步较早，但从现实情况来看，目前现代物流业的发展水平仍落后于经济发展的需要。

一是现代物流意识不足，物流教育滞后，物流人才短缺。尽管当前物流很热，但各层面对发展现代物流和开发第三利润重要性的认识依然很浅。发展现代物流业，关键是要具备优秀的物流管理队伍。调查表明，目前许多企业对现代物流的认识模糊，大多把货物运输或货代等同于现代物流，有些企业至今未有发展物流的计划或设想；大部分物流企业也都是从原来的交通运输部门转型而来，一些人对物流的理解还停留在传统运输的概念上，不太懂得供应链和现代物流理论。物流从业人员虽已初具规模，但大多数是从管理专业、工程专业、交通运输专业等转行过来，真正懂得物流科学的高层次管理人才存在较大缺口。缺乏专业物流人才使得企业只能依靠传统方式管理现代物流，导致企业低效运行，缺乏竞争力，制约了区域经济的进一步发展。例如，长三角一向以人力资源丰富著称，但在2003年举行的一次几城市联合招聘会上，出现了8人竞争一个电脑工程师岗位，而30万年薪的物流总监无人应聘的局面。预计到2010年我国中高级物流人才需求量约为40万人，尤以长三角需求量最大，而目前物流人才数量和质量还跟不上发展要求。

二是多数物流企业规模小，服务水平低，企业自办物流与第三方物流比例不合理造成供需矛盾。虽然物流企业数量较多，但规模相对都比较小，服务水平普遍较低。“小”（经营规模小）、“少”（市场份额少、服务功能少、高素质人才少）、“弱”（竞争力、融资能力弱）、“散”（货源不稳定且结构单一，缺乏网络或网络分散，经营秩序不规范）是对目前大多数物流企业的最好写照。发达国家的物流服务商已经实现了物流功能集成化、服务系列化、作业规范化、目标系统化、效益规模化、组织网络化和手段现代化，而本土能提供与外资物流公司同样优质服务的专业化、社会化的第三方物流企业寥若晨星。另一方面，由于受计划经济的影响，长期以来我国企业走的一条“大而全”、“小而全”之路，加上理念的落后，使得大部分工商企业还是自己解决物流问题，一些应从企业内部剥离出来交给第三方物流企业来经营的物流服务依然滞留在企业内部。由于停留在传统的流通模式上，缺乏统一规划和协调，存在条块分割、部门分割和重复建设等问题，造成社会资源浪费；而各自一套的运作方式和管理标准，使得物流运行环节多、周转慢、效率低、费用高，服务差。企业自办物流比例过大造成对第三方物流的需求增长缓慢，使得专业物流市场的有效需求不足，物流服务社会化程度不高，影响了物流市场的社会化进程。两方面原因形成了单一的、低层次、低技术含量的物流服务供给过剩，而高层次、高技术含量的物流服务供给不足，供需矛盾制约着双方的发展。

三、发展的机遇

区域经济的持续快速增长，对物流服务的需求仍将有较大幅度的增长。区域经济的发展带动了区域贸易，区域贸易发展后，区域物流伴随发展，区域物流的发展又进一步促进区域经济的增长，这是一个良性循环。区域经济的增长促进了区域物流的发展，反过来又要求有更加科学缜密的物流体系规划和更大规模的物流服务与之相适应。该地区经济的良好发展态势表明，今后较长时间内，仍将是中国经济发展最快的地区，仍在我国经济中占有举足轻重的地位。这必将带动工商制造业和进出口贸易的长足持续增长，对物流的需求有增无减。

区域一体化整合加速了物流基础设施的建设。在区域整合过程中，长三角涉及两省一市，不在同一行政区内，情况较为复杂，会遭遇更多困难。长三角两省一市各自为政、相互封锁、条块分割、地方保护的行政区经济格局成了阻碍资源流动的障碍和壁垒，一定程度上制约了长三角的整体发展。近年来由于经济发展的要求，各级政府普遍认识到区域物流还须两省一市统一规划、协调发展，共同解决诸如利益协调、政策协调和选址规划及基础设施整合等影响区域物流和区域经济合作中的重大问题，这种情况正得以逐步改善。2002 年 10 月 20 日，长三角 20 位市长共同签署《长江三角洲地区城市市长论坛纪要》，提出共建长三角都市圈，各城市根据长三角一体化要求，科学定位，主动服务和服从于上海这个中心，错位发展，不搞重复建设和恶性竞争，共同把以上海为中心的长三角城市群，建设成为继以纽约为中心的美国东北部大西洋沿岸都市圈、以芝加哥为中心的北美五大湖都市圈、以东京为中心的日本太平洋沿岸都市圈、英国以伦敦为核心的都市圈、以巴黎和阿姆斯特丹为中心的欧洲西北部都市圈之后的世界第六大都市圈。着眼于国际竞争，强强联合、优势互补，打造新兴的产业链和极具整合优势的都市圈，推进长三角经济一体化，已成为长三角区域内各地政府的共识。加速区域内交通体系的规划成为推进长三角一体化联动发展、构筑世界级都市经济圈首当其冲的任务。上海目前正积极进行“长三角3小时都市圈”交通网络的研究，欲使长三角内各大城市及周边大小城镇都在上海3小时车程的辐射圈内。对长三角经济一体化影响深远的杭州湾跨海大桥、上海洋山港国际航运中心、沪崇（明）苏大通道这三大工程也相继启动。此外，在长三角大交通体系规划中，京沪、宁杭、苏嘉杭高速公路，京沪、沪杭高速铁路以及润扬、苏通、崇海大桥，都已筹建、开工或建成。原来相互割裂的行政区域将逐渐连成真正一体化的经济区域。

加入WTO加快了国外先进的物流管理技术和经验的引进吸收，并为发展现代物流业创造出良好的市场环境。我国加入WTO后，国外大型物流企业纷纷进入该物流市场，本土物流企业被推到国际竞争的舞台上。在与海外大公司的较量中，本土物流企业可以引进借鉴国外企业先进的物流技术和管理经验以及物流组织方式，提高管理水平，接轨国际，提高企业的整体素质和竞争能力，加快物流业的产业结构调整和升级，推动传统运输业向现代物流业转变。同时，加入WTO使物流行业市场化、法制化的进程加快，为现代物流业发展创造了一个更加公平开放的市场环境。

四、面临的挑战

更加开放的物流市场环境不仅带来了新的机遇，同时也带来了新的挑战，而且挑战远大于机遇。它是一把双刃剑，对此要有清醒的认识。

随着市场竞争的日趋激烈，物流向买方市场转变，货主对物流服务在深度与广度上的要求将更为严格，传统的两点之间的货物运输已不能满足当今市场的需要。物流企业必须意识到开展现代综合物流服务的必要性，提高服务水平，在从采购、运输、仓储、配送等整个过程中，在保证降低货主物流总成本的前提下，达到快捷及时、安全可靠等一系列要求。

跨国物流企业的进入，加剧了市场竞争。随着改革开放的深入以及中国加入WTO，进一步融入全球经济，我国的进出口贸易会有较大幅度的增长，对物流业势必提出了更高要求。各大国际物流巨头已瞄准了中国的物流市场，看好现代物流业在中国尤其是在长三角这些经济发达地区的发展前景。

2003年1月，我国政府正式颁布了外商投资国际货运代理业管理办法，允许海外投资者以独资方式在中国境内设立外商投资国际货运代理企业，并首次允许外国货运公司在其中国的合资公司中持有多达75%的多数股权。物流行业正式对外开放，使得这些国际物流巨头纷纷斥巨资涌入中国市场，并加快在中国实施战略扩张，尤其是在长三角地区，意欲在这巨大的市场中攫取一份利益。到目前为止，诸如Excel、TNT、UPS、马士基、联邦快递(FedEx)、敦豪环球速递（DHL)、美集、近铁等大批国际知名物流企业都在长三角建立起了业务网络。当前我国现代物流业发展还处于起步阶段，与国际先进的物流技术相比还有很大差距，由于资金、技术、管理、规模效应等一系列因素的限制，本土物流企业还不具备与国际巨头抗衡竞争的实力，其中有一些将在优胜劣汰中被淘汰，使得物流业有可能面临重新洗牌。这对长三角地区的本土物流企业来说无疑是一个严峻的挑战，也是摆在相关部门和企业面前的一件迫在眉睫的大事。

长三角在发展现代物流业中的优势和劣势兼备、机遇与挑战并存，任重而道远。各级政府和企业应当认清形势，正确评估，发挥优势抓住机遇，消除劣势迎接挑战，坚持以区域经济和市场为导向，以现代物流理念为指导，依靠先进的物流理论、技术和装备，制订科学的区域物流发展政策和体系规划，积极整合区域资源，建设现代化的物流基础设施和信息平台，大力培育具有国际竞争力的物流企业，加快传统产业的升级和结构调整，努力构筑与国际接轨的社会化、专业化、信息化、规模化的区域物流服务体系，加速现代物流业的发展，让物流为经济增长服务，让经济增长带动物流。由此，长三角经济将跃上一个新台阶，该地区将进入一个崭新的发展阶段。

案例讨论题：

1. 请你根据SWOT原理，评价长三角地区发展现代物流业的可行性。

2. 请指出长三角发展现代物流的意义。

本章小结

物流营销战略就是指物流企业以物流市场需求为核心，通过采取物流营销行为，设计营销方案，以提供物流产品和服务来满足客户的需要和欲望，从而实现物流企业目标的营销战略。

物流企业战略管理过程由战略方案制定、战略实施和战略控制组成，由这三个环节相互联系、循环反复、不断完善的过程。

物流企业销售战略分析方法主要有波士顿矩阵分析法和 SWOT 分析法。波士顿矩阵法以设计这种分析工具的公司波士顿咨询集团命名，它是一种根据市场份额、盈利水平以及成长潜力分析公司活动的方法。波士顿是运用最广泛的一种战略分析工具。SWOT 分析法是将对企业内部和外部条件各方面内容进行综合和概括，进而分析组织的优劣势、面临的机会和威胁的一种方法。当公司要拓展某一新的业务或进行新的投资前，以及在制订销售计划时，所用的战略分析方法之一便是 SWOT 分析。

复习思考题

1. 什么叫战略？战略有哪些特点？
2. 简述物流销售战略的制定过程。
3. 如何实施企业物流销售战略？
4. 如何控制企业物流销售战略？
5. 简述波士顿矩阵的内涵。
6. 简述波士顿矩阵的应用法则。
7. 什么叫 SWOT 分析法？
8. 如何利用 SWOT 分析法制定企业的销售战略？

第五章　物流服务产品策略

学习目的

了解物流服务产品的概念及特性，了解物流服务新产品的开发过程，重点理解与掌握产品生命周期理论、产品包装策略以及物流企业各种服务产品策略。

【关键词】　物流产品　生命周期理论　包装策略　产品策略

第一节　物流服务产品的内涵与分类

一、产品的概念

产品是指能够提供给市场并引起人们的注意、获取、使用或消费，以满足某种欲望或需要的任何东西。产品是物流企业市场营销组合中的一个重要因素。产品策略直接影响和决定着其他市场营销组合因素策略的实施，对企业的成败关系重大。在现代市场经济条件下，每一个企业都应致力于产品质量的提高和组合结构的优化，以便更好地满足市场需要，提高企业产品的竞争力，取得更好的经济效益。产品的结构整体，一般包括核心产品、有形产品和附加产品三个层次。

（一）核心产品

核心产品是指客户购买某种产品时所追求的利益，是客户真正要买的东西，在产品整体概念中是最基本、最主要的部分。客户购买某种产品不是为了占有或获得产品本身，而是为了获得满足某种需要的效用或利益。

（二）有形产品

有形产品是核心产品借以实现的形式，即向市场提供的实体和服务的形象。如果有形产品是实体物品，则它在市场上通常表现为产品质量、外观特征、式样、品牌名称和包装等。

（三）附加产品

附加产品是客户购买有形产品时所获得的全部附加服务和利益，包括提供信贷、免费送货、保证安装、售后服务等。附加产品的概念来源于对市场需要的深刻认识。

二、物流服务产品的内涵

物流企业提供的产品是一种服务。服务产品具有不可触知性，它没有一定的物质形态，也很难在消费之前、之中和之后进行评估。服务具有生产和消费的不可分离性。因此，物流服务产品的定义可以这样表述：物流服务产品是一种服务性产品，是物流企业提供的服务。物流服务是人或组织的活动，或者对一种可触知产品的临时可支配性，目的是满足消费者的需求和预期。

物流企业的核心产品通常是指为货主提供符合其需要的位移效用和利益；其有形产品一般是指为货主提供运输服务的车辆、船舶、飞机等工具的类型及型号、基础设施布局及环境、航班、车次、航次等状况；物流企业的附加产品通常是指货物装卸、咨询、报关、报价、存储以及其他各种服务。

理解物流服务产品的内涵，还需要了解物流企业提供的一个由四种因素构成的系统。

（一）支撑物流服务产品的设施

这类设施使物流服务产品的生产成为可能。针对物流企业而言，这些设施有仓库、托盘、运输容器、装卸机械、货架、集装箱、箱式车、物流中心及物流信息技术等。

（二）构成的产品

它是物流服务产品的组成部分，物流企业的产品采购、运输、存储、装卸、搬运、包装、配送和流通加工等。

（三）中心好处

这是物流服务的中心，即客户达到成本效益平衡、合理；方便进入市场，特别是对新市场的进入，无须专门构建物流系统；借助物流网络，实现市场扩张；创新服务，与物流企业结成战略联盟，提供增值、超值服务。

（四）附带的好处

存在物流服务所带来的增值感受，也就是以客户、促销、制造、时间、基础服务为核心的增值服务。

三、物流服务产品的特点

物流服务产品有以下特点：

第一，不可触知。物流服务产品的一大特点就是没有一个实在的可让客户触知的物体，它也是最作用于客户的购买决策和物流企业的管理的因素。在销售之前是不存在服务的，所以购买者难以实现评估。要使不可触知的东西变得可触知，问题在于如何去做。①要使客户心中的服务企业形象具体化，可触知；②增强客户对物流企业在不断提高服务质量的形象感觉。为此，物流企业要为设计和塑造让消费者放心的形象、标识、象征而作出投资。当然销售者的能力非常重要，他的形象就是服务的先期形象。

第二，生产和消费不可分。物流服务的生产者无法与其提供的服务相分离造成了一些营销方面的限制。在物流服务中，生产者和客户都是同样在场的，是直接接触并互动的。

第三，时间短、没储备。

第四，质量难以保持。

四、物流服务产品的分类

物流服务产品的分类方法各种各样，从而划分出许多不同的产品类别。在此从两个方面对物流服务产品进行划分。

（一）根据物流的功能划分

物流的功能有基本功能和延伸功能之分。基本功能包括运输功能、存储功能、装卸搬运功能、包装功能、配送功能和信息处理功能；而流通加工、客户服务等为延伸功能。根据物流的功能划分，物流服务产品可分为基本物流服务产品和增值物流服务产品。

基本物流产品是指由物流的基本功能所提供的物流服务产品。具体包括运输服务、存储服务、装卸搬运服务、包装服务、配送服务等；增值物流服务产品是指由物流的增值功能所提供的物流服务，有流通加工服务、客户服务等。

（二）根据物流技术划分

按物流技术形态分类，可以分为物流硬技术和物流软技术；据此，可以将物流服务产品分为物流硬件产品和物流软件产品。

所谓的物流硬技术，是指物流过程所使用的各种工具、设备、设施等，例如各种运输车辆、各种装卸设备、各种仓库建筑、车站、港口、货场建筑、各种包装设备、自动识别和分拣设备以及服务于物流活动的电子计算机、各种通讯设备等。依托物流硬技术提供的各种物流服务产品就称为物流硬件产品；所谓物流软技术，是指物流活动中所使用的方法、技能和作业程序等。这里所说的方法主要是物流规划、物流预测、物流设计、物流作业调度、物流信息处理中所使用的运筹学方法、系统工程方法和其他现代管理方法。依托物流软技术提供的各种物流服务产品就称为物流软件产品。

第二节　物流服务产品的组合策略

一、产品组成的概念

考察一家物流企业里的各种服务，有采购服务、运输服务、仓储服务、包装服务、配送服务、流通加工服务、物流信息服务。如果将各种物流产品（服务）加以捆绑组合成新的产品（服务），就会发现：你有多大的创造性，你就有多少组合的可能性。例如，将物流企业的上述服务就可以组合成为：

组合 A：运输＋仓储服务＋配送

组合 B：仓储＋流通加工＋配送

……

可见，产品组合是指一个物流企业经营（营运）的全部产品或服务的结构，即各种产品及产品项目的有机组成方式。产品组合一般包括若干产品线，每一条产品线又包括若干产品项目。一个产品项目往往具有一个特定的名称、型号或编号。

产品线是一组相似或相近的产品项目。由于相似或相近是一个较含糊的说法，所以企业内的产品线组成方式很多。可以把能满足同一种消费需求的，或必须放在一起使用的，或经由同一销售渠道出售的，或同时属于某价格范围的一组相关产品称为一条产品线。工业中多按产品的品种、类别、型号划分产品线；航运企业多按航线（或营运线路）来划分产品线。

产品组合有一定的宽度、长度、深度和关联性。宽度（或称为广度）是指一个物流企业经营的产品系列数目；长度是指一个物流企业的产品组合中包含的产品项目总数；深度是指一个产品系列所拥有的产品项目的数目；关联性是指一个物流企业的各个产品大类的最终使用、生产条件、分销渠道等方面的密切相关程度。图 5－1 给出了产品组合的宽度与深度的一般描述。

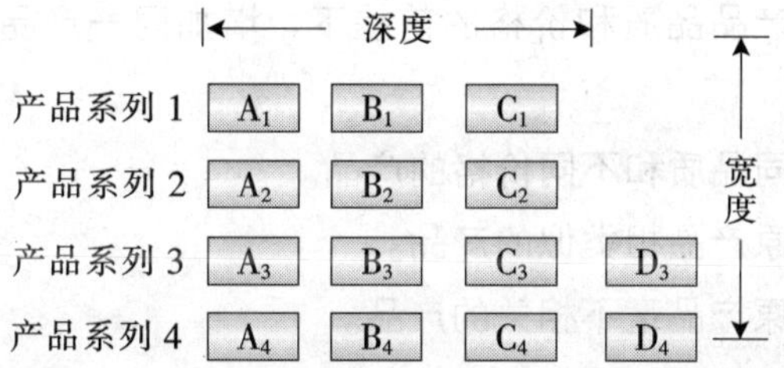

图 5－1　物流企业产品组合

从图 5－1 中可以看出，产品组合为 4 个系列产品，系列 1、2 各有 3 个产品项目，系列 3、4 各有 4 个产品项目，共有产品项目 14 个。即产品组合宽度为 4 个，产品系列 1 的深度为 3 个，产品系列 2 的深度为 3 个，产品系列 3 的深度为 4 个，产品第列 4 的深度为 4 个，产品组合长度为 14 个，平均深度（产品组合长度/产品组合宽度）为 3.5 个。例如，中远集团的产品线有：美洲航线（产品项目数为 2），欧洲航线（产品项目数为 2），大西洋航线（产品项目数为 1），澳大利亚、新西兰航线（产品项目数为 4），南非南美航线（产品项目数为 1），波斯湾航线（产品项目数为 2），东南亚航线

(产品项目数为2)，日本航线（产品项目数为12)，韩国航线（产品项目数为8)。这表示中远集团的产品组合宽度有9个，产品组合深度为34个，平均深度为3.8个。

二、产品组合策略

产品组合策略就是根据物流企业的目标，对产品组合的宽度、深度及关联程度进行组合决策。企业在调整产品组合时，可以针对具体情况选用以下产品组合策略。

(一) 扩大产品组合策略

扩大产品组合策略是开拓产品组合的广度和加强产品组合的深度。开拓产品组合的广度是指增添一条或几条产品线，扩展产品经营范围；加强产品组合的深度是指在原有的产品线内增加新的产品项目。

1. 扩大产品组合的方式

(1) 维持原产品品质和价格的前提下，增加同一产品的规格、型号或款式。

(2) 增加不同品质和不同价格的产品。

(3) 增加与原产品相类似的产品。

(4) 增加与原产品毫不相关的产品。

2. 扩大产品组合的优点

(1) 满足不同偏好的客户多方面需求，提高产品的市场占有率。

(2) 利用企业信誉和商标知名度，完善产品系列，扩大经营规模。

(3) 利用企业资源和剩余生产能力，提高经济效益。

(4) 分散市场需求变动性的影响，抵御市场风险，降低损失程度。

(二) 缩减产品组合策略

缩减产品组合策略是削减产品线或产品项目，特别是要取消那些获利小的产品，以便集中力量保证获利最大的产品线或产品项目。

1. 缩减产品组合的方式

(1) 减少产品线数量，实现专业化经营。

(2) 保留原产品线，削减产品项目。

(3) 停止经营某类产品。

2. 缩减产品组合的好处

(1) 集中资源和技术力量改进保留产品的品质，提高产品商标的知名度。

(2) 生产经营专业化，提高生产效率，降低生产成本。

(3) 减少资金占用，加速资金周转。

(4) 有利于企业向市场的纵深发展，寻求合适的目标市场。

(三) 高档产品策略

高档产品策略，就是在原有的产品线内增加高档次、高价格的产品项目。实行这种产品策略的好处是：

1. 可以提高企业现有产品的声望，提高企业的市场地位。

2. 高档产品的生产经营容易为企业带来丰厚的利润。

3. 有利于带动企业生产技术水平和管理水平的提高。

采用这一策略的企业也要承担一定程度的风险。因为，企业惯于经营廉价产品的形象在客户心目中不可能立即改变，使得高档产品不容易打开销路，从而影响新产品项目开发费用的迅速收回。

(四) 低档产品策略

低档产品策略，是在原有产品线中增加低档次、低价格的产品项目。实行这种产品策略主要有以下一些益处：

1. 借高档名牌产品的声誉，吸引消费水平较低的客户慕名购买该产品线中的低档廉价产品。

2. 增加销售总额，扩大市场占有率。

3. 充分利用企业现有生产能力，补充产品项目空白，形成产品系列。

与高档产品策略一样，低档产品策略的实行能够为企业寻求新的市场机会，同时也会带来一定的风险。如果处理不当，可能会影响企业原有产品的市场声誉和名牌产品的市场形象。此外，这一策略的实施需要有一套相应的营销系统和促销手段与之配合，这些必然会加大企业营销费用的支出。

第三节　物流服务品牌策略

市场竞争，也是品牌的竞争。企业通过具体产品起适当的名字、正确设计品牌、向政府申请注册品牌等行为，能够起到增加产品价值的作用。品牌可以带来客户，带来市场，带来效益。品牌并不仅仅是制造商产品的专利，而为客户提供专业化、个性化服务的物流企业，同样可以创立自己的企业品牌、服务品牌。为什么这里要着重强调品牌的价值和作用？因为品牌是实力的象征。客户（消费者）要了解你的市场开拓能力和创造利润的能力，首先要看你的品牌。品牌，是信誉的保障。作为物流企业，无论你的客户是上游企业还是下游企业，要了解你的信誉状况，在与你合作之前或在考察与你合作的初始阶段，往往看的是你的品牌。品牌，是服务的标志。客户要了解你的服务质量如何，服务特色何在，也会从你的“品牌”中得出结论。物流企业要赢得市场、赢得客户，就需要在创立企业品牌和服务品牌上，拿出实质性的举措。

一、品牌的含义

品牌是一个名称，包括术语、标记、符号、图案，或者是这些因素的组合，其目的是借以识别销售的产品与服务，并使之同竞争者的产品与服务相区别。品牌的名称是品牌可读出声的部分，例如中远物流等。品牌的标记是品牌的可识别但读不出声的部分，像一个符号、设计或一种别致的颜色或字母样式，均属此类。比如，麦当劳的金色拱门，希而顿的 H 字母，美国联邦快递的 FDX 和联合包裹的 UPS。商标是品牌中受到法律保护的品牌或品牌的一部分，凭借商标可以保证卖者对于品牌名称或品牌标记具有独家使用权。

二、物流服务品牌的作用

物流企业的品牌对于整个物流企业的发展是有积极作用和重要意义的。

（一）品牌对于卖方的作用

1. 品牌有利于市场细分和产品定位。物流企业可以为不同细分市场设计不同品牌，来代表不同的产品特征、质量，吸引不同的消费群体，并使他们产生偏好，最终成为品牌的忠诚客户。

2. 品牌有利于促销。品牌是产品特征和质量的标志，物流企业通过广告宣传品牌、建立品牌形象来促销企业的产品。品牌一旦成为名牌，其促销作用将大大提高。在现代产品中，许多产品的技术性能相当复杂，客户无法鉴别其质量，而往往是根据品牌来选择产品，品牌的促销作用越来越大。

3. 有利于产品系列的延伸。如果物流企业产品系列中的某一品牌产品已有一定的知名度，并能为客户所喜爱，那么在这个系列中增加的品种就可以较容易地为客户所接受。这样就可以节省新产品进入市场的促销费用。

4. 品牌有利于形成产品差异。物流企业利用品牌宣传来宣传产品的差异性和暗示产品特色的不可替代性，使购买者难以从价格方面与其他竞争者产品比较，利用品牌可以获得某种垄断并减少价格弹性。据研究，著名品牌的产品比无品牌产品的价格弹性要小，因此，一般价格定位都比较高。

5. 注册商标受法律保护，具有排他性，可以保护产品特色，防止假冒，发现冒牌产品可以依法追究、索赔。

正因为品牌具有以上重要作用，所以创立发展名牌使之行销全国乃至全球，是物流企业的一个重要目标。

（二）品牌对于买方的作用

1. 有利于客户的识别。在同类服务产品中，有许多物流企业的服务产品，这些服务的质量、售后服务都有一定差别，客户在购买时总是喜欢选择他们信得过的物流企业的品牌产品。

2. 有利于保护客户的权益。品牌可以表明物流服务产品的出处，便于有关部门对产品的质量进行监督，质量出现问题便于追查责任，这样使客户的权益得到保障。

（三）品牌对于社会的作用

1. 有益于产品质量的提高。因为客户购买服务产品注重品牌，所以物流市场中的产品竞争变成品牌竞争。品牌代表产品的质量，只有具有良好产品质量的品牌才能在竞争中取得优势。

2. 鼓励物流企业在竞争中不断创新，从而使物流市场上的产品丰富多彩，日新月异。商标专有权保护物流企业之间的公平竞争，使商品流通有序地进行，促使整个社会经济健康发展。

三、物流服务产品品牌策略

品牌是企业发展理念、企业文化、实力、社会信任度、服务品质和附加值的体现，品牌在市场资源的整合和竞争中的影响越来越大。常用的品牌策略有：

（一）品牌兼并策略

品牌兼并策略是指物流企业通过兼并或被兼并的手段，增强物流服务的一体化能力，壮大自己的实力的策略。在激烈的市场竞争中，第三方物流企业要想进行延伸，通过实施兼并策略，由资源整合走向品牌兼并，增强管理水平和技术含量，是一个可能的选择。采用这种策略的优点在于：增强企业实力，增强竞争能力。但应注意两个问题：①把握品牌延伸的准则，即有共同的主要成分、相同的服务系统、技术专业的连接、彼此共享的利益点、相似的使用者形象。②品牌的延伸速度不能过快，数目也不能太多。因为品牌延伸的前提是原有的品牌必须具有较高的知名度和美誉度，它是客户心目中的形象，不是一朝一夕形成的。当原有品牌并不强大而且受到强有力挑战时，就迫不及待推出新产品，这是很危险的，所以速度不能快。同时，新产品的数目不能太多，如果多了，相关程度就差了，造成品牌延伸的混乱。

（二）品牌一体化策略

品牌一体化策略是指物流企业通过股份控制或联合、联盟等实现品牌一体化的策略。物流企业的办事处、分公司以及相应的服务资源（堆场、仓库、车队等）及载体在地域上的网络化，就全国各大城市甚至世界各大城市的机构进行资源整合，也往往通过股份控制或联合、联盟等品牌一体化的品牌营销战略来实现。采用这种策略的优点在于：可以分摊费用，降低成本。

（三）品牌形象策略

品牌形象策略是指将企业的标志、企业名称、企业的色彩等视觉要素设计得独具特色，让人一目了然，给人以强烈印象的策略。物流企业要具备较强的综合能力，而物流企业的综合能力不仅体现在产能服务上（服务规范、服务硬件体系：堆场、仓库、车队等）和地域优势上，更体现在市场的行销力上，而两者均体现在企业的形象识别上即品牌形象号召力上。采用这种策略的优点在于：将企业精神和企业文化形成具体的形象，向公众传播，使公众产生一种认同感和价值观，以达到促销的目的。

（四）副品牌策略

副品牌是指大型物流企业以一个品牌涵盖企业的系列产品，同时各个产品打一个副品牌，以副品牌来突出产品的个性形象。采用副品牌后，广告宣传的重心仍是主品牌，副品牌一般不单独对外宣传，要依附主品牌进行联合广告活动，扩大传播面，张扬产品的个性想象。

（五）多品牌策略

多品牌是指同一个物流企业在同一产品上设立两个或多个相互竞争的品牌，这虽然会使原有品牌的销量略减，但几个品牌加起来的总量比原来只有一个品牌时多。多品牌策略的好处：一是许多客户都是品牌转换者，有求新好奇的心理，喜欢试用新品牌；二是多品牌可以把竞争机制引入企业内部，使品牌之间相互竞争，提高效率；三是多品牌可以使企业拥有多个细分市场，即使各品牌之间差别不大，能各自吸引一群客户。

第四节　物流企业物品包装策略

一、包装的功能

包装是指在流通过程中保护物品，方便储运，促进销售，按一定技术方法采用的容器、材料和辅助物等的总体名称；也指为了达到上述目的而采用容器、材料和辅助物的过程中施加一定技术方法等的操作活动。包装的问题是：包装方面每少花一分钱，这一分钱就必然转到收益上来，包装越省，则利润越高。但是，一旦商品进入流通之后，如果节省的包装降低了物品的防护效果，造成了大量损失，就会造成储存、装卸、运输功能要素的工作劣化和效益大减。对于物流企业而言，包装将带来巨大的增值服务效益。包装的功能主要有以下两个方面。

（一）保护功能

对物品进行包装，具有保护物品不受损伤的功能，它体现了以下包装的主要目的：

1. 防止物品的破损变形。为了防止物品的破损变形，物品包装必须承受在装卸、运输、保管等过程中的各种冲击、振动、颠簸、压缩、摩擦等外力的作用，形成对物品的保护，而具有一定的强度。

2. 防止有害生物对物品的影响。鼠、虫及其他有害物对物品有很大的破坏性。包装封闭不严，会给细菌、虫类造成侵入之机，导致变质腐败，特别是对食品危害性更大，鼠、白蚁等生物还会直接吞食纸张、木材等物品。

3. 防止物品发生化学变化。为了防止物品受潮、发霉、变质、生锈等化学变化，物品包装必须能在一定程度上起到阻隔水分、潮气、光线以及空气中各种有害气体的作用，避免外界不良因素的影响。

4. 防止异物流入，污物污染，丢失、散失。

（二）便利功能

对物品进行包装有利于流通与存储。在物流的全过程中，合理的包装会大大提高物品所经过的流转环节的物流作业的效率和效果，体现在以下方面：

1. 便利运输。包装的规格、形状、重量与物品运输关系密切。包装尺寸与运输车辆、船、飞机等运输工具的箱、仓容积相吻合，方便了运输，提高了运输效率。

2. 便利装卸。物品经过适当的包装后为装卸作业提供了方便，物品的包装便于各种装卸、搬运机械的使用，有利于提高装卸、搬运机械的生产效率。包装的规格尺寸标准化后为集合包装提供了条件，从而极大地提高了装载效率。

3. 便利储存。从搬运、装卸角度上看，物品出、入库时，在包装的规格尺寸、重量、形态上适合仓库内的作业，为仓库提供了搬运装卸的方便；从物品保管角度上看，物品包装的各种标志，使仓库的管理者易于识别，易于存取，易于盘点，有特殊要求的物品易于引起注意；从物品的验收角度上看，易于开包，便于重新打包的包装方式为验收提供了方便性，包装的集合方法、定量性，为节约验收时间、加快验收速度也会起到十分重要的作用。

二、物品包装的分类

（一）按物品包装在流通中的作用分类

物品包装，可分为运输包装和销售包装。运输包装又可称为工业包装，是以保护物品、提高运输效率为主要目的的包装；销售包装又称为商业包装，它是以促进物品销售为主要目的的包装。物流企业以工业包装为主。

（二）按照包装的结构分类

物品包装，可分为件装、内装和外装。件装（个装）是在每个物品上所做的包装；外装通常是对物品进行适于运输、存储的外部包装，如箱装、带装、桶装等；内装是介于外装和件装之间的包装，用于防止水分、湿气和日光的侵入，并防止由于同一外装物品的相互摩擦、碰撞而可能受到的破坏。

（三）按照包装材料的类别分类

物品包装，可分为纸和纸制品包装、塑料制品包装、木包装、金属包装、玻璃包装、陶瓷包装、草编包装及棉纺制品包装等。

（四）按照包装技术或方法分类

物品包装，可分为防火包装、防潮包装、防锈包装，缓冲包装、防虫包装、防鼠包装、通风包装、压缩包装、真空包装及耐寒包装等。

（五）按照物品的类别分类

物品包装，可分为金属品、化工品、机电设备、配件、电工材料的包装等，或分为一般包装、危险包装、长大超重及精密产品包装等。

三、物品包装策略及特征

从市场营销角度考虑物品包装的策略，企业通常采用的有以下几种：

（一）类比包装策略

企业将需要提供服务的各类物品在包装上采用相近颜色，相同图案，体现出共同的特征。

（二）等级包装策略

企业对不同档次或不同质量的物品分别使用不同的包装，并在包装材料、装潢风格上力求与产品档次相适宜。

（三）聚集包装策略

企业针对客户的购买特点和进货数量、品种等，把几种相关服务的物品配套包装在同一包装物中，使得物流服务需求者能成组得到所需的物品。

（四）容量差别包装策略

企业根据客户的使用习惯，按照物品的重量或数量，分别设计大小不同的包装。这一包装策略体现了企业以客户为中心的现代营销观念，促进销售的作用十分显著。

四、物流企业产品包装策略

对物流企业而言，提供物流服务时可以考虑以下几种包装策略：

（一）统一包装

物流企业对自己经营的产品（包括运载工具、基础设施和一线营运人员的着装等）采用统一的包装模式，即在颜色、图案、造型等方面具有类别特征，使人一看就明白是某个物流公司的产品。这种策略既可节省包装设计的费用，也可壮大物流企业的声誉，增强企业形象。

（二）分档包装

为了满足客户不同的购买能力或不同的购买目的，物流企业对同一种产品采用不同档次的包装。

（三）附赠品包装

物流企业通过向客户赠送些小礼品，以联络客户感情，扩大产品的营销。

（四）改变包装

根据市场的变化，物流企业重新改变包装设计以适应市场的需要，用来吸引客户。

第五节　产品生命周期策略

一、产品生命周期的概念

产品生命周期是指一种产品通过市场开发，从投入市场经营（销售）到最后被市场淘汰为止的全部过程。产品生命周期指的是产品的市场寿命，而不是使用寿命。推出一种新产品后，企业会希望其产品能经历一个长期而有利润的生命过程。尽管不能指望产品长盛不衰，但管理人员还是希望从它身上赚到足够的利润，以便弥补各种投入和风险损失。为了使利润最大化，产品经营策略需要反复调整。策略变化的动因往往是产品生命周期期间所遇到的市场和环境条件的变化。产品生命周期一般有四个不同的阶段，如图5－2所示。

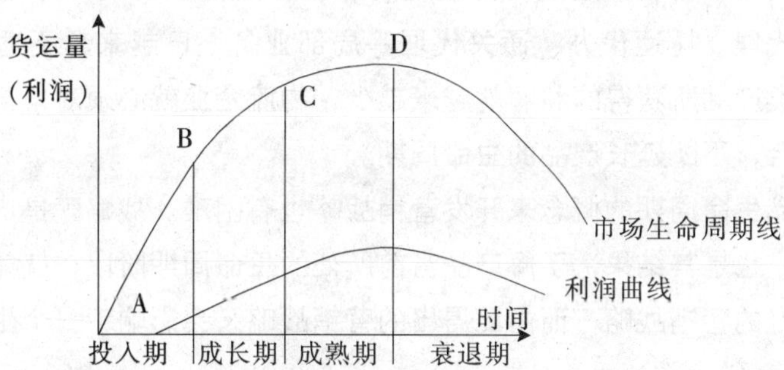

图5－2　产品生命周期

投入期（导入期）是产品进入市场之后营业额缓慢增长的时期。由于产品导入费用高昂，此时还没有利润；成长期是产品迅速为市场所接受并产生越来越多的利润的时期；成熟期是营业增长趋于和缓的时期，因为这时产品已经被大多数潜在购买者所接受，为了在竞争中保护自己的产品，营销费用增加，因此利润增长停滞，甚至开始下降；衰退期是营业额迅速减少、利润跌落的时期。

在市场上，并非所有的产品都有这 S 形的产品生命周期过程。有些产品一引入市场就很快消失。例如，流行的时装会通常有一条陡峭而短促的生命周期曲线。某种特殊物品的运输线路有时也会这样。有的产品在成熟期可能延续很长一段时间。

产品生命周期的概念可用来描述产品大类（物流服务）、产品形式（配送服务）或产品品牌。在每一种场合，产品生命周期的应用有所不同，许多产品大类具有很长的成熟期。

产品生命周期不是一个用来确定产品使用寿命长短的预测手段。相反，它是一个概念性的工具，用来对市场效应、环境和竞争作出概念性的解释，从而帮助人们理解产品会对各种刺激作出何种反应。因为，如果能识别出产品并加以管理，产品也会沿着生命周期毫无阻碍地发展下去。但环境和竞争的变化总是伴随着产品生命周期，因此，公司必须作出相应反应。例如，随着社会分工的深化和市场需求的日益复杂，企业生产经营活动对物流技术和物流管理的要求也越来越高，传统的物流企业所提供的局限于仓库存货代理、运输代理、托运代办、通关代理等局部业务，已越来越不适应客户需要，这一类产品所获得的利润就越来越少，物流企业就必须对自己的业务进行重新整合，不断延长产品的生命周期。

用产品生命周期的概念来开发营销战略也有困难。战略既是产品生命周期的原因，也是其结果，了解产品当前所处的生命周期阶段，就能够使企业制订出最好的营销战略，而由此得出的营销战略又会影响下一个生命周期阶段产品的表现。

二、物流服务产品各生命周期的销售策略

（一）投入期

投入期始于产品首次进入市场。产品投入需要时间，营业额的增长往往比较缓慢。有些产品在进入快速增长阶段之前，会在投入期徘徊数年。在投入期，由于营业额低，分销和促销费用高，因此利润很低，甚至亏本。为了让客户了解该产品并促使其购买，促销费用也很高。在投入期，竞争者很

少，企业可以集中力量向那些愿意购买的客户推销。由于产出水平低、服务水平高以及很高的促销费用，产品价格往往较高。例如，宝供物流最初的客户就只有宝洁一家。在投入期，货主还不熟悉的情况下，物流企业可采取以下营销策略：

1. 速建立完善的揽货网络和货物集散体系。

2. 完善各种装备技术和信息技术，保证物流服务的正常运行。

3. 建立完善的服务体系，树立良好的企业信誉。

4. 加大宣传力度，向公众介绍产品特色。

（二）成长期

如果新产品满足市场的需要，它就会进入成长期，营业额会迅速攀升。因受利润机会的诱惑，竞争者也开始进入市场。竞争者的增加使营业网点数量多起来，整个市场的营业额骤然攀升。此时，价格水平可能保持不变或略有下降，公司促销费用可以分摊到大量产品上面，以适应竞争的需要，并继续培育市场。由于促销费用可以分摊到大量产品上面，已经开发出更有效的运行机制，而且公司的管理费用也可以在很多单位之间分摊，所以利润会继续增长。企业可以通过以下几种战略来尽可能长期地维持市场的快速增长。

1. 提高产品质量并增加新的产品特色和式样。

2. 进入新的细分市场，争取货主。

3. 进入新的分销渠道，进一步完善货物集疏运系统，稳定货源。

4. 将某种广告的诉求目标从建立对产品的认知转向建立对产品的信任上，并推动购买。

5. 在适当的时候降低价格，以吸引更多的购买者。

在成长期，企业需要在高市场份额和高额当前利润之间作出权衡。通过在产品改良、促销和分销方面的巨额投入，企业可以谋取一种控制地位，但这要牺牲当前利润最大化的目标，只能寄希望于在下一个阶段得到补偿。

（三）成熟期

产品的营业增长在某一点上开始转向缓慢时，该产品便进入了成熟期。这一阶段所持续的时间通常会比前两个阶段长，而且这个阶段也往往会对营销管理人员提出巨大的挑战。大多数产品都处在生命周期的成熟阶段，这样，大多数营销管理人员所面对的都是成熟期产品的问题。

营业额增长开始缓慢，这是产品供给超过需求。生产过剩使得竞争更趋激烈。竞争者开始降价，并展开更大规模的广告和促销攻势。要想增加营业额，惟一的办法显然是从竞争者那里拉拢客户。价格战和巨额广告投入通常就成了基本的手段，而二者都会使利润减少。在这种情况下，弱小的竞争者逐渐被淘汰出局，产业内最终只剩下那些有实力的竞争者盘踞着主要细分市场，一些小的竞争者则固守着某些超细分市场。

好的进攻是最佳的防御。产品的管理人员不能只是采取抵御的策略，而要考虑不断对目标市场、产品和营销组合予以调整。

1. 调整市场。在这方面，一个有进攻意识的产品管理人员要想方设法增加人们对产品的使用。管理人员寻找新的使用者，强化揽货，寻找新的细分市场，寻找能增加当前客户使用量的途径。

2. 调整产品。产品管理人员也可以通过改变产品的特性、产品质量、产品特色或产品风格，来吸引新的使用者和刺激人们购买更多的产品。质量改进战略旨在提高产品的性能——耐用性、可靠性、及时性、经济性、准确性、完整性。当物流产品质量得到改善、购买者相信改善的质量所能给予他更多的利益、有足够的购买者要求有更好的质量时，这一战略就会很有效果。

3. 调整营销组合。产品管理人员还可以改变一个或多个营销组合元素来努力增加营业额；可以通过降低价格来吸引新的使用者，拉拢竞争对手的客户；可以发动更好的广告运动；可以采取更积极主动的人员推销和其他促销手段，如暂时降价、召开物流技术研讨会等。企业还可以向购买者提供新的或更好的服务。

（四）衰退期

大多数产品和品牌的营业额最终都会下降。有些产品的衰退会迟缓一些，有些产品的衰退可能会迅速一些。营业额下降有很多原因，包括技术进步和竞争的激化。随着营业额和利润的下降，有些企业便从市场上撤出。留在市场当中的那些企业也将减少产品的供给量。它们会舍弃一些较小的细分市场，缩减促销预算并进一步降低价格。

维持一种疲软产品对企业而言代价很大，而且这并非仅限利润方面，还会有很多隐藏着的成本。疲软产品所需要的管理时间太多，常常要变更价格。而且，它还要分散许多广告和推销资源，而这些资源本可以用来使有竞争力的产品更具有获利能力。疲软产品败落的名声也会动摇客户对企业以及企业其他产品的信心。但是，最大的代价可能还在后头。因为维持一种疲软产品会推迟替代品研究，造成产品组合的不均衡，对当前的利润构成损害，并削弱企业未来的立足之本。衰退期的营销策略主要有：

1. 减少衰退的航次、车次、航班；
2. 停止已经衰退而且亏损严重的运输线路营运；
3. 维持最低数量的运力，满足市场上尚存的少部分物流服务的需要；
4. 推出新的物流服务项目。

第六节　物流服务新产品的开发策略

一、物流服务新产品的含义

新产品的含义比较广，具体可以包括新发明的产品、改进的产品、改型的产品和新的品牌。新产品除了包含因科学技术在某一领域内的重大发现所产生的新产品外，还包括如下方面：在生产销售方面，只要产品在功能或形态上发生改变，与原来的产品产生差异，甚至只是产品从原市场进入新市场，都可视为新产品；在消费者方面，则指能进入市场给消费者提供新的利益和效用而被消费者认可的产品。

对于新产品的概念，从物流营销的角度来看，是从“产品整体”上来理解的。它是指“产品整体”中任何一个层次的改变和创新的产品，其中包括产品的原理、性能、用途、包装、服务等变革和创新。物流企业可以通过收购，即购买整家公司、购买专利或获得使用他人产品的许可证来得到新产品；也可以自己开发新产品，包括新发明的产品、改良的产品、调整的产品和新的品牌等。

二、物流服务新产品开发的作用

有些物流服务的领域更新相当快，如仓储服务，从传统的保管服务到今天的高层自动化仓库服务以及正在兴起的海关监管仓库、银行监管仓库，运输业务中的 GIS、GPS 等高端信息技术的运用，都无不体现了这一点。为了物流企业的稳定发展，新产品的开发已成为重要的企业发展策略。面对不断变化的市场、技术和竞争，物流企业必须善于开发新产品和管理新产品。每一种产品似乎都要经历一个生命周期——从诞生起，经历几个阶段，最终随着新的更好地服务于客户的产品的出现而消亡。产品生命周期提出了两种主要的挑战。首先，由于所有的产品最终都要步入衰退，所以企业必须开发新产品以替代老产品（此即新产品开发的问题）；其次，企业必须清楚其产品已老化到何种程度，并随着产品所经历的生命周期阶段采取不同的营销策略。这里首先考察寻找和开发新产品的问题，然后再探讨如何在生命周期的各个阶段成功地进行管理的问题。

三、物流服务新产品开发的步骤

一个企业可以通过两种方式得到新产品。一种是通过收购——购买整家公司、购买专利或获得使用他人产品的许可证。新产品开发步骤如图 5－3 所示。

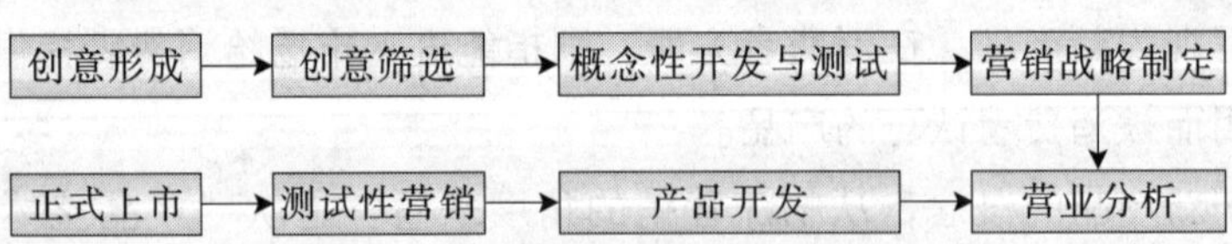

图 5－3　新产品开发的主要步骤

（一）创意形成

新产品开发始于创意形成，即系统地捕捉新的创意。在一个企业中，好的创意往往要从很多普通想法中去发掘。寻找创意的过程应当系统化，而不应该过于随便。否则，企业就要在寻找创意的过程中冒风险，因为有些想法可能与公司的业务类型不协调。

企业要谨慎地界定新产品开发战略。该战略要明确所强调的产品和市场；还要明确企业要从新产品中得到什么，明确其现金流量、市场份额的大小以及其他一些目标；最后，战略中还要明确，开发新产品、改良现有产品和仿制竞争者产品需要投入多少资源。

为了得到源源不断的新产品创意，企业必须选择几个好的创意来源。下面讨论几个主要的新产品创意来源。

1. 内部来源

相当多的新产品创意来自公司内部。企业可以通过正式的研究与开发过程来发现新的创意；企业的营销人员是另一个很好的创意来源，因为他们每天都与客户接触；与客户直接接触的雇员，由于处在一种能从客户那里得到反馈信息的位置，也是一个很好的产品创意来源。

2. 客户

新产品创意也可来自对客户的观察和询问。通过客户调查，可以了解客户的需要和欲望。企业通过分析客户的问题和投诉，可以发现能更好地解决客户问题的新产品。企业的管理人员和营销人员可以通过与客户会面来听取他们的建议。客户自己经常会有新产品的创意。找到这些产品创意，企业就可以把它们推向市场，并从中获利。例如，宝供物流因其客户宝洁公司的要求而开发新产品，从而跨入了现代物流行列。

3. 竞争者

新产品创意还可来自对竞争对手的分析。许多企业都购买竞争对手的产品，借以了解其制造过程、销售状况，决定自己是否要开发新产品。企业也可以通过观察竞争对手的创意，你应该能保证至少做得与竞争对手一样好。客户会将你的仿制品与人家的正品相比较，如果比较的结果不利，产品就可能不妙了。将其他市场上的创意移植过来，也能使人显得比较有创造性。

4. 分销商

分销商也是新产品的创意来源。分销商与市场联系紧密，能接触有关客户的问题和开发新产品的可能性等诸方面的最新信息。

5. 其他来源

其他创意来源包括行业杂志、展览和研究会、政府机构、新产品咨询机构、广告代理机构、营销调研机构、大学和商业性实验室以及发明人等。

(二) 创意筛选

创意形成阶段的目的在于促进各种创新想法的大量涌现。以下几个阶段的目的却是要尽量减少各种想法的数量，其中第一个阶段就是创意筛选。筛选的目的是尽可能快地抓住好的创意，摒弃无用的想法。如果不进行筛选，在以后几个阶段，产品开发成本会大幅度增加。因此，企业只留下那些可以给其带来盈利的产品创意。大多数企业都要求管理人员按照标准的格式书写各种新产品创意，以便新产品委员会加以审阅。管理人员要对产品、目标市场和竞争状况分别加以阐述，要对回报率作一些粗略的估计。此外，他们还要回答以下问题：这个创意对企业合适吗？它与企业的既定目标和战略吻合吗？企业有无人力、技术、设备和资金来确保该创意的实现？

在创意或概念筛选阶段，最好应该仔细地审视一下产品线的兼容性问题。在新产品的开发过程中，一个经常出现的错误是引进了与企业不相协调的产品。下面几条是有关产品兼容性的问题。

1. 产品能否使企业完成使命？
2. 产品是否符合企业的目标？
3. 产品能否使企业保护和促进核心业务？
4. 产品能否使企业保护和取悦关键客户？
5. 产品能否使企业更好地利用现有资源？
6. 产品能否使企业支持和提高现有产品线？

(三) 概念性开发与测试

经过筛选要把留下来的创意发展为具体的产品概念，要区分产品创意、产品概念和产品形象三个概念。产品创意是有关那些可以被企业管理人员提供给市场的产品的种种设想；产品概念是把这种想法具体化，并用客户所理解的术语加以表述；产品形象是指客户对某个现实或潜在产品所形成的特定形象。

1. 概念成型过程

客户购买的是产品而非产品创意。营销人员的任务就是将这种创意发展成为各种产品概念，判断每一种概念的吸引力，并从中选择最佳的一个。在概念成型过程中，营销人员可以使用下列指标对新产品创意进行筛选。

（1）被建议的新产品________________。

（2）一般性描述________________。

（3）将满足的企业目标________________。

（4）将扮演的角色、新的主要品种、次要品种________________。

（5）关键的优势或机会________________。

（6）关键的劣势或威胁________________。

（7）对营业额的预期影响：增加交易量________、提高购买频率________、提高购买价格________、吸引新客户________。

（8）年营业额目标________；盈利目标________。

（9）将引起自相残杀的商品________________，到何种程度________。

（10）目标客户________________。

（11）对工作时间的影响________________。

（12）目标价格________________。

（13）关键点________________。

（14）预计成本________________。

（15）预期的必要生产条件________________。

（16）当前必要的设备________________。

（17）必要的新设备________________。

（18）必要的劳动力________________。

（19）需增加的雇员________________。

（20）必要的特殊培训________________。

（21）对当前生产的消极影响________________。

（22）对员工的消极影响________________。

（23）竞争对手的可能反应________________。

（24）关键的效益________________。

（25）主要的效益________________。

（26）开发所需要的条件：＿＿＿＿＿＿＿＿＿＿＿＿。

设施＿＿＿＿＿＿＿＿＿＿＿＿；

预算＿＿＿＿＿＿＿＿＿＿＿＿；

人员＿＿＿＿＿＿＿＿＿＿＿＿；

特殊专家＿＿＿＿＿＿＿＿＿＿；

时间＿＿＿＿＿＿＿＿＿＿＿＿。

2. 概念测试

概念测试用于对若干个目标客户组群进行测试。通常，新产品概念可以通过口头或图画描述的形式加以体现。例如，可以把不同的服务配置呈现给目标客户，并让他们对这些配置加以排列，从最喜欢到最不喜欢；然后，对排列结果进行统计分析，从而决定物流（产品）服务的最佳配置方案。不过在大多数情况下，人们往往采用更简单的客户态度调查的办法。假如10%的客户说他们“肯定”买，另外5%的客户说“可能”买，那么，企业会按照这些数据结合目标客户群体的总体规模来估计出营业总量。但由于人们并非总是履行其表达的意图，这项估计就有某些不确定性。

（四）营销战略制订

营销战略的制订，就是为把产品引入市场而设计一个初步的营销战略。营销战略报告书中包含三个部分。第一部分描述目标市场，确定产品的市场定位，以及几年内要达到的营业额、市场份额和利润额目标；营销战略报告书的第二部分，概述产品第一年的价格、分销渠道和营销预算。可以通过利用统计软件建立起十分复杂的模型，这些模型能提高定价信息，并依据这些价格测算出预期市场份额；营销战略报告书的第三部分，描述长期的预期营业额、盈利目标和相应的营销组合战略。

（五）营业分析

营业分析是新产品开发中的一个更加详细和重要的评价阶段，它的基本任务是要合理地估计新产品的收益性。具体内容包括：细分市场的研究、市场潜力的估计、销售预测、产品初始费用预算、价格水平的估计、整个产品生命周期内的盈利和投资报酬估计等。营业分析可以从未来销售量、首次购买销售量、重复购买、未来成本与利润等方面进行。

（六）产品开发

经历了以上各阶段，如果认为可行，就可转交研究开发部门，将抽象的产品转化为实际的产品，确定产品设想能否转化为技术上和商业上可行的产品。

（七）测试性营销

如果产品通过了性能和客户测试，下一步就要进行市场测试了。在市场测试阶段，产品与营销方案被置于更加真实的市场环境中加以测试。

市场测试能使营销人员在进行全面推广之前，获得产品营销的实际经验，发现潜在的问题，了解对信息的需要。市场测试要在真实的市场环境中对产品和整个营销计划进行评估。产品、产品的定位策略、广告、分销、定价、品牌的确定、包装以及预算水平等，都要在市场测试过程中加以评估。

市场测试的规模因产品而异。市场测试的成本可能很大，耗费时日，而且在这段时间当中，竞争者还可能获得某种优势。如果产品开发和引入的成本比较低，或者管理层对新阶段的成功已经胸有成竹，那么，企业就不要或少做一点市场测试。如果存在下面任何一种情况，企业就可能要做大量的市场测试：引入的新产品需要巨额投资，或管理人员对产品或营销计划心里没底。有些产品和营销计划，在最终引入之前，要在几年时间当中经历测试、收回、变更和再测试的过程。因此，市场测试的成本可能是很高的，但与因为错误而造成的损失相比，这通常算不了什么。

（八）正式上市

到底是否将该产品投入生产？市场测试为管理人员提供了在这方面作出最后决策所需的信息。在推出一种新产品的时候，企业必须作出四项决策：何时、何地、向谁、以何种方式推出。

1. 何时推出。首先一个问题是引入新产品的时机是否合适。

2. 在何地推出。企业必须决定新产品的引入是局限在单一的地点，还是在一个地区、几个地区、全国市场。一般情况下，企业往往会逐渐地、有计划地扩展市场。特别是小企业，通常会选择一个有吸引力的城市，并采用闪击战术，迅速进入市场。而一些大企业却可能决定将产品先引入某个地区，然后再扩展到另一个地区。

3. 向谁推出。在逐渐扩展的市场当中，企业必须将其分销和促销活动对准最有发展前景的群体。必须重新识别市场，寻找早期使用者、经常使用者和观念领袖。

4. 以何种方式推出。企业必须制订一个把新产品引入所选定的市场的行动计划，并将营销预算投入到营销组合中。

第七节　物流服务产品策略案例

案例 1

开创国内现代物流之先河

——记上海全方物流有限公司

2000 年 6 月，上海商业储运有限公司为改变计划经济下国有体制的仓储业的落后状态，为适应市场经济发展的需要，投资 2600 余万元人民币（第一期工程），在上海松江工业区建造规模 20000 平方米的现代化第三方物流配送基地。就这样，上海全方物流有限公司就诞生了。上海全方物流有限公司与百事食品有限公司是供应链上的紧密型合作伙伴，全方物流是百事食品生产厂的物流配送中心，因此全方物流选址与百事食品生产厂毗邻。上海全方物流有限公司服务客户对象定位于外商独资企业、中外合资企业和国内现代化企业，为其现代第三方物流业务的发展打下了坚实的基础。

全方物流目前运行的计算机信息管理系统是由上海博科资讯股份有限公司研制开发的，前后历经两年多，投资 400 余万元人民币。该系统由三个部分组成，即库存管理系统、公路配送系统以及铁路运输系统。库存管理系统涵盖了所有的库存管理职能，仓位段位的利用率查询、库龄分析、盘点、库存异常报警以及温湿管理等。2000 年 11 月，为提高现代化程度，提高运作效率和准确率，进一步降低运行成本，继续与上海博科资讯股份有限公司合作，启动了物流管理现代化的第二期工程——无线数据通讯（Radio Frequency）技术和条码技术运用于物流作业中。RF 系统包括商品进仓、出仓、交货、移仓、盘点、随机抽点查询等功能。经过双方半年的努力，无线数据通讯系统于2001年5月正式上线使用，使上海全方物流的信息系统的水平又提高了一个台阶。

公路配送系统的指导思想是用系统来替代人工配载/调度配送车辆的操作实施。即全方物流公司在接到上游客户的配送指令后，只要将指令内容进行录入，系统就会自动完成整个配送业务安排，包括给出合理的配送路线、合理的车辆类型、车型需求数、单车最合理配载量等。

全方公司作为第三方物流企业，其产品定位就是以优越的硬件设施为基础，利用现代信息和网络技术，运用现代企业组织和管理方式，对运输、仓储、装卸、加工、配送、信息等物流环节进行一体化经营，组织客户的产品从生产地到消费地之间的整个供应链的物流服务。

全方公司的仓库是一座现代化的数字仓库。全方公司的库房采用高平台彩钢板结构。库房长度为167米，跨度60米，库房面积10000立方米。整个库房净空高度为12米，沿口高度达10米。在顶部设计了透光率高的采光带，透光效果十分理想。整个库房及管理楼全部安装了自动喷淋以及烟雾自动报警装置。钢构件上都采用了高密度防火涂料，并且在相应的位置配置了消防器材。全年库内最高温度为27℃。在库房东端，设计了100立方米的铲车配电房和200立方米的流通加工用房。配电房可以同时停放6台电瓶铲车并同时充电；加工房可容纳长度167米、并配置2台液压机的长升降平台，适合铲车直接驶入到各种厢型车辆进行装卸作业。在作业平台前，配备了7000立方米的车辆周转场地，适合各种车辆的周转装卸动作。

在全方公司的库房内，设计配置了7056个段位的高位货架。该货架采用贯通驶入形式，以标准托盘存放货物。其特点是适用于批量大、批次较少的产品的存放和出货。每个段位的载重能力设计为1吨，高度平均为2.5米，分4层10个区域。采用立体坐标标号方式进行货位编码，每层的货位高度可根据客户需求自由调节。货架无论是从外观还是内在质量上都属上乘。通过该货架的使用，大大地提高了全方公司的库存面积使用率，现全方公司的仓库面积使用率为170%。

有了高位的货架，就必须有高位的铲车与之相匹配。因为全方公司采用的是贯通式货架，所以在实际运行操作中对铲车的要求是非常高的。高位铲车的门架稳定性是否良好，将直接影响到作业时产品以及作业人员的安全是否得到保证；门架提升时的失载多少，将影响全方公司招商引进客户的选择面；铲车的转弯半径也将影响整个库存面积的使用效率。因此，在铲车使用选择上，全方公司进行严格的比较，最终选择了德国永恒的电瓶铲车。该铲车提升高度为7.7米。当门架提升到最高点时，载重可达1吨；其次，该铲车门架晃动保护为专利设计，可以最大限度减少门架在操作时的前后摇晃，作业人员及商品的作业安全性得以大大提高。另外，该铲车的转弯半径只有2.7米，所以货架间主通道的设计仅为3.1米，提高了库内实际面积利用率。

无论是物流设施还是信息系统，要创建和发展现代化的第三方物流，最为关键的因素在于是否具有先进的经营理念、是否拥有一支高素质的员工队伍、是否具备现代化的组织管理体系。

全方公司的服务理念是CAN DO和为客户提供个性服务。全方公司对“CAN DO”、“个性服务”的理解就是做别人不愿做甚至做不了的事。全方公司现在的主要客户为上海百事食品有限公司和上海日东电器有限公司。其中上海百事食品有限公司的业务量占全方公司业务总量的70%。作为一家“世界500强”企业，它对后勤保障系统的要求是非常严格的。在全方公司尚未建成之前，“百事食品”的整个物流储存业务量分散在上海三个地方，现在“百事食品”已将它的整体储存转移至全方公司。一方面大大减少了自身的物流成本，另一方面提高了整体运作效率。2000年，全方公司调整了整个运作体系，使其在市内配送以及工厂仓库做到了真正的“零库存”。“百事食品”生产线下来的成品装载托盘后，直接由全方公司接运进库，由全方公司进行全方位管理，直至离开全方仓库配送到上海的每一家超市门店，真正实现一体化物流供应链服务。另外，全方公司还为“百事食品”提供了流通加工和成品报废处理等一系列延伸服务，在提高了全方公司营运收入的同时，也扩展了物流功能。此外，全方公司现在提供的是24小时全天候运作，不需通知，凭证发货，真正满足了客户进出业务快速响应的要求，从而也提高了“百事食品”库存商品的周转率，降低了“百事食品”

的库存成本。

除了具有先进的经营理念，全方公司还拥有一支高素质的员工队伍。全方公司的用人机制和管理体制是全新的。所有员工全部采取劳动合同制，优胜劣汰。全方公司的操作工在进企业之前都进行为期2个月的培训，两张证书是必需的，即铲车驾驶证和三级保管证书。因为在全方公司，操作工的职能是集仓库保管员、铲车驾驶员和电脑操作员于一体的，每一名操作工都要熟练掌握上述三种技术。整个全方公司的人员编制只有40名（24小时服务），这是以往同类规模物流企业配置人员的半数。而整个运作能力已经超过以往“百事食品”分散管理时100名员工的作业量。全方公司员工队伍的平均年龄为27岁，大中专学历占90%以上，所以说，要发展现代物流产业，员工队伍的平均年龄化、知识化是必须具备的。

案例讨论题：全方公司作为一家第三方物流企业，为客户提供哪些服务？是如何做到的？

案例2

成长中的宝供物流

宝供物流集团的总经理和创始人是刘武，他在1992年承包了广州的一个铁路货物转运站。在那个时候，这个小小的转运站在铁路货运方面已经开始小有名气。这主要就是因为货运站承担下来的货运任务大多都能及时完成，运输的质量比较好，仓库也比较干净。另外，货运站也是当时惟一一家能够提供24小时货运仓储服务的企业。也正是因为这些原因，1994年刘武终于迎来了一个对自己和自己未来事业都产生巨大影响的客户——宝洁公司。

1994年，美国宝洁公司进入中国市场，并在广东地区建立了大型生产基地。对于刚刚进入中国市场的宝洁公司来讲，产品能否及时、快速地运送到全国各地，是其能否快速抢占中国市场的一个重要环节。宝洁把目光投向了民营储运企业——宝供。

被宝洁这样的一个大客户看上，使当时还处在个体户形态的刘武颇感紧张。他说："最开始的第一单生意，我记得是发了4个洋装箱，通过铁路从广州发到上海。那时我做得非常仔细。宝洁一再明确重申自己的标准和要求，这使得我们实际上已经很娴熟的许多具体操作程序都被重新讨论了一遍。在整个发运过程中，我们就好像是在照料小孩一样，对宝洁的货物是呵护备至。"为了保证这次运输的质量，刘武将集装箱送上火车以后，马上乘飞机去了上海。当时他想，一方面去上海可以现场"督战"，另一方面还可以考察各个环节，拿到第一手资料，这样才能够保证以后的发运可以避免一些存在的问题，满足客户的要求。刘武在宝洁这次"考试"中得了高分。不过这单生意的成本也确实很高，刘武自己说那次根本没有赚到什么钱。但是这次没赚钱的生意，却为刘武承包的转运站带来了越来越多让同行"眼红"的单子。宝洁从此开始陆续地给刘武加大业务量，甚至一度把自己所有的铁路货运业务全部交给了刘武的宝供储运。

"那时候在我头脑中就有了这样一个想法，"刘武说，"传统的运作方法必须改变，我必须要知道客户需要一些什么，然后想办法去满足他。否则人家又何必来找你一个小公司呢？这个想法后来也促使我下决心创办了宝供储运这个企业。"宝供储运刚刚成立的时候规模很小，仓库和车队都是租的，而且只有宝洁这么一家客户。有人曾经开玩笑说，一听"宝供储运"这个名字，就像是专门给宝洁做物流的下属企业。不过，当时宝供储运也确实是围绕着宝洁来设计自己的业务流程和发展方向的。为了更好地满足宝洁的要求，刘武曾经仔细思考过自己该怎么去做：铁路运输为宝洁节省了成本，但是铁路运输的特点就是环节多，时间不可靠，再加上一些装卸、运输过程中的野蛮作业，所以残损率也比较高。另外，宝洁还曾经一再表示：传统的储运公司让客户觉得很麻烦，货到了以后，还要委托另外一个供应商来提货，或者派自己的人去提货；而一旦出现短少、破损，或者提货不及时等问题时，往往就会造成互相扯皮的现象。在宝洁的启发下，刘武决定要在全国建立一个运作的网络，以保证货物都是按照同样的操作方法、同样的模式和标准来运作，而且这样在公司内部信息沟通、协调起来也会比较方便。于是，宝供储运成立后的两个月里，刘武很快就在成都、北京、上海、广州设立了

4个分公司。分公司的成立，比较好地解决了以上的大部分问题。由宝供承运的货物到达目的地后，将仍然是由受过专门统一培训的宝供储运的人来接货、卸货、运货，为宝洁公司提供门到门的“一条龙”服务。

对宝供储运的整个发展来说，宝洁是一个非常关键的大客户。刘武一直强调：通过跟宝洁合作，他们学到了很多东西，因为在合作过程中宝洁会不断提出更高的目标、新的要求，更重要的是它也会很愿意帮助你提高。

案例讨论题：宝供物流的成长历程带给我们什么样的启示？

本章小结

物流服务产品是物流企业的营销活动的基石，也是决定物流企业成败的首要因素。物流服务产品是一种服务性产品，是物流企业提供的服务。物流服务产品具备不可触知、分不开、时间短、没储备、质量难以保证等特点。产品组合策略就是根据物流企业的目标，对产品组合的宽度、深度及关联程度进行组合决策。

品牌是一个名称。术语、标记、符号、图案，或者是这些因素的组合，其目的是借以识别销售所出卖的产品与服务，并使之同竞争者的产品与服务相区别。物流企业的品牌对于整个物流企业的发展是有积极作用和重要意义的。物流企业可以采用的服务产品品牌策略有：品牌兼并策略、品牌一体化策略、品牌形象策略、副品牌策略、多品牌策略等。

包装是指在流通过程中保护物品，方便储运，促进销售，按一定技术方法而采用的容器、材料和辅助物等的总体名称。对于物流企业而言，包装将带来巨大的增值服务效益。物流企业，提供物流服务时可以考虑以下几种包装策略：统一包装、分档包装、附赠品包装、改变包装。

产品生命周期是指一种产品通过市场开发，从投入市场经营（销售）到最后被市场淘汰为止的全部过程。物流企业在生命周期的不同阶段应采取不同的策略。

复习思考题

1. 解释物流服务产品的概念。

2. 阐述物流产品的特性。

3. 产品组合的宽度是什么？产品组合的深度是什么？产品组合策略有哪些？

4. 包装的功能有哪些？物流企业的产品服务如何进行包装？

5. 什么是产品生命周期？各阶段的特点是什么？不同的阶段宜采用什么营销战略？

6. 作为一个物流企业的经理，你将如何获得新产品的创意？

7. 为什么有很多人愿意对品牌产品付较高的价格？从这个事实你可以看出产品品牌化的价值何在？

8. 将产品生命周期的概念运用到一个物流企业中，公司应该怎样做才能避免产品走向衰退阶段？

9. 如何运用现代科技推进企业包装策略的创新和发展？

第六章 物流价格策略

学习目的

通过本章的学习，了解物流产品定价的影响因素，熟悉一般的定价程序，重点掌握各种定价方法和技巧，能够运用定价策略为物流企业进行定价。

【关键词】 物流 价格 策略

第一节 物流服务产品价格的概念

一、物流服务产品价格的概念

价格通常是用货币交换某种商品或服务的形式来体现，也可以是为了取得某种商品或服务而失去的成本。对消费者来说，它是得到某物的成本；对于经营者而言，它代表出售某物的收入，是利润的来源。价格是市场营销因素组合中十分敏感而难以控制的因素，它直接关系着消费者对产品的接受程度，影响着市场需求和企业利润的多少，涉及生产者、经营者、消费者等各方的利益。

物流服务的价格是指物流企业按照货主的指示对特定的货物提供物流服务的劳动的价格。它包括进行备货服务的价格，保证客户所期望的商品数量与品种等正确的服务价格，输送服务价格，保证在客户所期望的时间内准时传递货物的服务价格和品质保证的服务价格，保证客户所期望的商品质量的服务价格。

二、影响物流服务产品价格的因素

作为物流服务的提供者，物流企业的定价的主要形式是服务收费。物流服务产品的价格对物流系统及所提供的服务具有重要作用。价格策略的正确与否将影响着物流活动的广度和深度以及其顺畅性。价格策略中对客户的数量折扣将影响客户的订货规模。适宜的折扣优惠，将吸引客户加大订货量。

从市场营销学的角度来说，定价是一门艺术，也是一门科学。在物流产品营销市场上，一般情况下各种有形产品定价的概念和方法均适用于物流产品定价。但是，由于物流产品受其产品特征的影响，企业与客户之间的关系通常比较复杂，物流产品定价策略也有其不同的特点。影响物流产品定价的因素主要有营销目标、成本、需求、竞争和其他因素。

（一）营销目标

现代经济条件下的企业在实际定价之前，都必须依据企业整体市场营销目标，拟订定价策略。通常，企业会选择以下几种定价目标：

1. 获取最大利润

获取最大利润是市场经济条件下企业共同的重要目标。当企业的产品或服务，在市场上处于绝对有利地位时（如有专卖权），可实行高价策略，以获取超额利润。但最大利润并不必然导致高价。在竞争剧烈的市场上，任何企业想长期维持不合理的高价，势必会遭遇各方面的对抗行动，诸如需求的减少、代替品的盛行、购买的延搁、竞争者的加入、甚至由于客户的不满与抗议招致政府的干预等。所以，高价并非达到最大利润的良策。而且，最大利润应以长期的、稳定的最大利润为目标。同时，最大利润应以全部总利润为目标，并非单一产品或服务的最大利润，故个别产品容易以低于成本的价格出售。

2. 获取投资报酬

任何企业对于所投下的资金，都希望获得预期的报酬，多数是希望获得长期的预期报酬。在此目标下，定价时多在产品外加入预期利润。一般说来，预期利润率应高于银行存款的利息率，也有的企业仅取合理的报酬率。报酬率的确定，应经谨慎地研究、分析及计算，所定价格能为客户接受。同时，采取此目标应具备一定的条件：①企业在所属产业中居于领导地位，否则，无法应付同行业的竞争；②通常是独家产品、低单位价格产品或高产量和标准化产品。

3. 稳定价格

稳定价格常被作为得到投资报酬的途径。当企业拥有充分的后备货源、打算长期经营、巩固市场阵地时，宜采用此策略。通常，稳定价格是由行业的领导者企业所决定，故又称为领导者价格或者称为领袖价格制。在市场供求与价格时常发生波动的行业中，特别需要稳定价格来增强市场安定性。某些行业由于采取稳价格制度，在社会需求潜力骤然下降时，价格不致发生大波动，可避免不必要的价格竞争。当然，在稳定价格制度下，并非所有企业均采取领导者企业所制定的价格，而是与领导者企业定价保持一定的比例关系。小企业往往为避免招致领导者企业的报复，常为维持本身利益，而愿意长期追随领导者企业的价格。领导者企业也不可以将价格任意提高，以免引起公众的不满与政府的干预。

4. 维持或增进市场占有率

一个企业的市场占有率状况，是该企业经营状况和产品竞争力状况的反映，关系到企业的兴衰。所以，维持或增进市场占有率，对企业来说有时比获取投资报酬更为重要。企业经营的成败，市场占有率较之投资报酬目标更能正确地指明方向。一个企业某一期间投资报酬率甚佳，可能是过去建立了占优势的市场占有率，然而其投资报酬的趋势已在逐渐递减中，因此，资力雄厚的企业，常以实行低价策略来建立其市场占有率。某些企业则以一部分产品线来实行低价策略，或自动限制其市场占有率。

5. 应付与防止竞争

大多数企业，对于竞争者的价格均甚敏感。在定价之前，经常广泛搜集资料，将本企业产品或服务的品质、规格与竞争者类似产品或服务作审慎的比较，然后对以下三种定价办法作出抉择：①以低于竞争者的价格出售；②与竞争同等价格出售；③以高于竞争者的价格出售。

在领导者价格制度下，新的生产者欲将其产品或服务打入市场，惟有采取与竞争者相同的价格。而较小的企业常因其营销费用较少，故定价略低于领导者价格。一般在谋求扩大产品或服务的市场占有率时，也采取低于竞争者的定价方法。如欲高于竞争者价格出售，必须具备特殊的条件，或因资力雄厚，有条件扩充市场占有率；或因拥有特殊技术，产品品质优良；或是能给客户提供较多的服务，使客户愿意付出较高的价格。

（二）成本要素

成本是物流产品价格的基础部分，它决定着产品价格最低界限。如果价格低于成本，企业便无利可图。物流产品的成本可以分两种：即固定成本和变动成本。固定成本指不随产出而变化的成本，在一定时期内表现为固定量，如建筑物、物流设施、办公家具的折旧费、管理人员的工资、维修成本等；变动成本指随着物流产品产出的变化而变化的成本，如燃料费、搬运费、邮寄费等。在物流行业中，固定成本在总成本所占的比重较大，比如航空运输业，其固定成本的比重高达60%，因为它们需要昂贵的设备和大量的人力资源；而变动成本在总成本中所占的比重往往很低，甚至接近于零，如铁路。

在产出水平一定的情况下，物流产品的总成本等于固定成本和变动成本之和。物流企业在制订定价战略时，必须考虑不同成本的变动趋势。

（三）需求因素

企业的产品价格不同，就会导致不同水平的需求。在通常情况下，需求量与价格之间呈负相关，就是说，价格越高，需求量越少。当产品很奇特，或在品质、声望或排他性上都不同寻常时，购买者就不会很在意价格。在现实生活中，如果较低的价格会带来更多的总收益，物流企业可以考虑采取降价的策略。

（四）竞争因素

市场竞争状况直接影响着企业定价策略的制订。在产品差异性较小、市场竞争激烈的情况下，企业制定价格的自主性也相应缩小。市场竞争所包含的内容很广。比如，在交通运输行业，企业之间的竞争不仅有不同品种之间的竞争，而且在不同运输工具之间、对客户的时间和金钱的利用方式之间都存在着竞争。总而言之，凡是物流产品之间区别很小而且竞争较激烈的市场，都可制订相当一致的价格。此外，在某些市场背景之下，传统和惯例可能影响到定价（如广告代理的佣金制度）。

物流企业应积极了解竞争者的价格和产品，并将这些信息作为制定自己产品价格的基点。在市场上除了从竞争对手那里获得价格信息外，还要了解它们的成本状况，这将有助于企业分析评价竞争对手在价格方面的竞争能力。无疑，向竞争对手全面学习，对于任何企业都十分重要，这将非常有助于企业自己制订适宜的价格策略。

值得强调的是，在研究物流产品成本、市场供求和竞争状况时，必须同物流产品的基本特点联系起来进行研究。

（五）其他因素

当企业营销环境急剧变化时，物流企业制订定价策略还应考虑许多相关因素的影响，如国际国内的经济状况、通货膨胀、利率、汇率、政策法令等。对于物流企业而言，行业特征也是影响物流产品定价的重要因素。而且不同的物流产品和市场状况、行业特征所造成的影响也不同。

对于有形产品而言，其生产成本与价格之间的关系是再明显不过了。但物流服务的无形特征则使得物流产品的定价远比有形产品的定价更为困难。虽然大多数客户在选购商品时很自然地检查商品，并根据其质量和自身的经验判断价格是否合理，但是，在购买物流产品时，客户却不能客观地、准确地检查无形无质的物流服务；再加上很多物流产品是按各类客户的不同要求，对服务内容作适当的添减，使得客户只能猜测物流产品的大概特色，然后用价格进行比较，但对结论却缺乏信心。这可以解释为什么物流产品价格的上限与下限之间的定价区域一般要比有形商品的定价区域宽，最低价格与最高价格的差距极大。因此，客户在判断价格合理与否时，他们更多地是受物流产品中实体因素的影响，从而在心目中形成一个价值概念，并将这个价值同价格进行比较，判断是否物有所值。所以，物流企业定价时所考虑的主要是客户对物流产品认识，而不是它的成本。一般说来，实体成分越高，定价往往越倾向于使用成本导向方式，而且也越倾向于采取某种标准；反之，实体成分越低，则越多采用需求导向定价，而且价格也越缺少标准可循。物流的非实体性也意味着提供服务比提供实体商品有更多的变化，因此，物流服务水平、物流产品质量等都可以依照不同客户需要而调整配合，价格必然经由买主和卖主之间的协商来决定。

服务产品的时间性及服务产品的需求波动大，导致企业必须使用优惠价及降价等方式，以充分利用剩余的生产能力，因而边际定价政策得到了普遍应用。这种方式在航空旅行和旅游团定价中很常见。但经常使用这种定价方式，往往会加强客户的期待心理，他们可能会故意不消费某种服务，因为他们预期必然会降价。为防止这种现象的发生，物流企业需要给提前订购物流服务的客户以优待性定价。

客户往往可以推迟或暂缓消费某些服务，甚至可以自己来实现某些服务的内容，类似的情况往往导致物流卖主之间更激烈的竞争。当然这也要求提高某些市场短期内价格的稳定程度。

如果服务是非物质性的，那么价格竞争就可能很激烈。不过，行业协会或政府管制部门往往规定收费标准，防止不正常的削价。一般来说，越是独特的服务，卖方越可以自行决定价格，而提供物流服务的个人或公司的声誉，则可能形成相当的价格杠杆；同时，物流产品质量具有很大的差异性，服务与服务之间没有统一的质量标准比较，往往是客户要求的越多，其得到的也就越多，而价格则没有变化。基于这种原因，一些客户往往会偏爱于某个企业。这种情况为企业选择目标市场和制订价格战略提供了决策依据。

第二节　物流服务产品定价的程序

一、估计产品的总需要量

估计产品的总需要量，对于老产品困难较少，对新产品则颇为不易，物流服务的提供者常常不知道市场对该新产品有无需求。估计产品的需要量有两项实际步骤：①决定是否已有一项市场预期价格，即该产品在客户心目中值多少钱。确定预期价格，应该特别重视经验丰富的中间商的反应。预期价格可以用以下方法加以改变：增加产品的特色，选择高级产品的营销渠道，加强广告活动等。产品的定价如低于预期价格过多，实际是一种损失，甚至影响销路或损害企业声誉。②估计不同价格下的销售量，计算各售价的均衡点以及何种价格最为有利。

二、预测竞争的反应

现实的或潜在竞争对于定价会发生重大的影响，甚至连新产品也不能避免竞争，尤其对于某些经营利润可观的产品，潜在竞争的威胁最大。通常，竞争可能来自以下三方面：来自类似的产品，来自各种替代品，来自无关联的产品，但客户对象是相同的。

三、确定预期的市场占有率

一个企业如果寻求不同的市场占有率，其定价方法与策略可能完全不同。现代企业为扩大其市场占有率，往往采取大量广告活动或其他非价格竞争手段，而不采取价格竞争方式。企业在决定扩展市场占有率之前，必须慎重考虑以下三个因素：

第一，企业本身的生产能量。如果实施低价策略，市场占有率迅速上升，生产能力不足以应付订单，则低价不仅不能带来利益，反而因供不应求而有损声誉。

第二，扩大规模的成本。扩大规模虽可提高生产能力，但如果扩充的成本过高，其结果是得不偿失。

第三，扩展市场的难易。欲扩展市场，如遇竞争甚为艰难，则获利有限，甚至无利可图。因此，一般企业最初定价时，宁可令其略为偏高，至于市场占有率就暂缓考虑。

四、考虑企业的其他营销策略

定价前应通盘考虑企业整个市场营销策略，如产品计划、分销渠道及促销策略等，要将定价策略放在市场营销组合策略中去考虑。

按以上定价程序经周密考虑后，即可开始制定具体价格。

第三节　物流服务产品定价方法

通常，企业制定价格是一项很复杂的工作，如前一节所述，必须综合考虑多方面的因素。对于物流企业而言，因其产品是向客户提供劳务服务，产品是无形的，因而定价工作更复杂、更难把握。在定价方法上与其他各类产品类似，物流企业的产品定价方法有以下几类。

一、客观定价法

所谓客观定价法是指不考虑客户种类，而是先设定物流服务的单价，再乘以实际提供的服务单位数，即得该项物流产品的售价。例如，物流中心的计费标准是 3 元/托盘，不满一托盘者以一托盘计费，如果每日库存量 10 托盘，则每天的存储费用是 3 元 ×10 = 30 元。物流服务的收费标准通常根据经验或市场价格来确定，但其前提条件必须是该项物流产品可以被分割，例如，以小时计费或以单位面积计费。客观定价法具有连贯性和易于计费等优点。

二、主观定价法

主观定价法乃是根据客户对物流产品的感觉价值和接受程度等来主观地调整物流产品的标准价格。这种定价法是将购买者对产品价值的认知而不是将售卖者的成本作为定价的关键因素。企业利用营销组合中的非价格变量来建立购买者头脑中的感知价值，并确定适当的价格与这种价值来匹配。物流产品定价的主观因素包括：①物流服务效率的估计；②物流企业的经验和能力；③物流企业的知名度；④物流工作的类型和难度；⑤物流产品的便利性和可得性；⑥额外的特殊开销；⑦市场价格水平；⑧客户对物流产品的感觉价值与接受程度。

如果物流服务都是千篇一律、有固定方式的，那么，客观定价法颇为合适。然而，对于趋近于专门定制的物流服务，由于其服务对象和服务状况各种各样，所以，必须采取主观定价法，根据情况灵活地调整物流服务的价值。

无论采用何种定价方式，都需要考虑一些常见客户的抱怨，以满足客户的真正需要。特别要考虑：①物流企业经验不足；②物流生产方式不恰当；③缺乏有效的监督制度；④雇用过多高级职员，使成本不合理地上涨；⑤附带许多不必要的服务，致使成本负担加重。

三、成本导向定价法

所谓成本导向定价法，是指企业依据提供物流服务的成本决定物流的价格。成本导向定价法的主要优点是：①它比需求导向定价法更简单明了；②在考虑生产者获得合理利润的前提下，当客户需求量大时，价格显得更公道些——物流企业会维持一个适当的盈利水平，当需求旺盛时，客户购买费用可以合理地降低。成本导向定价法有如下几种具体方法：

（一）成本加成定价法

成本加成定价就是按照单位成本上一定百分比的加成来制定产品销售价格。除了固定成本、变动成本以外，还有几个与成本加成定价法有关的几个成本概念。

1. 成本加成定价法的相关概念

（1）总成本。即固定成本与变动成本之和。

（2）平均固定成本。即总固定成本除以销售量所得的商数。由于销售量是个变量，故平均固定成本也是变动的，是随着销售量的增加而减少的。

（3）平均变动成本。即总变动成本除以总销售量所得的商数。生产规模增加，由于大批量生产有利因素的利用，平均变动成本呈递减趋势。但超过企业最佳产量后，平均成本又会转而回升。

（4）平均总成本。即将总成本除以产量所得的商数，简称平均成本。

（5）边际成本。指每变动（增加或减少）一个单位产量所变动的成本。由于生产者最关心的是如何找到一个能获得最大利润的产量，故对因产量变动所发生的新增成本，一定会比对平均成本更加重视。边际成本的变动与固定成本无关，初期呈下降趋势，低于平均成本，故导致平均成本下降；但超过一定限度，则高于平均成本，故导致平均成本回升。

（6）边际贡献。是指企业增加一个产品的销售，所获得的收入减去边际成本的数值。

2. 成本加成的具体做法

（1）按单位总成本定价。即以平均总成本加预期利润。若产品的平均总成本为100元人民币，加成20%，售价则为120元人民币。加成率多少，对加成定价法极为关键，必须依据产品的性质、营销费用、竞争程度以及市场需求等情况，通过认真考虑然后确定。若草率从事就难免失当，定价太高就销不出去，定价太低又会被一抢而光，对企业都不利。企业定价考虑成本因素时，往往要采取盈亏平衡点进行分析。所谓盈亏平衡即在一定价格水平下，企业出售产品的收入刚好可以平衡企业总成本的支出，使企业处于不亏不赚的销售量。这个销量水平叫盈亏平衡点。产品的销量超过盈亏平衡点即可盈利，如果达不到盈亏平衡点就要亏损。由于价格、销量、成本、利润之间紧密牵连，因此，企业定价往往拿不同的定价水平，计算出不同的均衡点和相应价格的市场需要量对比，从中选择最有利的定价。

（2）按边际成本定价。即仅计算变动成本定价。当市场价格低于企业产品的总成本，企业又拿不出别的对策时，只好按边际成本定价。只要边际成本小于市面价格，企业即可获得一定的边际贡献来弥补企业的固定成本，这样总比不做生意好。因为不管你做不做生意，固定成本一样支付，如果不做损失更大。边际成本是定价的极限，如若产品的市面价格已经低于企业的边际成本的话，生意就不能做了，因为在这种情况下做多亏多，不如不做。边际成本定价的基本要求是：不求盈利，只求少亏。

（二）投资报酬率定价法

按投资报酬率定价，也是一种很好的方法。投资报酬率定价法，又称目标报酬率定价法，是一种以投资额为基础计算加成利润（投资报酬）后，再计算出产品价格的方法。投资报酬是投资额与投资报酬率的乘积。这种投资报酬率的多少，由企业或投资者决定，具有一定的技巧，但一般不低于银行的存款利率。其单位产品的定价的具体公式如下：

$$F=\frac{F_a+T_w}{Q}+V_p$$

式中：

F——单位产品价格；

F_a——固定成本；

T_w——投资报酬；

V_p——单位变动成本；

Q——产品销量。

（三）非标准产品合同定价法

非标准产品合同定价，是企业的非标准产品无市价资料可供参考计算，只能以成本为基础协商定价，并签入合同的一种定价方法。这也是加成定价法中常用的一种形式。合同定价有不同的内容。

1. 固定价格合同

买卖双方对产品的成本计算均有一定知识和经验，经过双方协商一致同意的价格，作为明确的合同价格固定下来，不管今后卖方产品的实际成本高低，均按此固定价格结算。这种定价能促使卖方努力降低成本。但合同的双方，无论哪一方缺乏经验，都可能受损失，风险较大。

2. 成本加成合同

对买方迫切需要定购的产品，买方签订合同，同样卖方成本（指实际生产成本）在合理的和允许的范围内实报实销，并按此成本和规定的成本利润计算卖方应得的利润。实际生产成本加应得利润定为价格。此法，卖方显然会故意抬高成本，使委托方蒙受损失，一般较少采用。

3. 成本加固定费用合同

合同规定价格由实际成本加固定费用两部分构成。成本实报实销，固定费用由合同写明具体金额。这种合同定价，不会促使卖方提高成本，可以减少委托方的风险，也能保证卖方取得一定的利润，但也缺乏鼓励供应方降低成本的动力。

4. 奖励合同

合同明确定出预算成本和固定费用额，并规定实际成本超过预算成本是可以实报实销的。成本如有节约，则按合同规定的比例，由双方分成，给卖方的即成卖方降低成本的奖励。这种定价，有利于鼓励卖方尽力降低成本。

四、需求导向定价法

很多企业运用需求导向定价法，即根据市场需求强度来确定物流产品的价格，不是仅仅考虑成本，而是注意到市场需求的强度和客户的价值观，根据目标市场客户所能接受的价格水平定价。即在市场需求强度大时，可以适当提高价格；而在市场需求强度小时，则适当降价。这种定价，综合考虑了成本、产品的市场寿命周期、市场购买能力、客户心理、销售区域等因素。这些方法有：习惯定价法、理解价值定价法、区分需求定价法、比较定价法等。

（一）习惯定价法

习惯定价法，又称便利定价法，是企业考虑并依照长期被客户接受和承认已成为习惯便利的价格来定价的一种方法。在物价稳定的市场上有许多产品，由于人们长期购买所养成的习惯，逐渐形成一种习惯价格或便利的价格。这种习惯的、便利的价格，在物流业中较为常见，客户已习惯按某一种价格购买。对这类产品，任何生产者要想打开销路，必须依照习惯价格或便利价格定价，即使生产成本降低，也不能轻易减价，减价容易引起消费者对产品质量的怀疑；反之，生产成本增加，也不能轻易涨价，只能靠薄利多销以弥补低价的损失，否则将影响产品的销路。当市场上存在着强有力的习惯价格时，如果产品未具备特殊优越条件，只能依照一般价格定价，甚至在由于原材料、燃料等因素涨价，原售价已无利润可言，确实需要调整价格时，也只能通过技术革新，提高劳动生产率，降低成本来解决，或通过舍弃原有产品型号，推出改型、换代等新产品，以求获得一定的利润。

（二）理解价值定价法

理解价值定价是根据客户对产品价值的理解，即产品在客户心目中的价值观念所决定的定价法。这种定价不是以卖方的成本为基础，而是以买方对产品的需求和价值的认识为出发点。企业运用销售推广策略，特别是其中的非价格因素影响客户，使客户形成一种价值观念，然后根据这种价值观念制定价格。

一个企业在某个目标市场发展一种新产品，从质量、服务、价格以及广告宣传等方面，事先为产品在市场上树立了一个形象，然后再去估计以这个价格出售时的市场销售量，并据此估算生产量、投资额和单位成本。最后，企业根据这些数据核算能否获利，决定是否从事营销。

理解价值定价法的关键之一，是要求企业对客户理解的相对价值，有正确的估计和决断。如果企业对客户理解的价值估计过高，定价必然过高，影响销售量；反之，如定价太低，不能实现营销目的。

（三）区分需求定价法

区分需求定价，是指某种产品并不按照边际成本的差异制定不同的价格，而是根据不同的客户、产品的形式、不同的时间、地点制定不同的价格。

同一产品，成本相同，但对不同客户，亦可照价目表出售或可通过讨价还价，给予一定的折扣。不同季节、日期、时间可以规定不同的价格。实行这种区分需求不同的定价，要注意一些问题，如市场要能够细分并能掌握其需求的不同；要确实了解高价细分市场的竞争者不可能以较低价格竞销；差别价格不致引起客户反感等。

（四）比较定价法

比较定价法是根据产品需求弹性的研究与市场调查来决定价格的方法。一般认为，价格高，获利则多；反之，获利就少。其实，根据市场需求情况，实行薄利多销，定价虽低，销量增加，反而可以获得较多的利润。

究竟是采取低价薄利多销，还是采取高价高利少销，可以通过对价格需求弹性的研究与市场的调查来决定。对富于需求弹性的产品，可以采取降低价格的办法；对于缺乏需求弹性的产品，则应采取提高价格的办法。通过市场调查的方法，分别按高价、低价出售，然后计算其销量和利润，比较其利润大小，从而判断出哪种价格对企业有利。这种方法有较高的实用性，深受现代企业的青睐与欢迎。

五、竞争导向定价法

竞争导向定价法是根据同一市场或类似市场上竞争对手的物流产品价格，来制定本企业物流产品的价格。这种方法只需要了解竞争对手的物流项目和相应的价格即可，因而简便易行。其不足之处是，当特殊市场没有参考价格时，很难对这种市场上的专门物流或特殊物流制定价格。此外，在许多情况下，有关某些细分市场及竞争对手的定价方式等信息也不容易获得。竞争导向定价法主要有：随行就市定价法、低于竞争者产品价格定价法、高于竞争者产品价格定价法、投标定价法、变动成本定价法、倾销定价法、垄断定价法等。

（一）随行就市定价法

随行就市定价法是根据本行业平均定价水平作为本企业定价标准的一种定价方法。这种方法适合企业难以对客户和竞争者的反应作出准确的估计，自己又难以另行定价时运用。随行就市是依照现有本行业的平均定价水平定价，这样就容易与同行业和平共处，并且易于集中本行业的智慧，获得合理的收益。在竞争十分激烈的同一产品市场上，客户对行情很清楚，企业彼此间也十分了解，价格稍有出入，客户就会涌向价廉的企业。一家跌价，别家会跟着跌价，需求仍不会增加；一家提价，别家不一定提，销量下降。所以，随行就市定价法是一种很流行的方法。例如，中远集团远洋集装箱运输采用的就是随行就市定价，这种定价使企业在激烈的航运市场竞争中，能有效配合营销组合策略。

（二）低于竞争者产品价格定价法

所谓低于竞争者产品价格的定价法，是指那些成本低于同行平均成本的企业准备推销产品，渗入其他企业已经建立牢固基础的市场，或扩大市场占有率时所用的一种方法。当企业以低于竞争者产品的价格出售其产品时，往往是服务项目较少。

（三）高于竞争者产品价格定价法

所谓高于竞争者产品价格的定价法，是指能制造特种产品和高质量产品的企业，凭借其产品本身独具的特点和很高的声誉，以及能为消费者提供较之别的企业有更高水平服务的保证等而与同行竞争的一种定价方法。这些按较高价格出售的产品，一般是受专利保护的产品，或是企业具有良好形象的产品。

（四）投标定价法

投标定价法是指事先不对产品规定价格，而是运用各种方式，大力宣扬产品的价值和特点，然后规定时间，采取公开招标的方式，由客户投标出价竞购，以客户愿意支付的最高价格拍板成交的定价方法。投标定价不是以本企业的成本和主观愿望为依据的，而是根据买者竞争出价情况来决定。在投标中，企业定价的目标是中标。企业定价仍有一定的界限，即使一个迫切希望中标的企业，也不愿定价低于边际成本；同时，企业也不能只顾盈利，定价过高，反而不能中标。因此参加投标的企业，往往要计算期望利润，然后根据最高的期望利润定价。期望利润可以根据估计的中标率和利润计算。凡是大型企业，经常参加投标，一般采用期望利润作为定价标准比较合适。但是，当一个企业出于某种原因必须中标，以期望利润作为定价标准就不一定适宜，应该以力争低于竞争者标价为定价原则。

（五）变动成本定价法

变动成本与边际成本很相似，只是变动成本不计算边际贡献。变动成本定价是指企业以变动成本为依据，考虑市场环境，对付竞争的一种定价方法。当市场竞争少时，企业根据产品价格需求弹性的情况，一般定价略高；当市场竞争激烈，企业为了提高产品的竞争能力，定价较低；在维持和提高市场占有率的时候，产品的定价只要能收回变动成本或稍高于变动成本即可。

在产品已进入成熟期，生产能力大，技术熟练、产品急需扩大市场占有率；产品寿命周期长，固定成本的补偿期也长；产品线较多，固定成本已在其他产品中得到补偿。在上述情况下，为了应付市场的激烈竞争，提高竞争能力，企业经常采用变动成本定价法。

（六）倾销定价法

倾销定价法是企业在控制了国内市场的情况下，以低于国内市场的价格向国外抛售，借低价打击竞争对手而占领市场的方法。以低价基本控制国外目标市场后，继续实行薄利多销，以获取总体利润为目标，不断开拓国际市场。

（七）垄断定价法

少数垄断企业，控制了某项产品的生产与流通时，结成垄断同盟或达成垄断协议，使产品定价大大超过其价值；同时，对非垄断企业的原材料或零配件，定价则低于这些产品的价值。

第四节　物流服务产品定价策略

物流企业的产品定价策略，就是把物流产品定价与企业市场营销组合的另外三个要素巧妙地结合起来，定出最有利的物流产品价格，实现企业的营销目的。产品定价策略的全部奥妙，就是在一定的营销组合条件下，如何把产品价格定得既能为客户易于接受，又能为企业带来比较多的收益。企业在定价策略制定中往往会有多种多样和灵活善变的手段和技巧。

【实例】　　　中远集装箱运输公司的价格策略

集装箱运输产品的需求是一种派生的需求，而且是有弹性的，由于目前市场竞争激烈，加上运输成本的构成项目多，难以准确计算，而且整个行业有工会组织、战略联盟的合作的基础，中远集装箱运输公司实行的是随行就市的定价方法。对于不同的市场，实行不同的运价定位，采取不同的价格策略。一般而言，客户不同，运价不同，对已签约的大客户实行优惠运价；季节不同，运价不同，对于未签约的客户，实行淡季低运价，旺季高运价。

一、新产品定价策略

新产品定价是营销策略中一个十分重要的问题。最初上市产品索价多少，将决定它是否能在市场上站住脚，也将影响到可能出现的竞争者。

（一）定价方法

1. 取脂定价策略（又称高价策略）

所谓取脂定价策略，是将新产品价格定得较高，尽可能在产品市场寿命周期的初期，赚取最大的利润。取脂定价的名称来自从鲜奶中撇取奶酪，含有提取精华之意。采用此策略主要是为了尽快捞回成本，在价格趋于下降之前，只要高价未引起客户的反感与抵制，即可维持一段时间，获得可观的盈利；如果影响到预期销量，或招来竞争者，即可削价竞销，其着眼点是降价容易涨价难。

取脂定价策略的优点是：

（1）最初上市的产品，往往需求弹性小，竞争者尚未进入市场。在一定期间，在预期价格范围内，利用求新心理动机，以偏高价格刺激客户，提高产品身价，配合品质较高的特性，有助于开拓市场。

（2）采取此策略时，价格本身留有余地，可依据消费者的购买力水平，实行市场细分。对购买力高的地区定价可稍高，对价格敏感的地区可略为降低售价。

（3）倘若定价不当，不能引起市场反应，可主动降低价格。但如果定价偏低，想提高价格时，则难以获得客户的谅解。

（4）高价比低价获利更多，所得资金可作为扩充市场之用。

（5）初期市场境况良好时，定价高一点，能使市场不致发展过于迅速，生产能力可应付需求。

取脂定价策略的缺点是：价格远高于价值，必然损害消费者利益；当新产品在客户心目中的声誉尚未建立之时，不利于开拓市场，甚至无人问津；如果高价投放而销路旺盛时，则极易诱发竞争，潜在的竞争者极力钻进市场，会迫使价格惨跌，使好景不长，甚至失败。

2. 渗透定价策略（又称低价策略）

与取脂定价相反，渗透定价是将产品定价低于预期价格，以有利于为市场接受，迅速打开销路；同时，低价低利能有效地排斥竞争者加入，因而能较长期地占领市场。渗透定价较之取脂定价具有积极的竞争性，适用于以下情况：

（1）需求弹性大的产品，价格与市场关系密切。

（2）销路扩大，生产与销售成本可因大量生产、大量销售而迅速降低。

（3）潜在市场大的产品，竞争者很容易进入市场。实行低价薄利，使竞争者望而却步，再逐渐提高售价，亦不致丧失市场占有率。这时，渗透定价成败的关键，就在于初期是否已建立了品牌声誉。

（4）客户购买力较为薄弱的市场，低价易为客户接受。

3. 温和定价策略（又称满意定价策略或君子定价策略）

实行高价和低价各有其利弊，都比较极端。有的企业，处于优势地位，本可定高价获得最大利润，但为了博得客户的良好印象，采取温和定价。既吸引购买，又赢得各方的尊敬，被称为介于“取脂定价”和“渗透定价”之间的君子定价。采取这一策略的具体定价方法，一般是采用反向定价法，通过调查或征询分销渠道的意见，以拟定出客户易于接受的价格。

（二）定价方法的选择

以上三种新产品的定价策略，各有其利弊，如何选择，主要取决于以下几个方面：

1. 企业服务能力的大小

服务能力大，能大量投放新产品于市场，宜采用渗透定价策略薄利多销，兼收大量生产之利；反之，生产能力一时难以扩大，不如采用取脂定价策略为妥。

2. 新技术是否已经公开及是否易于实施和采用

如果竞争者易于加入，宜采取渗透定价策略，以便有效地排斥竞争者，减少竞争量；如新技术尚未公开，新产品成为“独生子产品”，不妨采用取脂定价策略。

3. 需求弹性的大小

需求弹性小，可采用取脂定价策略；反之，宜用渗透定价策略。

此外，还应注意所提供的产品或服务能否让客户满意。是否“物有所值”。

二、折扣与让价策略

在大多数的物流服务市场上都可以采用折扣定价法。企业营销通过折扣方式可达到两个目的：折扣是对服务承揽支付的报酬，以此来促进物流服务的生产和消费（某些市场付给中间者的酬金）的产生；折扣也是一种促销手段，可以鼓励提早付款、大量购买或高峰期以外的消费。

（一）数量折扣

数量折扣是物流企业因货主需要服务的数量大而给予的一种折扣，它应向所有的货主提供。数量折扣分为累计折扣和一次数量折扣，前者是规定在一定时期内，购买量达到一定数量即给予的折扣。

（二）现金折扣

现金折扣是物流企业对以现金付款或提前付款的客户给予一定比例的价格折扣优待，以促进确认成交，加快收款，防止坏账。这种折扣通常写成："2/10，全价30"，其意思是若客户在10天内付清款项，可享受2%的折扣，否则须在30天内按全价付清账款。

（三）季节折扣

季节折扣主要是物流企业在淡季给予客户一定的价格折扣，以刺激客户的需要。

（四）代理折扣

代理折扣是指物流企业给予一些中间商（如货运代理商、客运代理商等）的价格折扣。

（五）回程和方向折扣

回程和方向折扣，这是指物流企业在回程或运力供应富裕的运输线路与方向，给予的价格折扣，以减少运能浪费。

三、心理定价策略

心里定价策略主要是通过分析和研究客户的消费心理，利用客户不同的心理需求和对不同价格的感受，有意识地运用到产品服务的定价中去，以促进产品的销售。

（一）尾数定价策略

尾数定价策略，又称零头定价，是指企业针对消费者的求廉心理，在制定商品价格时有意定一个与整数有一定差额的价格。这是一种具有强烈刺激作用的心理定价策略。

（二）整数定价策略

整数定价与尾数定价相反，是针对消费者的求名、求方便的心理，将商品的价格有意定为整数。由于同类产品很多，在许多交易中，消费者往往只能根据价格作为判别产品质量、性能的指示器；同时，整数能给人一种方便、简捷的印象。

（三）习惯性定价策略

某些商品或服务需要经常、重复地购买，因此这类商品或服务在消费者心理上已经“定价”，成为一种习惯性的定价。对于这些商品和服务的定价，一般要按照习惯确定，不要随意改变价格，以免引起消费者的反感。善于遵循这一习惯确定价格的物流企业往往得益匪浅。

（四）声望定价策略

声望定价策略，这是整数定价法的进一步发展。消费者一般都有求名望的心理，企业利用这种心理，将有名的产品的商品价格制定的比同类商品的价格高，即为声望定价策略。它能有效消除购买的心理障碍，使消费者对产品形成信任感和安全感，消费者也从中得到荣誉感。

（五）招徕定价策略

招徕定价又称特价商品定价方式，是一种有意将少数商品的价格降价以招徕吸引客户的定价。商品的价格定得低于市场价，一般都能引起客户的注意，这是适合消费者求廉心理的。例如：大客户对建立企业的市场形象和品牌是有利的，在充分竞争的环境下，大客户往往是物流企业争相合作的对象，所以，提供给大客户的服务价格偏低，甚至不盈利。

第五节　物流价格策略案例

案　例

中国邮政物流业反击洋快递

中国邮政正式开通邮政 EMS“全夜航”，实现全国 27 个省 136 个大中城市间的 EMS 邮件“次日递”。这是中国邮政物流业对近年来国外快递行业频频在中国发力的第一次反击。

近年来，中国快递市场发展迅猛。据权威机构预计，到 2010 年，中国将是第六大快递市场，并成为国际供应链中的重要一环。而面对市场的不断扩张，用户对快递服务的需求也水涨船高。例如，贸易及生产型企业在运送货物时通常会选择普通货运服务，虽然该服务的运费相对较低，但缓慢的运速却难令人满意；一些中小型企业在快递某些非紧急货物时，又对高额的快递费用感到咋舌。

前不久，中美两国正式签署了为期6年的《中美扩展航空服务协议》，在2010年前，允许各方的航班数量由目前的每周54班增加至195班，其中货运航班111班。新协议一出台，联邦快递UPS马上就把新批准的每周21个货运航班全部瓜分了，随时准备增加在中国的运力投入。此外，洋快递也纷纷把转运中心挪至中国。2003年12月，联邦快递与广州白云机场签订框架协议，有把联邦快递的亚洲转运中心迁移到广州的计划。在新机场启用后，联邦快递对新机场产生浓厚的兴趣："联邦快递正考虑如何有效扩充亚洲的转运中心。我们非常欣赏新白云机场优秀的设施、稳健的管理层和完善的未来发展计划。"同时，UPS亚太地区总裁肯·托罗坦然表示："UPS将成为首家在中国建立转运中心的美国航空公司。UPS计划于2007年在上海建立航空转运中心，这将是公司获得创建航空中心权利的最早日期。"

为了争夺更多的客户资源和坚持以客户为中心的原则，国际快递巨头都采取低价竞争策略，在实战中收到了很好的效果，为它们争到了大量的客户，扩大了业务量和市场占有率。

国际速递巨头采取低价竞争策略并长期维持低价水平，主要原因在于它们拥有雄厚的竞争实力和正确的市场发展战略。首先，国际速递巨头先进的速递技术和管理水平，以及精干的机构和素质较高的员工，使它们赢得了该企业最低的成本，为降低价格提供了相应空间。其次，国际速递公司在中国开设的网点大多位于新市场时，经常用其他地区的利润来补贴开辟新市场的损失。相比之下，我国速递企业由于受资本规模较小，技术、管理水平不高等因素的限制，定价策略不太灵活，在价格竞争中一直处于十分被动的地位。

洋快递在中国频频发力，受到冲力最大的应该是中国邮政旗下的邮政特快专递EMS。2004年二季度，联邦快递的中国业务量比上年同期增长了50%，纯收入同比增长了47%。而EMS从1995年起年增长率只有2%，市场份额也从高峰时的97%下跌到如今的四成以下。2003年，国家终止对邮政的财政补贴，更让邮政部门雪上加霜。

多家洋快递正在中国境内斗得不亦乐乎。中国邮政沉默了一段时间后，终于开始反攻，邮政 EMS“全夜航”的正式开通，实现全国 27 个省 136 个大中城市间的 EMS 邮件“次日递”。EMS“全夜航”是指以上海为集散中心，以北京、广州、深圳、厦门、沈阳、潍坊、日本大阪等 7 城市为骨干节点，邮航飞机往返中心与节点城市间实现邮件高效集散的作业模式。每日凌晨 1:30～3:00，国内 6 个节点城市的邮政航班分别飞至上海，进行邮件集中交换；返达时间在清晨 7:40～8:55。其他城市通过民航飞机带运至上海参与集散。邮件集散后通过区域汽车快速网，在 136 个大中城市范围内实现“次日递”。

中国邮政推出 EMS“全夜航”后，使整体快递时间节省半天至一天。以广州为例，每天从广州至上海的邮政航班基本都是每天凌晨四五点从白云机场起飞，早上到达上海，再分拣信件等货物，邮件一般要下午才能送到市民手里。但“全夜般”推出后，把白天的工作晚上完成，一大早，邮件就可送市民手里，做到真正的“次晨达”了。国家邮政局副局长马军胜此前表示，近年来，中国邮政通过引进大型货机，建立邮政自主航空快速网，改造现有业务流程，调整邮政航空班机、汽车快速网路运行时刻，改革作业组织等措施，努力提高邮政 EMS 的服务水平，并降低了大量的成本，为在这次价格反击战中赢得了一线生机。

案例讨论题：中国邮政如何利用价格策略应对激烈的市场竞争？

本章小结

价格通常是用货币交换某种商品或服务的形式体现，也可以是为了取得某种商品或服务而失去的成本。物流服务的价格是指物流企业按照货主的指示对特定的货物提供物流服务的劳动的价格。影响物流产品定价的因素主要有营销目标、成本、需求、竞争和其他因素。

物流服务产品定价可分为以下几个步骤：估计产品的总需求量、预测竞争的反应、确定预期的市场占有率、考虑企业的其他营销策略、制定具体的价格。物流企业的产品定价方法有以下几类：客观定价法、主观定价法、成本导向定价法、需求导向定价法、竞争导向定价法等。

物流企业的产品定价策略，就是把物流产品定价与企业市场营销组合的另外三个要素巧妙地结合起来，定出最有利的物流产品价格，实现企业的营销目的。企业在定价策略制定中往往会有多种多样和灵活善变的手段和技巧。主要有以下几种：新产品定价策略、折扣与让价策略和心理定价策略。

复习思考题

1. 简述物流服务产品的定价的影响因素。
2. 新产品的含义是什么？
3. 物流服务产品的定价目标是什么？
4. 简述新产品的定价策略。
5. 什么是成本导向定价？
6. 什么是导向竞争定价？
7. 什么是需求导向定价？
8. 为什么物流企业要采用随行就市法进行定价？

第七章　物流渠道策略

学习目的

通过本章的学习，了解物流企业分销渠道基本模式和营销渠道变化趋势，理解产品、市场、企业自身因素对物流企业分销渠道选择的影响，熟悉选择中间商的条件，掌握分销渠道中的密集分销策略、选择性分销策略和独家分销策略，学会对分销渠道进行有效管理。

【关键词】　物流渠道　中间商　渠道策略

第一节　物流渠道的概念

一、物流渠道的含义

美国营销协会把分销渠道定义为“公司内部的组织单位与公司外部的代理和经销商、批发商与零售商的结构，通过这种结构，进行产品或服务的营销活动”。分销渠道是一群企业或机构的集合，在从原始卖主到最终买主的营销过程中，进行产品或设施的物权交换。具体来说，是指商品和服务从生产者手中向消费者手中转移的过程中，取得这种商品和服务的所有权或帮助所有权转移的所有企业和个人。分销渠道的起点是生产者（或制造商），终点是消费者或用户，中间环节包括商人中间商（因为他们取得所有权）和代理中间商（因为他们帮助转移所有权）。商人中间商又包括批发商和零售商；代理中间商包括代理商和经纪商。

物流企业销售的产品是无形的服务，其内涵与有形产品的分销渠道有所不同。物流企业分销渠道是指物流服务从供应商向客户转移所经过的通道。

物流企业的分销渠道主要包括运输企业、货主、仓库、货运站场以及各种中间商和代理商等。起点是物流企业，终点是对物流服务有需求的货主，中间环节是为达成物流活动而进行货源组织的各种中间商。中间环节包括车站、码头、机场等站场组织；航运代理、货运代理、航空代理、船务代理以及受物流公司委托建立的售票点、揽货点等代理商；铁路、公路、水路、航空运输公司等联运公司。

物流渠道具有如下的特点：

（一）物流渠道的前置性

任何有形产品在生产之后，从生产者向消费者转移，形成各种类型的销售渠道。而物流产品则是先有销售即先组织货源、再组织运输生产，实现其“位移”。因此，企业的销售活动是物流生产的前提，企业应根据客户货源分布情况，在组货网点、组货方式、组货手段上采取不同的策略，保证企业生产活动的顺利进行。

（二）物流渠道的时间效用

物流分销网络的时间效用，即物流企业能在客户需要物流服务时，及时地提供各种运输配送服务，满足客户当时的需要。

（三）物流渠道的地点效用

物流渠道的地点效用，即物流企业能在客户想要购买产品的地方提供物流服务，满足客户当地的需要。

（四）物流渠道的多样性

物流需求多样性的特点决定了企业满足运输需求时分销渠道的多样性。长期稳定的大宗货运需求、偶然临时的零星货运需求、不同类型的客户需求等，要求企业建立不同形式的分销网络，并形成自己的网络体系。

二、物流渠道的类型

（一）直接渠道和间接渠道

按物流企业的分销活动是否有中间商参与，分为直接渠道和间接渠道。和实体产品的分销渠道相比，物流企业的分销渠道大部分是直接的。物流企业如果不是直接将服务提供给客户，就是借助于中间商将服务出售给客户，但是由于不同于有形产品的一些特征，中间商的作用是有限的。

1. 直接渠道

直接渠道也叫零层渠道，是指物流企业直接将物流服务销售给客户，无需中间商参与，供需双方按合同要求实现物品的转移（如图 7－1 所示）。采用直接分销渠道有许多优越性：

图 7－1　直接渠道

（1）物流企业可以对销售和促销服务过程进行有效的控制。

（2）可以减少佣金折扣，便于企业控制服务价格。

（3）由于直接与客户接触，可以直接了解客户的需求及其变化趋势。

（4）便于企业开展促销活动。

（5）便于企业提供个性化的服务。

（6）代理商有时会作出损害物流企业利益的事情，直接渠道可以避免这一点。

由于具备以上的优点，直接分销渠道是目前绝大多数物流企业首选的渠道模式。物流企业通过推销人员、广告、电话及互联网等拓展业务。由于互联网的迅速发展，物流企业纷纷利用这一先进的媒介推广服务。例如，美国的联邦快递公司在 1995 年开通网站，可以使客户实时提交业务、跟踪运输情况、得知抵达时间等。

【小资料】

我国邮政通过推行先进的网络运行体制，在全国大中城市建成的 236 个物流配送中心，能够联接并覆盖全国 2300 多个县以上城市，为国内外用户提供了安全、可靠的服务。在电子商务发展的时代，中国邮政在物流配送服务上的长处和优势日益突出，236 个物流配送中心已经形成了一个信息高度集中、布局合理、覆盖全国的物流配送网络体系。

由飞机、火车、汽车等不同运输工具组成的庞大干线运输网，使中国邮政干线运输网连接国内大中城市及国外200多个国家和地区，可以迅速、准确、安全、方便地把邮件、物品运到目的地。

4万多个邮递所、12万多投递人员和上万辆投递用机动车和9万辆自行车，使得中国邮政投递网遍布国内城乡，经过改造的现有投递网在规模和服务深度上，基本能够满足电子商务的物品配送服务要求。

【实例】

中远集团面对集装箱运输行业的特点，考虑到了下面的因素：集装箱市场供过于求，若使用中间商会造成货源不稳的市场局面；方便控制运价，以便运用价格手段开展竞争；直接与货主接触，拜访客户，了解客户需求，有利于更好地为客户服务。因此中远集团扩大直销渠道，应对全球竞争，在主要目标市场，设立自己的办事处，大力拓展直销渠道，加强与客户的直接接触，直销渠道的比例由1997年的5%扩大到了2000年的50%，揽货能力大大增强，加强了市场竞争力。而市场的领导者——集装箱运输巨头马士基分销渠道中，直销比例已达到70%以上。

2. 间接渠道

间接渠道是物流企业通过一些中间商来向客户销售物流服务的渠道模式（如图7－2所示）。物流业的特点决定了物流业无批发商与零售商，物流中间商即为代理商。代理商是直接受物流企业或客户的委托从事物流服务购销代理业务的中间商。代理商只在物流企业与客户之间起媒介作用，通过提供服务来促成交易并从中赚取佣金。尽管代理商的作用是有限的，但是对于物流企业而言，采用代理商仍然有以下优点：

（1）比直接销售投资更少，风险更小。

（2）代理商可以适应某一地区或某一细分市场的客户的特殊要求。

（3）有利于物流企业扩大市场覆盖面。

(4) 可以延伸信息触角，拓宽信息来源。

由于物流企业对中间商大多实行折扣价格、优惠政策等，会导致物流企业的利润减少。

图 7－2　间接渠道

(二) 长渠道和短渠道

一般来说，中间环节越少，渠道就越短，一层渠道通常称为短渠道(如图 7－3 所示)；而中间环节越多，渠道就越长，多层渠道通常称为长渠道(如图 7－4 所示)。这种划分，有利于营销人员集中考虑对某些中间环节的取舍，形成长或短，或长短结合的多种渠道策略。

图 7－3　短渠道

图 7－4　长渠道

(三) 宽渠道和窄渠道

按渠道中每个层次的同类中间商数目的多少，分为宽渠道和窄渠道。宽渠道是指物流企业同时选择两个以上的同类中间商向物流服务的需求者实施物品分销服务(如图 7－5 所示)。窄渠道是指物流企业在某一地区或某一产品门类中只选择一个中间商为自己销售产品，实行独家分销服务(如图 7－6所示)。一般来说，物流企业对一些生产资料和少部分专业性较强或较贵重的消费品提供物流服务时，可采用窄渠道进行。

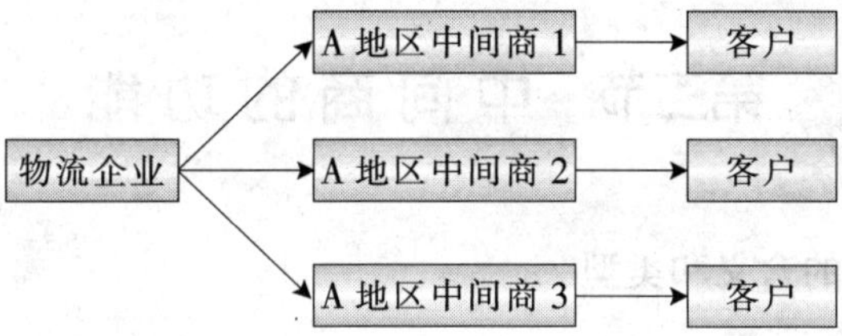

图 7－5　宽渠道

图 7－6　窄渠道

（四）固定渠道和流动渠道

1. 固定渠道

固定渠道是指运输企业通过某种固定的服务场所，实现物流产品销售的渠道。这种渠道有两种形式：一是让客户到服务场所提供服务，客户必须前来办理委托运输服务的各种手续。这种分销网络适用于货物零担运输、集装箱运输等运输需求。二是把物流服务送到客户身边，如根据运输需求者的需求信息，上门取货和送到家，实现全程服务。汽车运输机动灵活、深入性好，适用于此种分销网络。

2. 流动渠道

流动网络是指没有固定的服务场所，根据客户的需要随时随地提供运输服务，实现运输产品的销售过程。如城市的小货运出租服务、应招货运服务、长距离货运中途服务、货运包车、租车服务、货运即时服务等都适用于此类分销网络。

第二节 中间商的功能

一、中间商的含义和类型

所谓中间商，是指介于买者和卖者之间，参与商品流通业务，促进买卖行为发生和实现的组织和个人。中间商可以分为批发商、零售商、代理商和经纪人等类型。物流业的特点决定了物流企业的中间商主要为代理商和经纪人。代理商和经纪人专门为物流企业组织货源，或为供需双方提供中介服务。

（一）代理商

代理商是指作为物流企业的代理人，执行销售业务，与物流企业签订合同，在指定的区域内销售物流服务，再以发货人和收货人为一方，承运人为另一方的二者之间行事的中间人。如在航运类中有订舱揽货代理、货物装卸代理、货物报关代理、理货代理、储存代理、集装箱代理、转运代理等。物流企业则按该代理商的销售额支付一定比例的佣金作为报酬。

【实例】

我国最大的船舶代理企业——中国外轮代理总公司推出“专家型代理、人性化服务”的新服务品牌。这一新品牌首先在大连、青岛、上海、宁波、广州、天津、连云港、秦皇岛、厦门、深圳等10大口岸施行，并将逐步在全国所有口岸全面推开。这是中国外轮代理总公司在继承50年的优良传统和服务风格的基础上，推行客户满意战略，全面提高和改进服务的重大举措。新品牌的推出将更好地发挥系统的整体优势，强化核心营销，提升外代的核心竞争力，确保服务领先、市场领先。

“专家型代理”是指在进一步细分市场的基础上，为船东提供更加专业的代理服务；“人性化服务”是指从客户的角度考虑问题，同委托方融为一体，在市场、操作、信息等方面更好地维护委托方利益，使客户真正享受物有所值、物超所值的高质量服务。“专家型代理，人性化服务”的服务品牌将更加强调对服务过程的全面控制，统一服务标准，规范服务流程，为委托方提供更好、更快的全过程船务代理服务。中国外轮代理总公司将通过设立首席计划调度、提供船舶在港期间整体服务方案、提供差异化专业化代理服务等新举措，全面提升船代服务水平。

为确保“专家型代理，人性化服务”服务品牌的实施，中国外轮代理总公司制订了“专家型代理，人性化服务”服务品牌的详细标准和实施保障措施，它们成立了专门工作组，对全系统的落实情况进行监督、检查。

（二）经纪人

经纪人是指利用在市场信息方面的优势，沟通买卖双方，促成交易实现，并从中获取报酬的企业或者个人。首先，经纪人以收取佣金为目的。第二，经纪人处于他人交易的中间，是为他人之间的交易进行中介服务。根据这一特点，那些不是为他人之间交易而从事中介服务的中介人则不属于经纪人范畴。也就是说，经纪人是独立的企业或个人，其既无商品所有权，又无现货，只为买卖双方提供价格、产品及一般市场信息，为买卖双方洽谈销售业务起媒介作用。经纪人拿着货物说明书和样品，替卖主找买主，或替买主寻找卖主，把卖主和买主结合在一起，介绍和促成卖主和买主成交。成交后，由卖主把货物直接运给买主，而经纪人向委托人收取一定的佣金。

【小知识】

在国际租船市场上，租船交易通常都不是由船舶所有人和承租人亲自到场直接洽谈，而是通过租船经纪人代为办理并签约的。租船经纪人都非常熟悉租船市场行情，精通租船业务，并且有丰富的租船知识和经验，在整个租期交易过程中起着桥梁和中间人的作用，对顺利成交起着十分重要的作用。

二、中间商的功能

中间商指分销渠道里的中间环节，包括批发商、零售商、代理商和经纪人。中间商是分销网络，也称营销网络中的重要环节。在物流业中，中间商具有货源组织功能、物流信息、咨询、服务功能等。具体而言，中间商有以下功能：

（一）提高销售活动的效率

如今是跨国公司和全球经济迅速发展的时代，如果没有中间商，商品由生产制造厂家直接销售给消费者，工作将非常复杂，而且工作量特别大。对消费者来说，没有中间商，也会使购买的时间大大增加。例如，中间商可以同时销售很多厂家的商品，消费者在一个中间商那里就能比较很多厂家的商品，比没有中间商而要跑到各个厂家观察商品要节约大量时间。

同时，由于中间商对其代理的区域市场较为熟悉，并且拥有一批固定的客户群，能帮助厂商迅速地打开当地市场；中间商对本地客户的资信情况和投资环境更加了解，可以帮助厂商规避交易和投资风险；通过中间商还可以减少自设销售网络所必需的高昂费用，降低了整体销售成本，提高了销售活动的效率。

（二）分销成本最小化，交易规范化

中间商减少了市场中交易的次数，使分销成本最小化和交易规范化。在交易中，物流企业通过分销网络实现集中采购与配送，从而减少了市场中交易的次数，提高了交易的效率。专业生产商的数目越大，中间商的优势越明显，物流企业的专业化程度就越高。专业化是提高分销效率的最基本的驱动

力。在实际业务中，第三方物流组织因为能比其他企业更好地承担基本功能，从而能够把经济性引入到物流分销过程中；同时，对交易的规范化处理可以加强网络成员的合作，提高网络效率。

（三）传递信息

中间商在从生产厂家购买产品和向消费者销售产品中，将向厂家介绍消费者的需求、市场的信息、同类产品各厂家的情况；也会向消费者介绍各厂家的特点，无形中传递了信息，促进了竞争，有利于产品质量的提高。分销网络为买卖双方搜索市场资源提供了便利。在市场环境中，买方试图满足自己的消费需求，而卖方（如制造商）则想要预测并抓住这些需求信息，如果这一双向“搜索”过程能成功进行，需求信息能适时高效地流动，那么对买卖双方都是有利的。

【实例】

中远网络公司不同于一般的网络公司，它将物流业务和物流网络虚实结合，提供全球性的专业化和社会化的物流服务。①中远集团作为中远网络的首要客户，为中远网络提供了稳定和可靠的收入来源；②中远网络可以利用中远集团丰富的物流和运输资源，它既是中远集团物流网络服务和互联网通讯服务之旗舰公司，又是国际性的专业物流公司。

第三节　物流销售渠道策略

一、影响物流销售渠道选择的因素

不同的物流分销模式反映着物流服务商、中间商和消费者之间的不同关系，反映着不同时期生产发展、生产结构、消费结构以及消费水平的变化。物流企业的销售渠道选择是否得当，销售渠道是否健全，直接决定着物流服务提供商和中间商的命运。

(一) 选择和开发销售渠道模式应遵循的原则

物流企业在选择和开发具体的销售渠道模式时，一般都要遵循一定的原则。

1. 客户导向原则

当今社会竞争日趋激烈，物流企业为了自身的生存与发展，必须树立让客户满意、以市场为导向的经营管理思想，不仅要密切关注制造商的经营状况、产品质量，同时还必须使企业所选择的物流分销网络接近目标消费者，达到一定的市场覆盖率，及时供应物流服务，满足消费者在销售时间和地点上的需求，使客户非常方便和容易地得到物流服务。

2. 合理分配利益原则

每个物流企业在设计、选择分销网络模式时，不能仅从追求自身经济效益最大化出发，忽视其他渠道成员的利益，忽略与分销网络上各成员单位的合作和利益分配关系问题，还要注意系统合理地分配分销网络各个环节、各个成员的利益，统一、协调、有效地指导分销网络的运行。

3. 效率最大化原则

物流企业建立分销网络的目的是为了借助中间商更加有效地把客户的产品推向目标市场，获得最大化的收益。因此要注意提高流通的效率，不断降低流通过程中的费用，使分销通路各阶段费用合理化，这是物流企业降低分销成本、取得竞争的时间和价格优势的重要环节。

4. 稳定可控原则

物流企业在选择和开发分销网络时，要注意发挥自身的优势，使企业在竞争中处于优势地位。卓越的物流分销网络是企业市场竞争中的一大优势。物流企业配送销售产品，离不开分销网络成员的支持。如果物流企业在与分销网络成员关系处理中不能处于优势地位，就不能很好地控制和利用分销网络成员，使运送的产品尽快、尽早、尽好地通过最短途径、适宜价格及合适地点送达消费者手中。

企业的物流分销渠道一旦建立以后，一般不会轻易更换渠道成员，更不会随意转换渠道模式。只有保持渠道的相对稳定，才能进一步提高渠道的效率和效益。但是由于影响分销渠道的各种因素是在不断变化的，因而原有的分销渠道不可避免地会出现一些问题，需要进行适度的调整。进行调整时，物流企业必须使销售渠道始终保持基本的稳定性和在可控制的范围之内，有效地引导渠道成员之间的充分合作，鼓励渠道成员间有益的竞争，减少冲突发生的可能性，确保整体目标的实现。

5. 经济性原则

经济性原则要求比较每一条销售渠道给物流企业所带来的收益与成本。如果收益大于成本，那么选择此条渠道是比较经济的，因为企业追求的是利润而不是仅仅对分销渠道的控制。这就要求比较由本企业推销人员直接推销与使用销售代理商这两种方式中哪一种方式的销售水平更高，比较由本企业直接设立销售网点和直接销售所花费用与使用销售代理商所花费用哪个更大，企业对上述情况进行权衡比较，选择最佳销售渠道模式。

（二）物流企业选择与开发物流销售渠道应考虑的因素

物流企业在选择与开发物流销售渠道时，除了应遵循上述的一般原则外，还应当考虑以下一些具体的因素：

1. 物流企业的特性

物流企业的特性在选择分销网络模式时起着重要的作用。

（1）物流企业的规模。如果物流企业的规模较大，并且财力雄厚，其选择分销渠道的余地较大，可根据自己的需要进行选择。规模较小的物流企业由于没有足够的财力建立直接销售渠道，比较适合选择间接渠道，依靠中间商的力量开拓市场。

（2）物流企业的品牌知名度。品牌知名度高的物流企业分销渠道可有多种选择，既可以利用品牌直接吸引客户，也可以利用品牌优势发展与代理商的合作；而不具备品牌优势的物流企业则需要采用间接渠道，利用经验丰富的代理商来帮助其打开市场。

（3）物流企业的营销能力。如果物流企业的销售部门拥有较强的销售能力，就可以依靠自身的销售能力，采用直接渠道；反之则采用间接渠道。

2. 客户特性

物流企业分销网络模式的设计和选择在很大程度上受到客户特性的影响。如果物流企业目标市场规模大而且客户分布集中，则适合采用直接渠道；相反则采用间接渠道。如果客户企业尽力要进入一个大规模的或者消费者分布很广的市场时，就需要设计一条较长的分销通路；如果客户的购买量小，购买次数多，分销渠道就要短，因为要满足少量而频繁的订货，企业的销售成本就会比较高。目标客户的购买习惯直接影响物流企业分销渠道的选择。如果客户需要的是方便、快捷的服务，则物流企业需要与代理商合作，广泛设置自己的服务网点。物流企业的产品总是要满足特定客户需要的，所以物流企业一般应根据客户的不同选择适当的分销网络。不同的客户有着质和量上的千差万别，所以物流企业设计和选择销售渠道，必须考虑目标市场与客户的不同特性。

3. 竞争情况

物流企业的销售渠道及模式的选择和开发要受到竞争对手使用的销售网络的制约。在市场竞争激烈的情况下，物流企业应采取与竞争对手不同的渠道模式。即使采用相同的渠道模式也要创造出服务的差异化，提供比竞争对手更优的服务。

【实例】

中铁集装箱运输有限责任公司是经铁道部批准、国家工商管理总局注册、铁道部直属的全国性铁路集装箱运输企业，具有铁路承运人资格。公司总资产22亿元人民币，注册资本12亿元人民币，现有股东15家。公司下设哈尔滨、沈阳、北京、呼和浩特、郑州、济南、上海、南昌、广州、柳州、成都、兰州、乌鲁木齐、昆明、武汉、西安、太原、青藏等18个分公司和22个营业部，另有中铁国际货运代理有限公司、中铁特种集装箱运输有限公司等24个全资子公司，控股中铁铁龙集装箱物流股份有限公司和北京东、杨浦、成都东、重庆东、大朗、昆明东6个集装箱站，在全国30个省、自治区、直辖市的755个铁路车站办理集装箱业务。

中铁集装箱运输有限责任公司全力建设集装箱中心站，加快改造集装箱专办站，大幅压缩集装箱办理站。在靠近省会城市、大型港口和主要内陆口岸，建设昆明、上海、北京、天津、广州、沈阳、郑州、武汉、西安、成都、重庆、深圳、青岛、大连、兰州、哈尔滨、宁波、乌鲁木齐共18个现代化大规模集装箱中心站，达到国际先进水平，成为重要的路网货运枢纽和全国性铁路集装箱物流基地；在货源相对集中、区位优势较为突出但并不具备担当枢纽作用的较大城市、港口地区，在现有的集装箱办理站基础上改造或易地建设40个左右集装箱专办站，成为区域性集装箱运输物流中心；对现有集装箱办理站分阶段进行削减，并对相应的设备能力和基础设施进行技术改造，最终保留100个代办站。通过以上工作，到2010年，将形成点、线、网相协调，具有现代化水平、能力超强的铁路集装箱运输网络。

二、物流销售渠道策略

物流企业需要决定是否采用中间商来帮助销售物流服务。如果采用中间商来共同完成物流活动，就会涉及到分销渠道选择的具体策略问题，即决定渠道的长度和宽度。分销渠道的长度是指层次的数量；分销渠道宽度是指分销渠道中的不同层次使用中间商数目的多少。这主要取决于物流企业产品自身的特点、市场容量的大小、需求面的宽窄以及物流企业的财力。物流企业决定在每一渠道层次使用中间商数目的多少，可以形成以下四种可供选择的分销渠道策略。

（一）直接销售渠道策略

物流企业直接将物流服务销售给客户，无需中间商参与。供需双方按合同要求实现物品的转移。直接分销渠道中，由于没有中间商的参与，物流企业可以直接与客户接触，便于物流企业为客户提供个性化及更专业化的服务；便于企业开展促销活动；可以直接了解客户的需求及其变化趋势；可以对销售和促销服务过程、对服务价格进行更为有效的控制。由于具备以上的优点，直接分销渠道是目前绝大多数物流企业首选的渠道模式。物流企业通过推销人员、广告、电话及互联网等拓展业务。

正是因为缺乏中间商，直接物流渠道策略需要物流企业具有更多的销售人员和较为雄厚的财力，限制了物流企业进入某个新市场的可行性，不利于物流企业进行快速的扩张与发展。

（二）密集分销策略

密集分销策略，也叫广泛分销策略，是一种宽渠道分销策略。指物流企业在同一渠道环节层次上，通过尽可能多的中间商来完成物流服务活动，使客户可以随时随地就近及时办理货物托运手续。这种策略使市场覆盖面广，能够与潜在客户广泛接触，客户容易获得物流服务，广告的效果好，容易组织更多的货源；但渠道不易控制，与中间商的关系也较松散。众多的中间商之间由于竞争，可能会打乱市场中物流企业的价格体系，或者是采取其他一些损害物流企业利益的行为。

（三）选择分销策略

选择分销策略，指物流企业在某一地区有选择地确定几个具有一定规模和丰富市场经验、信誉良好的中间商，从事分销活动。采用这种策略有助于物流企业加强对渠道的控制，保持与中间商的良好合作关系，减少中间商之间的盲目竞争，提高渠道运转效率。但是这样会限制市场的覆盖面，中间商也会对物流企业提出一定的条件和要求。鉴于物流企业的特点，选择分销的策略较多地被采用。

（四）独家分销策略

独家分销策略，也称为集中分销策略，是一种窄渠道分销策略。主要是指物流企业在一定的市场区域内仅选择一家经验丰富、信誉很好的中间商为本企业推销产品和组织货源。双方一般都签订合同，规定双方的销售权限、利润分配比例、销售费用和广告宣传费用的分担比例等；规定在特定的区域内不准许物流企业再找其他中间商推销其产品，也不准许所选定的中间商再推销其他企业生产的同类竞争性产品。

独家分销策略的优点是：易于控制市场的销售价格；可以提高分销商的积极性和销售效率；有利于产销双方较好地合作。其缺点是：物流企业在该地区过分依赖该中间商，易受其支配和要挟。在一个地区选择一个理想的中间商很困难，若选择不当或客观条件发生变化，可能会完全失去市场；一个地区只有一个中间商，可能会因为推销力量不足而失去许多潜在客户。鉴于物流企业的特点，一般不宜采用独家分销策略。

第四节　物流渠道策略案例

案例 1

国泰航空货运的销售策略

香港是国际自由港，其优越的地理位置和良好的经济商业氛围吸引了世界众多著名航空巨头纷纷在香港开展货运业务，比如大韩航空、极地货运航空、UPS、联邦快递、美西北航、汉莎航、英航、快达航，可以说世界五大洲的航空公司都有航班来往于香港。面临着激烈的市场竞争，国泰航空货运采取了以下的策略。

一、经营理念

国泰航空货运认为：它作为基地航空公司，如果运价还低于其他公司的话，就有可能造成市场混乱，给代理人造成负面影响。并且香港专门成立了由各航空公司组成的运价政策委员会，目前由国泰航空出任该委员会会长，主要任务就是协调各航空公司之间的运价。航空公司之间的竞争比较规范，因为各公司也不愿意看见市场出现无序竞争的混乱局面。香港97%的货运市场都是被代理人所占据，而且代理人在航空货运市场行为规范，不乱杀价竞争。

二、优质服务

国内航空企业也经常提及“优质服务”的营销概念，但是往往流于形式，国泰在优质服务方面则有不少创新。比如积极推行电子商务，代理人可以通过网络订舱并且通过网络查询货物的流程，这种网络服务既节省人工成本，同时也让代理方便快捷地获得信息。国泰企业宗旨之一就是 Service Straight from the Heart（服务发自内心），作为世界知名的航空企业，它并不是只简单地要求其雇员一些表面的、形式化的东西。每年两次，其管理层都要对下属进行业绩考核，考核内容一共有四个方面，其中一个方面就是服务改善方面。

三、良好的产品组合

任何一家企业都需要依赖其产品组合去赢得市场的份额。国泰货运具有比较广泛的航空网络，在北美洲、欧洲和澳洲、东南亚、日本和韩国都有每日定期航班，并且使用 747、777、340 等大型客货机运营，其频率、起降时间都占有优势地位。香港地理位置优越，占全球一半人口的区域都在其 4 小时的飞行辐射范围内。香港国际机场是世界第四大空港和第二大航空货运口岸。国泰货运在此有利的经营环境下不断推出新产品。比如，国泰货运自己推出航空快速服务 AAX，在限定时间内将确保货物安全运抵目的地，延迟收货时间并提供优质服务。在欧洲和北美，它和一些卡车公司达成合作协议，利用卡车服务继续提供延伸的货运服务。

四、强强联手

国泰货运和汉莎货运联手。香港至法兰克福的货机航线上只有这两家公司运营，因而它们就采取类似联营的方式，保持运价的稳定。与此同时，国泰还和 DHL 敦豪国际这家世界快运巨头合作，DHL 利用国泰客运飞机运送其快件物品。在客机中，国泰限制旅客人数，将舱位让给快件货物。因为通过仔细核算，国泰发现承运快件的收入要高于满座情况下的机票收入。因此，国泰管理层同意和 DHL 的合作时“重货轻客”，并且这类航班都是利用夜航飞机。通常是在凌晨 1 ~ 2 点左右在香港国际机场运作。

五、和代理人建立伙伴关系

国泰将代理人视为合作伙伴，以平等的地位对待中小代理人，而且国泰一般不直接和真正货主打交道。国泰着眼于和代理人建立长期的合作关系。

在客运方面，“常旅客俱乐部”的概念已经深入人心。国泰货运部根据此概念也建立了“常货主俱乐部”，取名为“Cargo Elite C1ub”。国泰根据代理人每年发货量的大小，确定30~50家公司，然后每家公司确定1~2人为俱乐部成员，成员可以享受一系列优惠政策，比如在乘机时，可以优先登机，可以免收逾重行李费。此俱乐部的目的主要是使代理感受到一种被尊重的地位。国泰货运销售人员经常拜访代理人，而不是等着代理人上门。货运销售人员是专线专管，每人专门负责某一航线，并且负责同所有利用这条航线的代理人打交道。

案例讨论题：面对着激烈的市场竞争，国泰采取的渠道策略体现在哪些方面？

案例2

183电子商务平台

——电子分销代理渠道的信息载体

以互联网为信息渠道，以电子商务网站为信息载体，将营销网、物流网、金融网、客户服务网融为一体，把产品销售、物流控制、信息沟通及客户管理有机结合起来，183电子商务平台使传统分销模式向电子分销模式转化。183电子商务平台作为一种销售模式，简化了销售过程，缩减了销售成本，使企业有较大的利润空间。

为了谋求自身的发展和服务质量的不断提升，传统邮政服务渠道的扁平化势在必行。邮政的信息化网络、183电子商务网站和电子化网点，无疑是邮政电子分销代理渠道的三个组成核心，在贯穿邮政物流网、金融网、客户服务网中起着神经网络、载体和营销网络节点的作用。邮政服务其实是一种渠道服务，与上游厂商一道，邮政融合了分销商、电子商务营运商的角色。邮政电子分销代理渠道体系的作用是：向上家提供畅通、经济、高效的电子分销代理渠道；向下家客户提供方便、快捷、可靠的电子商务服务。

邮政电子分销代理渠道体系主要由接入渠道体系、操作平台体系和支撑环节体系三部分组成。接入渠道体系由邮政综合网营业网点、183 电子商务网站和 11185 客户服务中心组成，它们是邮政电子分销代理渠道当前的接入窗口。

短信窗口、网上分销代理以及社会代理商是日后将逐步发展的接入渠道。操作平台体系主要指电子分销代理渠道的业务承载系统，即 183 电子商务平台的生产作业系统，各类业务以它为平台进行业务叠加。邮政 11185 坐席代表和综合网营业网点的电子商务操作员均拥有自己独立的账号和密码，实行“账号—订单责任制”，为订单跟踪、统计、业务奖励提供基本数据。

支撑环节体系主要包括邮政综合网、邮政物流配送网两大网络以及四大环节：邮政绿卡支付网关、银联支付网关的支付环节；账务结算环节；订单管理等的统计环节；客户服务信息闭环服务的客户环节。

以广东为例，这几年广东电子邮政的运作情况表明：目前较适合在邮政电子分销代理渠道上开展的业务以附加值高、体积小、重量轻的商品和服务为主。比如：出售机票、火车票、鲜花、图书等；提供电子化的服务方式（如电子机票）和电子化的充值方式，并且支持多种支付方式（网上支付、上门收款、邮政汇款、电话支付）。目前广东电子邮政的业务管理模式是：以市为单位的本地网点、本地业务的联动和以省为整体的全省业务联动的二级管理体制。这样，产品、信息和服务通过某一点接入电子分销代理渠道后，经过流程的标准化，便可以在市局区域或全省电子分销代理渠道的电子化窗口受理。

电子分销代理渠道上的业务操作模式为：业务上网操作、订单在线管理、票据现场打印、物品配送到户、全程闭环控制。

案例讨论题：邮政分销电子代理渠道与传统渠道的区别在哪里？

案例 3

无缝网络的效益

——解析上海佳吉快运的运营模式

2004 年 11 月，“中国物流企业综合竞争力调研和中国物流百强企业”评选结果揭晓，上海佳吉快运名列“2004 年度中国物流百强企业”第 17 名、“中国民营物流企业前30 名”的第 4 名。佳吉快运只经历了 10 年风雨，何以发展得如此迅猛？

上海佳吉快运有限公司 1994 年底注册成立，主要以上海、广州等地的运输为主，1994 年到 1998 年期间，佳吉快运在运营中逐渐暴露出几大问题，影响了公司的发展速度，企业发展暂时陷入困境。上海、广州两地的货流量分布不均匀，空载率居高不下；地区经济逐渐转变为全国经济，几条固定的运输线路无法满足运输面向全国的要求；到货目的地越来越散，货物组织和车辆配载成为难题；货主对到货速度和质量的要求越来越高。

佳吉的运作模式已不适应市场发展所带来的变化。要把一个货运企业做好做大，必须探索一种科学的运作模式。佳吉要做到“快”，只有依靠科学的网络运作才能实现。零担货物最大的特点就是小、零、散。“小”指单件货物重量小；“零”指货物件数少；“散”指货源分散、到货地不集中。如何将这些小、零、散的零担货物科学高效地组织起来是解决“快”的关键，网络运作的优势就在于能使人、车、货和行车路线得到最佳整合，能使客户需求得到最大满足。

佳吉坚守住网络发展的信念，网点数从 1998 ~ 2003 年，平均每年为 100% 以上的速度增长；营业额从 1998 ~ 2003 年，平均每年以 74% 速度递增。到 2004 年上半年，公司网点已经达到 500 个，并以平均每月大于 1% 的速度继续增长，2004 年的营业额突破 8 亿元人民币。佳吉公司的网络主要分为实体网和虚拟网两部分。

实体网方面，以高速公路和国家高等级公路为依托，发展建成以上海、北京、广州、武汉、兰州五地为中枢的全国性货运网络体系。其中，华东地区运输网络是以上海为中心组成的货运网络，遍布江、浙、皖、闽；华南地区运输网络是以广州为中心组成的货运网络，覆盖珠江三角洲；华北地区运输网络以北京为中心组成的货运网络，纵跨京、津、冀、鲁、辽、吉、黑；华中、西南地区运输网络是以武汉为中心，以湘、川、鄂、陕、赣为货运网络，同时向西南纵深发展；西北地区运输网络以西安为节点、兰州为中枢组成新网。

虚拟网方面，佳吉快运以信息高速公路和互联网技术为依托，自主开发了第二代全国实时联网的货物网络管理系统，规划虚拟网络并打造成与物流行业真正相关的电子商务平台。2003 年，货物网络管理系统开发成功，它采用人性化的电子商务技术，提供给客户便捷的网上订单、网上实时查询、代收货款、短信通知等电子化商务流程，包括物流管理、客户关系等子系统，建立了与实体网相一致的电子商务网络平台，与实体网络共同形成了佳吉超群效率的网络体系。

经过 6 年来的探索，佳吉依靠实体网络、虚拟网络两大基础所延伸的多种网络功能，追求最优资源配置，为传统运输模式注入了新鲜血液，赋予了新概念。佳吉公司把这些网络总结为“四网合一”。

一是市场网络。佳吉公司下设 550 余个营业网点，主要任务是承接客户委托运输货物，形成了佳吉的市场网络。网点覆盖客户的销售网络，为佳吉提供了源源不断、越来越多的货源。公司主要依据以下几方面来规划市场网络。①一般选址根据货源的分布情况，比如在经济发达、货源丰富的华东地区，网点数量占到总数的 42%；而在货源相对贫乏的西北地区，网点数只占 3%。②从建设网络、完善网络的角度出发建立网点，使网络更加完善，使网络优势得到更好的发挥。③依据客户需求建点，从便利客户的角度出发，使网络与客户需求相对称。

二是运输网络。指以中转公司为枢纽，联系各个分公司之间的货物集散运输网，负责区域内外的中转运输。佳吉在全国范围货源集中、中转量高的大、中城市，共拥有 12 个大型集散中心，仓储总面积超过 20 万平方米的仓库，700 多辆自备车、2000 多辆长期合同车。集散中心的功能，一是负责国内各个区域网络到达货物的中转以及至网络内各网点的工作；二是负责将管辖区域内的货物进行统一集中，并按到货线路合理地分拣组装，以最短时间、最佳路线、最安全的形式，将货物送达。

三是，服务销售网。主要指末端配送网络，即从各分公司至办事处的网络。每个分公司在到货后由当地调度统一安排，按照到货线路、轻重缓急、包装大小、货物重量以及货量多少进行作业。尽量在最短时间内，通过当地公司（或自备、外雇）的配送车辆，将货物送到指定人手中，遍布全国的550多个网点在其中也担当了重要角色。

四是，电子商务网。佳吉从2000年起，建立了与实体网络相对应的电子信息网络，用以收录货运信息、跟踪信息、信息处理，让佳吉能够科学运作、提高信息传递效率和准确性。目前，全公司的电脑数量已达2000余台，每个网点至少配备1台，用于同总部实时保持数据交换。2003年5月启动的全国实时联网的货物网络管理系统，采用了GPS定位系统，调度中心可以全天候掌控货物位置、速度和方向等各类数据，提升了车辆货物的综合安全系数。公司网站和总部数据库直接相连，客户可以通过货单的货号即时了解货物的位置、状态、发到货时间等信息，为客户提供无障碍、全透明、高质量的信息服务。加快了配送速度，缩短了配送路径，减少了中转次数，降低了运营成本。据统计，公司运营成本占总成本的比例已由以前的50%下降到目前的40%以下。事实证明，佳吉公司这种充分发挥网络间紧密配合优势的模式取得了优异成绩。

案例讨论题：佳吉快运物流渠道具有哪些特点？

本章小结

物流企业分销渠道是指物流服务从供应商向客户转移所经过的通道。物流渠道可以分为直接渠道和间接渠道、长渠道和短渠道、宽渠道和窄渠道等。物流企业如果不是直接将服务提供给客户，就是借助于中间商将服务出售给客户。物流业的特点决定了物流企业的中间商主要为代理商和经纪人。

物流企业在选择和开发具体的销售渠道模式时，一般都要遵循一定的原则。这些原则包括：客户导向原则、稳定可控原则、效率最大化原则、合理分配利益原则、经济性原则。除了应遵循以上的一般原则外，还应当考虑很多具体的因素，如企业特性、客户特性、竞争情况等。

物流企业决定渠道的长度以及在每一渠道层次使用中间商数目的多少，可以形成四种可供选择的分销渠道策略：直接销售渠道策略、密集分销策略、选择分销策略、独家分销策略。不同的分销渠道策略具有各自不同的特点。物流企业应根据自身的特点与市场的情况选择最合适的渠道策略。

复习思考题

1. 简述物流渠道的含义。
2. 物流渠道具有哪些特点？
3. 物流渠道有哪些类型？
4. 物流企业的中间商主要有哪些？
5. 中间商具有哪些功能？
6. 物流企业在选择物流渠道时应该考虑哪些因素？
7. 简述物流企业在开发物流渠道时应遵循的原则。
8. 分析物流销售渠道策略的特点。

第八章　物流促销策略

学习目的

通过对本章的学习，了解促销的概念、目标、特点和类型；了解人员推销的特点，熟悉人员推销的过程，掌握人员推销的策略和技巧；了解广告的特点，掌握物流广告的策略；了解营业推广的特点，熟悉营业推广的类型，掌握营业推广的策略；了解公共关系的含义和原则，熟悉公共关系的过程和活动类型；了解促销组合的含义，熟悉促销组合的影响因素，掌握促销组合的策略。

【关键词】　物流促销　人员推销　广告　营业推广　公共关系　促销组合

第一节　物流促销的含义

一、物流促销的含义

促销（Promotion）是指企业把产品和提供服务的信息通过各种方式传递给消费者和用户，促进其了解、信赖并购买本企业产品或服务，以扩大产品销售为目的的企业经营活动。促销的实质是企业与消费者或用户之间的信息沟通。

物流企业通过一系列活动，一方面向客户提供产品运输、仓储、配送等服务，另一方面向客户提供更为重要的增值服务和信息服务等。物流企业的促销是指物流企业向目标客户传递其物流服务的方式、内容等信息，或树立本企业形象，促使目标客户作出购买行为，或影响目标客户购买态度而进行的一系列说服性的沟通活动。

（一）促销的作用

1. 沟通信息

沟通信息是物流企业获取和保持客户的重要环节。物流企业必须及时将本企业的服务信息提供给客户，让客户尽量了解本企业的业务项目、费用水平以及各地的分支机构、代理网络等信息，告知市场各种新的服务渠道，向客户及各种中间商提供物流产品信息，引起他们的注意，为扩大销售打下基础。

2. 刺激需求

通过促销向客户介绍物流产品，既可以诱发需求，还可以创造新的需求，从而增加市场对该物流产品的需求量。在促销活动中，物流企业侧重宣传其订单处理、仓储保管、运输配送、流通加工、信息处理等作业活动，为客户提供增值服务。这样有利于潜在的客户改变其自行处理物流业务的做法，进而形成对物流企业服务的巨大需求。

3. 突出特点

在激烈的市场竞争中，企业的生产与发展越来越需要强化自身的经营特色。物流服务企业的领域十分广阔，物流企业通过促销宣传本企业的服务特色，给客户带来的特殊利益，使客户对本企业产品的优点有更清楚的认识，改善企业在现实和潜在用户中的形象。

4. 稳定客户关系

追求稳定的市场份额是企业营销的重要目标之一，物流企业稳定的市场份额来自稳定的客户关系。物流企业通过促销活动可以加深企业与客户的感情，提高企业在客户中的信誉与知名度，有利于与客户建立长期稳定的合作关系。

（二）物流企业促销的基本目标

1. 建立对该物流产品及物流企业的认知和兴趣。
2. 使服务内容和物流企业本身与竞争者产生差异。
3. 描述所提供产品的种种利益。
4. 建立并维持物流企业的整体形象和信誉。
5. 说服客户购买或使用该项物流产品。

（三）物流企业促销的具体目标

1. 客户目标

（1）增进对新的物流产品和现有物流产品的认知。

（2）鼓励试用物流服务。

（3）鼓励非用户参加服务展示或试用现有服务。

（4）说服现有客户继续购买物流服务而不中止使用或转向竞争者，增加客户购买物流服务的频率。

（5）促进与客户发展战略伙伴关系。

（6）加强物流产品的区别利益。

（7）加强物流服务广告的效果，吸引客户的注意。

（8）获得关于物流服务价格、技术发展趋势等市场研究信息。

2. 中间商目标

（1）说服中间商传递新服务。

（2）说服现有中间商努力销售更多服务。

（3）防止中间商在销售场所与客户谈判价格。

3. 竞争目标

对一个或多个竞争者发起短期攻势或进行防御。

总之，任何促销努力的目标都在于通过沟通、说服和提醒等方法，以增加物流产品的销售。

二、物流促销的类型

物流促销的具体类型有：人员推销、广告促销、营业推广、公共关系等。

第二节　人员推销

一、人员推销的含义

人员推销是物流企业派出的推销人员运用一定的销售技术与手段，与目标市场中的客户以及可能成为客户的人交谈，介绍本企业的服务，以促进和扩大销售的经营活动。在物流企业中，人员推销又称为“揽货”，是一种最直接的推销方式。人员推销以其独特的优势成为物流企业促销活动中不可或缺的重要内容和主要环节，在现代物流企业的市场营销中占有相当重要的地位。

（一）人员推销的特点

1. 信息沟通的双向性

推销人员通过与客户联系、接触洽谈，一方面向客户传递有关物流企业及其提供服务的信息，另一方面也可以及时了解客户对物流服务的需求。推销人员在推销过程中，还能及时听取和观察客户对企业及服务的态度，搜集市场情况，了解市场动态，并迅速予以反馈，以使企业的经营更适合客户的需求。

2. 促销方式的灵活性

推销人员与客户保持直接的联系，可以根据各类客户对物流服务的不同需求，设计不同的推销策略，并在推销过程中随时加以调整。在与客户进行交流的同时可以及时发现和挖掘客户的潜在需求，努力扩大对客户的服务范围，尽量满足客户个性化的需求。

3. 沟通对象的针对性

推销人员在每次推销之前，可以针对客户的不同特点，拟定具体的推销方案、推销目标和推销策略，以实现其推销效果，提高推销的成功率。

4. 沟通过程的情感性

推销人员在推销过程中通过与客户面对面的交流接触，双方可以在推销人员营造的友好氛围中交流情感，增进了解，产生信赖，建立友谊。推销人员与客户在建立良好感情的基础上，有利于与客户形成长期稳定的合作关系。

人员推销也有其不足之处。主要是费用开支大、成本高，接触客户的数量和范围有限，制约了这种方法的应用范围和应用程度。需要说明的是，一个订单很少在第一次访问就能定下来，经常需要 5 次以上的访问，因此获得一位新客户的成本是极高的。

（二）人员推销的基本任务

尽管人员推销具有高成本，但对于一个物流企业而言，人员推销常常是最有效的手段。从事推销工作的销售代表为物流企业执行一个或多个任务，它们是：

1. 寻找潜在客户。销售代表在推销过程中能够发现或培育新客户。

2. 客户定位。销售代表决定如何在现有客户与潜在客户间分配自己有限的时间。

3. 传递信息。销售代表传播企业产品和服务的信息。

4. 推销。销售代表理解推销的艺术，要接触客户，展示产品或服务，解惑答疑，达成交易。

5. 服务。销售代表为客户所咨询的问题提供各种各样的服务，提供技术帮助，安排信贷以及送货上门。

6. 信息搜集。销售代表组织市场调研、情报工作以及填写访问报告。

二、推销策略

80/20 规律在物流市场营销中仍然起作用，这一规律表明的是，一个企业利润的大部分来自它的少数客户，通常指的是关键客户，即全国性客户或主要客户属这类的客户。例如，中国物资储运总公司的关键客户有宝钢、首钢、一汽、二汽；宝供集团的关键客户有宝洁公司等。以关键客户这一思想为基础，物流企业推销人员必须认识到以下一般的推销策略。

（一）防止丧失关键客户

如果丧失关键客户，那么即便吸引到新客户也不是什么好事。要弄清楚关键客户离开的原因，并着手确立改正的步骤，要为关键客户制订严谨的工作方案。对某个单独的产品，要由推销人员专门负责少数几个关键客户。除非这些客户得到高质量的服务，否则它们被竞争对手抢走的可能性很大。

（二）增加与关键客户的交易

通常，关键客户所提供的销售潜力比当前认识到的要多。关键客户可能将其业务分割开来，由几个服务商完成。越来越多的迹象表明，如果客户对服务和价格的要求得到满足，他们会愿意减少服务者的数量，而给予少数物流企业更多的业务量。宝洁公司将物流业务外包给宝供集团的情形就表明了这一点。

(三) 保留选定的边际客户

许多客户不经常购买或只是进行小额的购买，对这类的边际客户可采取低成本的推销方式。跟这些客户打交道的通常方式是把他们分派给内部推销队伍。对于这些客户，推销人员可不进行现场访问，而是通过电话、电信、花名册、直接邮寄和传真等方式与客户进行联系。

(四) 使边际客户成长为关键客户

边际客户在不断地变化，其物流的业务量也会随之变化。如果客户对物流服务很满意，会带来更多的业务。这就要求推销人员能够识别那些具有潜力的边际客户，并能够把他们培养成企业的关键客户。

三、推销的过程

简略地考察一个完整的推销活动，可以发现推销过程包括八个主要步骤：寻找和识别目标客户、接触前的准备、开始接触、展示和证明、谈判、说服异议、缔结合约、售后服务。

(一) 寻找和识别目标客户

推销过程的第一步是识别潜在的客户。尽管企业将提供线索，但销售代表需要具有自己寻找线索的技能。可资利用的线索大致可以通过以下方式获得：

1. 在合适的行业展览会上设立展台。

2. 通过问询的电话和电子邮件发现有需求的客户。

3. 通过检索各种媒体（报纸、杂志、相关网站等）的报道、广告等来寻找。

4. 参加物流行业的演讲、研讨会和论坛等。

5. 通过查阅工商名录、电话号码薄等发掘潜在客户。

6. 向现有客户询问其他可能的客户。

7. 努力获得其他参考来源，例如非竞争性的销售代表、商人。

推销人员需要能够识别和排除无用的线索。潜在客户的识别可以通过考察他们的财务能力、业务量、特殊需要、地点以及连续交易的可能性等来进行，最终找出适合发展业务关系的潜在客户。

（二）接触前的准备

在正式接洽一个潜在客户之前，推销人员需要尽可能多地搜集和了解关于潜在客户的资料，包括客户的规模、经营范围、经济实力、可能对物流服务产生需求的项目、拥有决策权的人员、现在的物流服务商等。推销员应当明确访问的目的是搜集信息，还是形成初步的关系或立即达成交易等。另一个任务是选择最好的接触方式，拜访的时机和地点也应仔细考虑好，因为许多受访者在某一时期没有空隙时间。最后，推销员应为此次访问活动制订一个全面的推销策略。

（三）开始接触

在做好了充分的准备后，推销员必须直接与客户进行面对面的接触。推销员应知道如何跟潜在客户寒暄以取得一个良好的开端。这需要推销员具有恰当的礼节、态度和表达方法，甚至外貌都具有重要的作用，争取获得良好的第一印象。

（四）展示和证明

在物流业促销中，介绍物流服务是一个关键阶段，是服务的组成都分。主要是针对客户的需求，介绍本企业提供的物流服务的内容、价格、获得渠道、带给客户的价值等。介绍时有必要辅以相关的宣传册、图片、幻灯片等。

（五）谈　判

推销需要谈判技巧。双方需要在价格和其他交易条件上达成一致。推销人员需要做到：既不作出将有损收益的大让步又能获得订单。尽管价格是最常见的谈判争端，但其他包括产品的质量、购买总额、融资、风险承担及促销责任等问题亦应得到重视。实际上谈判争端是数不尽的。

谈判活动通常都是一方提出需要，或者一方提出某一计划方案，然后另一方对这些需求或方案进行评价，然后提出更有利自己一方的交易条件。

（六）说服异议

在展示的过程中或被要求下订单时，客户几乎总是能够对服务的某些方面提出反对的意见。客户的异议可能是心理上意气用事，也可能是合乎逻辑的。心理抵抗包括客户可能偏好于其他物流企业，或不愿意放弃某些东西等。合乎逻辑的抵抗可能包括对价格或某一产品或公司特性的异议。为了说服这些反对意见，推销员要保持一种积极的态度，让购买者澄清他们的异议，指出抵抗或反对并无根据。推销员应及时发现客户的疑问，利用更多的信息排除客户的疑虑。

（七）缔结合约

推销员在成功地消除了客户的疑虑与客户达成一致意见后，应促成客户的购买行为。推销员可以帮助客户填写订单，简明扼要地重述协议要点，帮助购买者制订方案等。

（八）售后服务

合约的缔结并不意味着推销过程的终止。如果推销员想要确保客户满意和重复购买的话，售后服务是必需的。成交之后，推销员应当制定一个客户维持计划，提高客户对本企业的忠诚度。

四、推销技巧

个人推销是一种古老的艺术。有效的推销员不仅仅要有天赋，而且还要接受专门培训来达到推销成功。在推销过程中，需要许多的技巧，比如：

- 推销人员的介绍方式和职业能力对客户正确感受服务是至关重要的。
- 有效的沟通是双向的。除了提供信息，推销员要刺激潜在购买者提问，并给予详尽的解答。单向沟通（卖方对买方）会使人员销售的好处体现不足。
- 需要突出服务的每个特点能带来什么好处。
- 信息应当简洁，细节不宜过多。潜在购买者面对过于复杂的信息必然会在头脑里进行抵制或筛选，不利于达到预期目的。
- 介绍不应当针对价格，但是可以突出成本与好处的关系对比。各种调研表明，客户购买服务时对价格不像购买有形产品时对价格那么敏感。
- 介绍应尽量使服务的不可触知部分变得可触知。说明书、音像材料都能提供比销售者本人口述效果更可信赖的描述。

• 推销人员要表现出对自己提供的物流服务的深刻了解。为此需要对销售队伍进行培训和不断的知识更新。

• 推销人员不应承诺企业无法做到的事情。这个原则对任何产品都有效，尤其是对以不可触知的成分为主的服务更是如此。做了许诺就要兑现，虽然勉强实现后可以带来短期的收入提高，但却会使企业与客户的关系进入危机。

• 要尽可能让客户可以验证服务的质量，或者表现以前取得的成果，或者在可能时拿出服务的样板来。

• 对复杂的、成本高的服务，提供服务的机构的形象和名声是决定性的。

第三节　广告促销

一、广告的含义

广告是广告主通过传播媒体向公众传达商品或服务的存在、特征和购买者所能得到的利益等信息，以激起客户的注意和兴趣，促进商品销售的工具。

广告是通过大众媒体渠道与目标客户群进行沟通宣传，这些大众媒体包括电视、广播、报纸、杂志、直接信函、交通工具和张贴画。在通过人员销售时，沟通是人对人的，广告则没有这种直接接触。广告的特点是：广告必须有明确的广告主；广告的内容是产品、服务或观念等信息；广告的传播方式是非人员的大众传播方式；广告需要支付一定的费用。

物流企业的广告就是物流企业通过各种传播媒介，以付费的形式，将本企业的产品和服务等信息传递给客户的一种以促进销售为目的的非人员推销方式。

广告有一些明显的好处：因为面对的接受者很广泛，平均成本就比人员推销的成本低，而且还可以反复重复；对产品特点加以介绍的广告达到的宣传目的面更宽；能提高机构的知名度，可以用人员推销和其他促进方式予以加强。不利的因素有：广告的信息传递是单向的，仅仅从广告主一方到潜在客户一方；广告不够灵活，没有对客户进行区分，不能回答潜在购买者提出的问题；因为物流服务的不可触知性，使广告很难和竞争对手的信息加以区分；广告的总成本有不断攀升趋势，广告的效果较难测量。

二、广告的作用

广告本身是一种心理影响方式，它旨在用有意识的方法，促使消费者自愿接受和执行广告的内容。广告的基本功能是促进销售，是以迅速性、全面性、深入性和权威性为特征的信息传递行为。

（一）传递信息，促进销售

随着物流业的发展，物流企业的数量不断增加，物流企业能够提供的服务种类越来越繁多，客户很难及时准确地了解各种产品的具体内容。通过广告，物流企业可以把有关服务的信息传递给客户，引起客户的注意与兴趣，促其购买。因此，广告的信息传递能迅速沟通供求关系，促进物流服务的销售。

（二）激发需求，引导消费

通过广告宣传，物流企业可以介绍企业的服务信息、本企业所具有的与同类企业不同的独特的特点、给客户带来的价值，激发客户的需求，购买本企业的物流服务。

（三）塑造品牌，树立企业良好形象

物流企业进行广告宣传，可以提高本企业品牌的知名度，形成品牌效应，吸引一批新的客户，提高客户的忠诚度，树立良好的公众形象。这些都会促进物流产品的销售。

三、制订物流广告策略的过程

（一）确订广告目标

广告的最终目标是通过广告宣传，提供物流服务产品或提高物流企业的

知名度，影响客户的购买行为，从而为企业赚取更多的利润。进行广告宣传，主要的目标有创牌目标、保牌目标、竞争目标和公共宣传目标。进行广告宣传要达到：

1. 宣传购买物流服务的好处。
2. 劝说尝试物流服务。
3. 对物流服务加以区别。
4. 保持客户的忠诚。
5. 纠正错误的感觉。
6. 给物流服务定位。
7. 便于记忆。
8. 支持人员推销。

（二）决定广告预算

进行广告策划、广告的设计制作与投放都是建立在广告预算的基础之上的。如何决定广告预算是广告主和广告公司长期以来最重视、但又一直没有解决好的一个问题。广告预算的安排方法主要有以下几种：

1. 量力而行法

尽管这种方法在市场营销学上没有正式定义，但不少企业确实一直采用。即企业确定广告预算的依据是它们所能拿出的资金数额。也就是说，在其他市场营销活动都优先分配经费之后，尚有剩余时再供广告之用。

2. 百分率法

百分率法是以一定时期的销售额或利润额的一定比率来确定广告费用数额的方法，包括销售额百分率法和利润额百分率法。

销售额百分率法即企业按照销售额（上年度销售实绩或次年度预计销售额）的一定百分比来决定广告开支。这就是说，企业按照每完成100人民币销售额需多少广告费来决定广告预算。利润额百分率法即企业按照利润额（上年度利润额实绩或次年度预计利润额）的一定百分比来决定广告开支。采用利润额来计算较销售额更为恰当，因为利润是企业经营成果的最终表现。但是，当企业没有利润，出现亏损时，此法失去了可操作性。

3. 竞争对抗法

竞争对抗法是指企业比照竞争者的广告开支决定本企业广告预算为多少，以保持竞争上的优势。即整个行业的广告费数额越大，本企业的广告费也越大；反之，则越少。这种方法把广告作为商业竞争的武器实行针锋相对的宣传策略。采取这种方法的一般都是实力雄厚的大企业。

4. 目标达成法

目标达成法是根据企业的总目标和销售目标，具体确定广告目标，再根据广告目标的要求而制订广告预算。这是一种比较科学的方法，能够适应企业经营变化而灵活地制订广告预算。由于目标达成法是以广告目标来决定广告预算，因而便于检验广告的实际效果。

5. 投资利润率法

投资利润率法将广告支出视为一种投资，因而是长期广告战略所采用的预算方法。广告活动的作用可以概括为树立信誉、促进销售、提高利润率。因而广告预算是一种两方面收益的长期投资。广告不仅能使目前的销售增加，同时可以不断提高企业声誉，使未来的销售也因此增加，因而广告预算长期战略具有投资性质。利用投资利润率法确定广告预算，先要确定因广告促销而预计带来的利润增长额，再从以往的资料中推算出广告的投资利润率，然后计算出广告预算。

（三）广告媒体的选择

广告只有通过一定的媒体才能将信息传达给消费者。考虑到促销的目标和服务的特点、媒体的种类、广告费用以及播出时间安排，下面介绍几种媒体的利弊以及它们对销售促进的效果。

1. 报纸

报纸广告可以用来提供物流服务的一般信息，或者介绍其详细特点。在购买复杂的物流服务时，客户喜欢得到详细的信息。无论是报纸还是杂志，都能达到这个目的。读者普遍认为，在报纸上出现的广告一般具有良好的可信度。读者的忠诚实际上加强了广告的目的。与广播电视相比，报纸上的广告有一种优势：读者能控制用于阅读的时间，因此对感兴趣的信息能多加研究。

2. 杂志

就接触面来讲，杂志广告的成本比报纸要更高些，但是好处是能到达专门的更加持久的细分市场的目标客户面前。例如很多物流企业喜欢在《中国航务周刊》上刊登物流服务方面的信息，因为该杂志从时间到内容非常适合物流企业，特别是航运类企业。

3. 电视

把颜色、运动和声音巧妙结合在一起的能力是电视比广播和报刊都更加独有的优势，使之成为建立品牌形象的良好手段。但是这种广告很少提供服务特点的细节，这与有形产品的宣传是不同的（电视广告宣传有形产品的特性是极其有限的）。电视广告可以反复播放，但毕竟是一种临时的渠道，因为客户不能像看报刊那样来回重看。电视的主要限制在于成本高和筛选细分市场难。不是全国性的物流企业就几乎无法考虑承受电视广告的高额成本。而广告播出后很难掌握什么样的细分市场上的客户在观看，也不知道客户看哪个频道，什么时间在看。

4. 户外广告牌

这是记忆广告信息的好方法。如果广告牌设立地点合适，可以起到细分市场的作用。例如物流企业的广告牌设在城市的进入点：机场、路口附近、火车站等。其限制在于信息要简单，能迅速被理解，因为接收者只有几秒钟时间看牌子（在汽车里、火车站或机场都是匆匆而过的）。

5. 网络广告

物流企业可以通过国际互联网络把广告信息全天候、24 小时不间断地传播到世界各地，这可以说是风雨无阻的传播。随着互联网的高速发展，网络广告作为一个新型广告媒体的代表而广受赞誉。同传统的广告媒体相比，基于网络媒介的网络广告拥有众多传统媒体无法达到的优点，已经受到众多用户的青睐。网络广告的特点有：网络广告传播的广泛性；广告受众数量的可统计性；网络信息传播的交互性；网络传播灵活的实时性等。

常用广告媒体的主要特点如下表所示。

常用广告媒体的主要特点

媒体种类	覆盖范围	互动性	寿命	信息容量	制作费用	吸引力
报纸	广	较好	较短	大而全	较低	一般
杂志	较窄	较好	长	大而全	较低	好
电视	广	差	短	较少	很高	好
户外	较窄	差	较长	较少	低	较好
网络	广	好	短	一般	较高	好

（四）对广告效果的评估

对广告效果的评估有助于企业选择有效的传播媒介，了解广告传播效果是否与广告设计的预期相吻合，提高广告作品质量，节约广告成本。通过研究目标消费群体关注媒体的习惯，选择适当的发布时机、发布量和发布时段，可以让广告更加直接有效。

从广告效果的形成过程来看，广告效果可以划分为广告认知效果、广告心理效果和广告销售效果三个层面。这是因为广告对销售的拉动不是一蹴而就的，而是通过消费者的认知、理解、购买逐步实现的。尽管企业关注最多的可能是广告的销售效果，但是缺少了对其他两个阶段的研究，广告的销售效果也是很难实现的。

企业要客观全面地评价广告的效果，对广告效果的调查必须是全面和延续的，贯穿广告从策划到执行的整个过程。具体的测试阶段和评估指标如下。

1. 广告事前测试。要考虑的因素包括目标群体、产品定位；市场趋势、市场环境、竞争状况；媒体目标、媒体选择等。

2. 广告事中测试。包括广告的知名度、回忆度、理解度、接受度、美誉度；品牌的知名度、美誉度、忠诚度；广告的目标群体的行为特征等。

3. 广告事后测试。包括与预设广告目标的差异、销售额的变化、市场占有率等。

4. 广告追踪测试。包括广告创意的发展、媒体投放研究、视听率、接触度、接触频率、每千人成本等。

【实例】

2004年10月30日，勇夺第28届奥运会男子110米栏冠军的我国著名田径运动员刘翔来到国家邮政局，在印有刘翔跨越地球画面的背景前，高兴地接受了国家邮政局领导授予他的中国邮政EMS大使的标牌。

据了解，早在刘翔出征雅典奥运会前，就与中国邮政EMS签订了合作合同，成了EMS的代言人。这次刘翔正式作为EMS大使，旨在强调他的形象和精神与中国邮政EMS“全心、全速、全球”的核心理念相吻合，使人们一看到印有刘翔图案的快递袋，就想到中国蓬勃发展的速递业。刘翔一直在向速度发起不懈的挑战，中国邮政EMS也在不断提速，争取为社会提供更加优质的服务。

第四节　营业推广

一、营业推广的含义

营业推广是指物流企业在特定目标市场中，在短期内能够迅速刺激物流需求、吸引客户、增加物流需求量而采取的非经常发生的各种促销形式。营业推广在物流服务过程的各个阶段都是有效的，可以用来引起注意，产生兴趣，诱发欲望，刺激购买。营业推广广告、人员推销、公共关系一起构成促销活动的组成部分；当促销做法是降价时，也被看成是价格政策的组成部分。营业推广和其他促销形式结合使用时效果更好。

与其他促销方式不同，营业推广多用于一定时期、一定任务的短期特别推销。一般来说，人员推销、广告、公共关系等促销方式都带有持续性和常规性，而营业推广常常是上述促销方式的辅助手段，用于特定时期、特定产品的促销。

二、营业推广的作用

营业推广的作用就是通过某种营销刺激，以极强的诱惑力，使中间商或者消费者迅速作出购买决定，产生及时购买效应。营业推广的基本目的是向潜在客户提供比平常更高的价值，以鼓励购买。实施营业推广可以达到如下目标：

（一）刺激销售

营业推广的预期目的是提高销量，通过营业推广，可以在短期内充分利用过剩的运作能力，也可以刺激本可以推迟购买的服务提前消费。在此阶段内和在某些情况下，奖励能刺激反复购买同一服务。

（二）刺激试验

这个目的也是其他促销方式的目的，但激励措施的使用特别见效。由于客户对购买自己不甚了解的服务是很犹豫的，让他们免费试用一次服务，可以吸引客户购买，这比降价更有效。

（三）打破竞争对手客户的忠诚

营业推广可以吸引以前购买本企业竞争对手服务的客户转而购买本企业的物流服务。正如有些营销专家所说，“没有一分钱抵消不了的品牌忠诚度”。

（四）维护与现有客户的关系

营业推广能够维护物流服务提供商与现有客户的关系。通过营业推广进行促销，可以避免本公司的现有客户被自己的竞争对手夺走，降低客户的物流成本，使客户在经济上获益，同时使客户获得一种心理上受到重视的感觉，提高它们的忠诚度。

三、营业推广的类型

物流企业的营业推广可以是针对潜在购买者的，可以是针对中介的，还可以是针对推销人员的。

（一）针对最终客户的营业推广

在物流服务中采用各种营业推广形式来引导潜在和已有购买者以一定的方式作出回应。这些方式通常包括：降价、加量不加价、赠品、免费尝试、优惠卡（券）、奖励等。

1. 降价

降价是短期内刺激销售的有效方式，但是竞争对手很容易模仿。另外，如果经常采用这种方法，将有损企业的形象。降价有利于刺激刚刚推出的新服务的销售。降价的弊端在于毫无区别地针对所有受到吸引的对象，甚至那些无论价格多高也要购买的人也包括其中。这种促销代价显得过高；另一个问题是，如果经常如此，客户认为降价是物流服务的组成部分，就不再受其刺激，甚至等待新一轮更狠的杀价。

2. 加量不加价

提高服务的数量而不是靠降低其价格可以提供给客户更高的价值。由于价格不降低，这种营业推广形式损害企业形象的风险就较小，同时可以鼓励潜在购买者更多消费。

3. 赠品

赠品有各种形式，可以送给代理，也可以送给客户。赠送的目的是使服务有一点可触知性，与竞争对手有所区别。可以用此方法奖励客户的忠诚，或者达到短期目的刺激销售，或者用于推出新服务或产品。它的不利因素也和降价一样，有可能影响企业形象，造成低值服务的印象，而且容易被他人模仿。

4. 奖励

奖励也有各种形式，如比赛、抽奖、彩票、发券、游戏等。可以用来普及服务的使用或者加强客户的忠诚。此种方式在物流领域也甚少使用。

【实例】

2005 年 5 月，全球领先的快递、物流和邮政服务供应商 TNT 公司以具有竞争力的价格推出一款极富中国特色的快递服务——“如意装”。该项服务主要针对电子、轻工、纺织等行业的中小型企业用户度身设计，服务分为 8 公斤和 20 公斤两种规格，价格比同类普通空运服务低 40% ~50%。值得一提的是，“如意装”独具匠心的包装设计使 TNT 成为全球首家将传统中国国画融入到快递包装的快递服务公司。同时，改进后的包装箱更易于折叠使用，特殊的加固处理还为货物提供了更为妥善的安全保护。

据了解，中国市场现有的同类国际快递服务标准箱分为10公斤和25公斤两种规格。客户可选择的重量范围比较有限。如今，TNT在现有的标准规格快递服务的基础上，又推出包括8公斤和20公斤两种规格的“如意装”快递服务。更细分的快递服务使中小企业客户在递送快件时，可基于货件重量，对快递服务进行更灵活的选择，从而以更低的递送成本，获得更优异的服务性价比。

（二）针对中间商的营业推广

针对中间商的营业推广，目的是鼓励中间商大量购买，吸引其扩大经营，动员有关中间商积极推销某些服务产品。其主要形式有：

1. 货币奖励

物流公司对实现一定销量的中间商奖励一定数量的货币。

2. 更高的佣金

在短期内，佣金可以适当提高，以刺激销售，或加强中间商的忠诚，或吸引竞争对手的中介倒戈。

3. 比赛或赠品

对刺激销售人员更有效。无论是推出新服务，还是加强老客户的忠诚，这种刺激对销售人员都是有效的，但其弊端是可能成为一种规则，提高营销成本。

4. 提供设施

中间商的经营活动可以得到物流服务企业的各种帮助，例如宣传画、产品目录、录像带等。物流服务提供商可以对新营业点的开业提供一些帮助。

5. 共同广告

物流服务提供商可以承担新营业点或新服务推出的广告成本，这对加强物流服务提供商与中介之间的关系很有效。

（三）针对推销人员的营业推广

鼓励推销人员热情推销产品，或促使他们积极开拓新市场。其方式可以采用有奖销售、比例分成、免费提供培训及技术指导等。

四、营业推广的策略

营业推广是一种促销效果比较显著的促销方式，但倘若使用不当，不仅达不到促销的目的，反而会影响销售，甚至损害企业的形象。因此，企业在进行营业推广时必须使用恰当的策略。

（一）选择适当的方式

营业推广的方式很多，而且各种方式都有其各自的适应性。一般来说，应结合物流产品的性质、不同方式的特点及客户的喜好等因素选择合适的营业推广方式。

（二）确定合理的期限

控制好营业推广的时间长短也是取得预期效果的重要一环。推广的期限不宜过长，因为时间过长会使客户感到习以为常，进而消失刺激需求的作用，甚至会产生疑问或不信任感；时间过短会使大部分客户不知情或者来不及享受营业推广的好处。

第五节　公共关系

一、公共关系的含义

很多企业开始意识到大众营销已经不能够满足其沟通的需要：广告费用持续上升，然而广告能覆盖到的群体却在不断减少，广告的满天飞局面降低了每一则广告的影响力；由于渠道中间商要求更低的价格和更优惠的佣金和协议，使得促销成本也因此上升了；人员推销的成本也正在快速上升。在这一背景下，公关活动成了一种成本低而收益高的促销手段。企业对新闻事件、出版物、社交活动、社区关系及其他公关手段的创造性运用，能够为公司提供一条使它们自身及其产品区别于其他竞争对手的途径。

公共关系活动是指这样的一些活动：争取对企业有利的宣传报道；帮助企业与有关各界公众建立和保持良好关系；树立和保持良好的企业形象；消除和处理对企业不利的谣言、传说和事件。

物流企业的公共关系活动是指物流企业为改善与社会公众的联系状况，增加公众对企业的认识、理解和支持，树立良好的企业形象而进行的一系列活动。物流企业开展公共关系活动有利于塑造企业形象、加强与各方面的沟通协调以及为企业提供咨询建议并参与决策。企业公共关系主要包括以下的内容。

（一）企业公共关系是企业与其相关的社会公众的关系

社会公众包括供应商、客户、竞争者、信贷机构、政府部门、新闻媒体等。企业不是孤立的经济组织，而是社会组织链中的一个环节。

（二）企业形象是企业公共关系的核心

企业公共关系的一切活动都是围绕建立良好的企业形象来进行的。良好的企业形象是企业宝贵的无形资产，对促进企业产品的销售，提高企业竞争力具有非常重要的作用。

（三）企业公共关系的最终目的是促进企业物流产品的销售

从表面上看，公共关系仅仅是为了建立企业良好的形象，似乎没有促销的功能。但是实质上，公共关系是一种隐性的促销形式。建立了良好的企业形象，也是为了吸引新客户，锁定现有的客户。

二、公共关系的原则

公共关系是一门学科，任何组织在策划和实施公共关系活动时，必须遵循共同的原则。

（一）真实性原则

真实性原则是指组织在开展公共关系活动时，必须建立在掌握事实的基础之上，向公众如实传递有关企业的信息，同时向企业决策者如实传递有关公众的信息。公共关系是建立信誉、塑造形象的艺术，但它又不是一种纯粹的艺术或宣传的技术，而是以事实为依据的科学。公共关系不能“制造”，只能“塑造”良好的形象，这种塑造所用的材料就是事实。所以说，真实是公共关系的基本原则，也是对公共关系人员的根本的道德要求，是公共关系的生命。

（二）平等互惠原则

企业在开展公共关系活动中，要注意信守平等互惠原则。平等互惠原则是指公关活动要兼顾物流企业与公众的双方利益，在平等的地位上使双方互利互惠。公共关系活动必须遵守平等互惠的原则，不能单纯追求企业单方面的利益。只有在公众也同样受惠的前提下，才可能得到公众的支持和合作。事实上，任何一种良好的社会关系要得到维护和发展，都必须对双方有利。

（三）整体一致原则

整体一致原则是指企业在开展公共关系活动时，要站在“社会”的高度，对活动可能产生的对社会经济效益、社会生态效益及社会精神文明建设等几方面的影响综合起来统一考虑，使诸方面均符合公众的长期利益和根本利益。这种力求使诸因素效益一致的思想和作法，称为整体一致原则。

（四）全员公关原则

全员公关原则是指一个企业公关工作的开展，不仅要依靠专职公关机构和公关人员的不懈努力，而且有赖于企业内各部门和全体员工的配合，要求企业的全体成员都注意树立公共关系观念，都要关注并参与公共关系工作，都要为公共关系工作作出贡献。只有全员公关，才能建立和维持企业的良好的公众形象。企业形象是通过组织所有人员的集体行为表现出来的，是企业内个人形象的总和。每当企业成员与外界发生联系时，其个人形象直接体现企业的整体形象和风貌。因此企业的每位员工在对外交往时都必须注意自己的形象，从而维护甚至扩展企业的形象。

三、公共关系的过程

有效的公共关系是一个过程的结果。公共关系的过程通常包括调研、建立营销目标、界定目标群体、选择公关信息和工具、实施营销性公关计划以及评价公关效果。

（一）调　研

公司制定公关方案之前，必须理解本企业的使命、目标、战略、文化以及了解那些能有效地把信息传递给目标群体的工具。公关经理需要的许多信息都必须包括在一份制订得很完善的营销计划书中。公关经理应参与营销计划的制订过程，同时还应该了解企业的外部环境，并对这些外部环境信息进行分析，应能看出未来的发展趋势，并使企业理解如何对这一发展趋势作出反应。

（二）确立营销目标

营销性公关活动应促成以下目标：

1. 建立知名度。公关活动通过媒体的新闻报道引起人们对产品、服务、组织或创意的关注。

2. 建立信誉。通过媒体报道来传播信息，增进企业信誉。

3. 激励推销队伍和中间商。公关活动能有助于提高推销队伍的热情，对服务的新闻报道会给客户、雇员、中间商等留下深刻的印象。

4. 降低成本。公关活动比直接邮递和媒体广告花费更少。公司的促销预算越少，利用公关活动来建立知名度的可能性就越大。

（三）界定目标群体

利用合适的工具把相关信息传播给目标群体，这对于公关活动的成功非常关键。有效的公关活动组织者会非常仔细地识别他们希望影响到的群体，然后研究这一群体，并找到可以用来传播公关信息的媒体。

（四）选择公关信息和工具

公关人员应随时都准备着为物流产品制造有趣的新闻报道。如果新闻性信息数量不足的话，公关人员就应提出一些企业能予以资助的有新闻价值的活动，包括主办重大学术会议、邀请知名人士演讲、组织新闻发布会等。每一项活动都会有大量的事情可以报道，它们将分别受到不同群体的关注。

（五）实施营销性公关计划

公关计划的实施是整个公共活动的高潮。为确保公共关系实施的效果最佳，正确地选择公共关系媒介和确定公共关系的活动方式是十分必要的。公共关系活动方式的选择，宜根据企业的自身特点、不同发展阶段、不同的公众对象和不同的公关任务来选择最合适、最有效的活动方式。

（六）评价公关效果

评价公关活动的效果，可以在肯定成绩的同时发现新问题，为制定和不断调整企业的公关目标、公关策略提供重要依据。公共关系活动的效果，主要依据社会公众的活动。

1. 曝光率

最容易衡量公关活动效果的方法是在媒体上的曝光次数。不过，这种曝光率衡量方法不太令人满意，因为它不能表明实际上有多少人看过、听过并且记住公关信息以及事后他们是怎么想的，也没有所覆盖群体的净人数，因为各出版物的读者群体有部分是重合的。由于宣传活动的目标是广度而非频率，所以知道非重复的曝光率将是有用的。宣传要覆盖到目标群体，这是很重要的。

2. 知名度、理解度或态度变化

比曝光率更好的衡量方法是公关活动所引起的服务知名度、理解度或态度的变化（在考虑其他促销手段的作用之后）。比如，有多少人记得新闻内容？有多少人会通过口头传播把企业的信息告知别人？有多少人在看到媒体的相关报道后改变对企业的态度？

3. 销售—利润贡献

如果能衡量公关活动对销售和利润的确切的影响程度的话，这将是最理想的评价方法。但是一次计划周全的公关活动常常只是构成综合的促销活动的一部分，因此很难找出增加的销售和利润中的哪一部分是由公关活动带来的。

四、公共关系的主要活动类型

（一）利用新闻媒体扩大企业宣传

物流企业应争取尽可能多的机会与新闻单位建立联系，通过新闻媒介向社会公众介绍企业及其产品。一方面可以节约广告支出；另一方面由于新闻媒介具有较高的权威性，覆盖面广，企业借助新闻媒体的宣传效果要远远好于广告。例如某物流公司，由当地一家专业报纸的编辑写出的新闻报道要比企业所做的广告具有更大的影响力。公共关系部门可以编写有关企业、产品的新闻，或举办活动创造机会以吸引新闻界和公众的注意扩大影响，提高知名度。因此，物流企业应积极与新闻界建立联系，保持良好的关系，及时将具有新闻价值的企业信息（如企业介绍、经营业绩、产品介绍、人物专访等）提供给报社、电台、电视台等。

（二）支持公益活动

通过各种有意义的赞助活动，例如赞助文化教育、体育、社会福利等社会公益事业，使公众感到企业具有社会责任感，可以树立企业关心社会公益事业的良好形象，培养与有关公众的友好感情，从而增强企业的吸引力和影响力。

（三）组织专题公关活动

通过丰富多彩的活动如举办产品和技术方面的展览会或研讨会、演讲会、比赛、纪念会等，引起广大公众对企业和产品的注意，沟通感情，提高企业及产品的声誉。

（四）编写和制作各种宣传材料

物流企业可以广泛地依靠传播性材料对目标市场进行宣传和影响。这些材料包括年度报告、宣传手册、卡片、文章、音像制品以及企业简报和杂志等。宣传手册在告知目标客户某一产品或服务有何作用等方面扮演着重要的角色。各种音像制品，如有声幻灯片、录像带、录音带等，作为促销工具用得越来越多。音像制品的成本通常比印刷材料高，但其影响力更大。

（五）建设企业识别系统

通过一系列形象设计，将企业的经营观念、行为规范和模式传达给社会公众，并逐渐被社会公众所认同。例如设计企业独特的标志，建造具有特色的厂房、办公楼、车辆和定制员工制服，印制专用信笺、信封、名片等，建立企业识别系统。

第六节　促销组合

一、促销组合的含义

促销组合是指企业根据促销的目的和需要，对广告、人员推销、销售促进和宣传等促销方式进行选择、组合和搭配。促销组合的构成要素可从广义和狭义两个角度分析。广义地讲，市场营销组合中的所有因素都可被认为是促销的要素，如产品的包装、品牌、服务、价格等都传播了某些信息。狭义而言，促销组合只包括具有沟通性质的促销工具，如广告、宣传、人员推销、销售促进的各种方式等。从促销的发展历史看，企业最早划分出来的是人员推销职能；其次是广告；再次是销售促进；最后是公共关系。

二、促销组合的影响因素

促销有很多种方式，物流企业很少只采用一种促销方式，几乎同时会采用多种不同的形式，形成一种促销的组合。选择哪几种促销方式以及资源在这几种促销方式中如何分配，取决于多种因素。

（一）预期的目的

物流企业要达到什么目的？在提供信息、提醒人们时，是为了销售，还是要改善形象？如果目的是就一种新服务或者革新提供信息，就要面对广大接收者，最有效的形式就是广告；如果要针对有限的潜在购买者，成效最佳的形式是通过人员推销。

需要指出的是，由于中介在物流服务的销售中分量较轻，不存在“推”与“拉”的销售区别，重要的是物流企业要发现与潜在客户的直接关系。

（二）服务的性质

如果服务比较复杂，最好的方式是靠人员推销；如果服务简单，则采用广告方式。针对机构的物流服务的促销，需要面对面的接触，通常人员推销是最有效的，同时也可以靠广告进一步加强。

（三）服务对象的特点

物流企业要面对谁进行促销？他们有何特点？数量是多少？在地区内是如何分布的？这些因素都深刻影响着促销方式的选择。

首先要明确促销对象是个人消费者、分销商，还是机构组织。广告是针对个体客户群的最好方式。如果对象是机构组织，就要了解实际决策权掌握在谁手中？然后与实际的决策者进行人员的接触。

如果潜在购买者比较少，最有效的手段是通过人员销售。如果服务对象的面很宽、很大，广告还是最行之有效的方式。

如果服务对象集中在一个有限地区内，可以靠人员推销；如果分散在很大的区域内，还是用广告和直接发信函较为适宜。

（四）投入的资源

促销形式的选择取决于物流企业具备的或者意欲投入的资源情况。若投入的资源充分，则可多设计几种促销组合方式，否则就只能用较少的促销方式。

（五）服务的生命周期阶段

不同的物流服务阶段，促销组合也不一样。如果是在介绍期，广告是较好的方式。促销方式的选择也经常受到竞争对手的战略的制约。如果市场上占主导地位的物流企业采取一种促销方式，新加入的企业忽略这种形式就难以成功。创新精神经常是使人受益的，但是各个行业都有自己的传统和标准，这是不能忽略的。

三、促销组合的策略

在企业促销活动中，各种促销方式（人员推销、广告、公共关系、营业推广）具有不同的特点，企业应根据促销的需要，对各种促销方式进行适当选择和编配组合、形成不同的促销策略。促销组合的策略是物流企业对各种促销方式的选择及在组合中侧重使用某种促销方式，一般有以下三种策略：

（一）推式策略

推式策略是物流企业利用推销人员与中间商促销，将产品推向客户的策略（如图8-1所示）。这种策略的目的在于说服中间商和消费者，使他们接受企业的产品，从而让商品一层一层地渗透到分销渠道中、最终抵达消费者。这一策略需要利用大量的人员推销产品，它适用于物流企业和中间商对产品前景看法一致的情况。推式策略风险小、推销周期短、资金回收快，但其前提条件是须有中间商的共识和配合。

图 8－1　物流企业“推”式策略示意图

物流企业采用推式策略，常用的方式主要有：人员推销、营业推广等。例如浙江省慈溪市邮政局从 2001 年开始实施“户箱工程”，到 2003 年已经建成居民楼房的单户信报箱 3 万多只，总投资超过 100 万元人民币，信报箱的功能由过去单一的接收信件和报刊，扩展到接收牛奶等小件日用品。“户箱工程”的推出不仅为邮政局赢得了来自社会的赞誉，而且为其物流配送业务打开了市场。

（二）拉式策略

拉式策略是企业针对客户展开广告攻势，把服务产品的信息介绍给目标市场的客户，激发购买某种商品的购买动机，形成市场需求，产生购买行为，通过批发商传递到生产企业，然后“拉引”中间商到企业要求经销本企业提供的产品（如图 8－2 所示）。

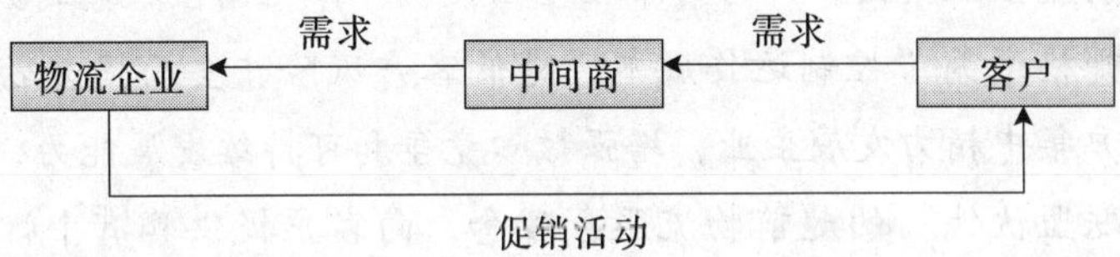

图 8－2　物流企业“拉”式策略示意图

物流企业采用拉式策略，常用的方式主要有：价格促销、广告、代销、试销等。如邮政局在利用信报箱推广自己业务的同时，利用多种广告媒体宣传其 185 客户服务中心，使 185 品牌在慈溪市区家喻户晓，每天受理的电话中有八成以上涉及物流配送业务。

（三）推拉结合策略

推式策略和拉式策略都包含了企业与消费者双方的能动作用，前者的重心在推动，着重强调了企业的能动性，表明消费需求是可以通过企业的积极推销而激发的；而后者的重心在拉引，着重强调消费者的能动性，表明消费需求是决定生产的基本原因。在通常情况下，物流企业也可以把上述两种策略结合起来运用，在向中间商进行大力促销的同时，通过广告刺激市场需求。在"推式"促销的同时进行"拉式"促销，用双向的促销努力把服务产品推向市场，这比单独地利用推式策略或拉式策略更为有效。

第七节　物流促销案例

案例 1

宝供物流企业集团的促销策略

宝供物流企业集团，作为最早在全国提供一体化增值服务的第三方物流供应商，严格遵循"控制运作成本、降低客户风险、全面提升物流服务质量，使客户集中精力发展主业，增强核心竞争和可持续发展能力，成为客户最佳战略联盟伙伴"的超前物流服务理念，向客户提供具有个性化优势的特色物流服务。

首先，大力推行"量身定做、一体化运作、个性化服务"模式。宝供打破传统业务分块经营模式，在各大中心城市设立分公司或办事处，建立强大的、遍布全面的物流运作网络，将仓储、运输、包装、配送等物流服务广泛集成，为客户"量身定做"，提供"门到门"的一体化综合服务以及其他增值型服务。

其次，广泛采用具有国际水准的SOP运作管理系统和质量保证GMP体系。为了规范业务部门的运作标准，宝供建立了系统化、规范化、标准化的各类标准操作程序，即SOP。任何岗位上的任何事，SOP都有详细的规定。通过SOP的正确执行，确保业务运作不会因个人的因素造成服务品质的不同，确保GMP质量体系的实施和实现。几年来，公司的铁路运输货物缺损率控制在万分之一左右，公路运输和仓储缺损率为零，铁路运输时间达标率在95%以上，获得了客户的一致赞许。

此外，重点提供国内领先的基于VPN系统的物流信息服务。早在1997年，宝供就在国内率先得出并建成基于Internet/Intranet的全国联网的物流信息管理系统，使宝供总部、六大分公司、40多个运作点实现内部办公网络化、外部业务运作信息化，并实现仓储、运输等关键物流信息的实时网上跟踪。1998年，完成关键客户与宝供信息系统的对接工作，客户可通过宝供信息系统实时管理和控制不同区域、不同仓库、不同类型、不同产品的库存，制定最佳营销策略。同时，实现了“客户电子订单、一体化运作”的电子商务初步目标，极大地简化了商务流程，提高了业务运作效率。1999年，建立业务成本核算系统和基于VPN电子数据交换平台，采用XML技术进一步提升与客户的电子数据交换水平，实现数据无缝交换与连接，为客户“量身定制”个性化的物流信息服务，如各类报表、运作咨询服务。

为了使我国的民族物流业在激烈的竞争中占得先机，宝供做了大量的社会性工作，用以推动中国物流业的共同发展。从1997年起，宝供和北京工商大学合作，每年召开一次“物流技术与管理发展高级研讨会”，邀请国内外物流界专家和一些客户代表，为中国物流业的发展出谋划策，以期扩大物流业内部的信息交流与沟通。迄今为止，研讨会已成功举办了四届，为推广物流理念、促进物流业的发展作出了不可磨灭的贡献。

2000年8月18日，宝供在北京钓鱼台国宾馆召开新闻发布会，独家发起并设立我国第一个由企业出资、面向物流领域的公益性“宝供物流奖励基金”，每年出资100万元人民币用于奖励科技界、企业界和新闻界对中国物流业作出重要贡献的团体和个人。另外，还将筹资1000~2000万元人民币，用于对有关物流研究项目的资助。

案例讨论题：宝供物流企业集团的促销努力给你带来什么启示？

案例 2

中远物流船代服务的营销策略

中远物流船代队伍牢牢把握市场先机，不断更新观念，解放思想，持续改进服务方式和服务措施，深入分析市场，加强营销，确保利润增长、服务领先。中远物流在国内市场上保持了超过50%的船代份额，代理船舶超10万艘次，新增班轮代理航线60多条。

2004年以来，中远物流“专家型代理，人性化服务”的新服务品牌得到进一步深化，专业从业人员的品牌意识在加强。同时，计划调度在船代业务链条中的“龙头”作用更加明显，船舶到港和费用结算等四个关键环节的业务控制水平得到提升，业务流程有了新的优化。

外勤现场服务是船舶代理业的第一窗口。针对外勤现场服务中存在的一些问题，中远物流在全系统继续推行《外勤现场服务规范》，并制订了相应的措施。该规范的实施在系统和业界引起了很大反响，口岸各公司克服各种困难和压力，坚决贯彻、认真实施，对违反规订的外勤业务员按照规定予以处罚。从多次向中外船长的调查反馈来看，系统的外勤现场服务得到了很好的提升，进一步树立了品牌形象。

在总部、区域公司和口岸外代等层面针对关键客户设立客户经理，实行客户经理负责制，并进而建立各口岸的客户经理网络，是中远物流深化船代服务的又一项举措。该项制度的推出，受到了客户的广泛欢迎。

针对日益激烈的市场竞争，中远物流系统上下加强了市场营销的力度，采取各种营销策略和营销模式开展客户公关工作。连续举办了三届“外代杯”高尔夫球赛，每次都邀请到了不少重要客户，扩大了公司在船东和货主中的影响，为系统的营销提供了一个崭新的营销平台。客户专题座谈会的多次召开，不仅加强了与客户在业务操作环节上的沟通，更重要的是进一步了解了客户需求，为更加专门的营销奠定了良好的基础。

随着中国航运市场的进一步对外开放，国际上知名的船公司、跨国代理都纷纷进驻中国，大批船公司以独资公司的形式，将其在华总部由香港移至上海。因此，加强对上海地区的营销工作，对巩固中远物流全系统的船代市场地位，完善营销体系成为当务之急。现在，上海营销中心已正式挂牌运营。该中心卓有成效地开展了营销的组织和策划工作，加强信息沟通和反馈，及时掌握船东客户的最新动态需求变化，对口岸外代的市场营销和服务工作直接提出了针对性建议和改进意见。同时，该中心还对外代品牌的宣传和服务进行全程跟踪，扩大了系统的影响。

案例讨论题：中远物流船代服务的营销策略采用了哪些促销策略？

案例 3

联邦快递的促销策略

全球快运业巨头联邦快递公司（简称 FedEx）仅用 25 年时间，从零起步，在联合包裹服务公司（UPS）和美国运通公司等同行巨头的前后夹击下迅速成长壮大起来，发展成为现有 130 多亿美元、在小件包裹速递、普通递送、非整车运输、集成化调运管理系统等领域占据大量市场份额的行业领袖，并跃入世界 500 强。

公司现有全世界员工总数 14.5 万，日出车数近 4 万辆、处理超过 2 百万磅的空运货物。公司每月提供两次机会供人参观，一批批客人每人愿意支付 250 美元的票价，来到其位于田纳西州孟菲斯的超级调运中心，亲身感受一下它的恢弘气度、高速繁忙而精确的作业现场，领略其非凡的竞争力。

近两年来，FedEx 的竞争力就体现在它在 Internet 上构建的智能化运输管理系统。对于企业用户，FedEx 的智能系统能与用户企业网无缝连接，或通过 Web 页面直接介入到用户物资运输中去。这样的结果是，任何公司都可直接将 FedEx 庞大的空运阵容和陆地车队当作自己的运输资源；而且 FedEx 智能系统还告诉他们，一切最快并非一切最佳，明智的运输方案应是各种待运物资在送抵目的地总体等待时间最短或最实时的解决方案。

对于个人用户，FedEx 网站的规范化作业流能使他们方便地进行自我服务，可以接发订单、提交运输业务、跟踪包裹、搜集信息和生成账单等。在 FedEx

主页上最引以为豪的服务案例，是其在母亲节这一天中为成千上万的家庭送去充满人情的“FedEx 之盒”。因为这是全美各餐馆最繁忙的一天，也是无数家庭表达其亲情与和睦的一天，但许多家庭却会因临时找不到餐馆空位而驻足久等，或在一家又一家的餐馆间徘徊。FedEx 就与全美一家最大的餐馆调查公司联手，运用其智能系统，根据各餐馆订座、距离、家庭人数等情况编排出应去哪家餐馆使用哪个座位的计划，将其连同公司祝贺词一道灌录在那个著名的绿色小盒中，递送到千家万户，真正体现了“礼轻情意重”之服务要旨。

公众现在已经把“交给联邦快递”这句话同遵守诺言等同起来。这一成果来之不易，诚如 FedEx 电子贸易营销经理布朗称：“无论客户是通过电话、亲自上门，还是通过国际互联网，我们的目标都是要保持百分之百的客户满意。”

案例讨论题：联邦快递的促销手段给我们哪些启示？

本章小结

物流企业的促销是指物流企业向目标客户传递其物流服务的方式、内容等信息，或树立本企业形象，促使目标客户作出购买行为，或影响目标客户购买态度而进行的一系列说服性沟通活动。物流促销包括人员推销、广告促销、营业推广、公共关系等。

人员推销是物流企业派出的推销人员运用一定的销售技术与手段，与目标市场中的客户以及可能成为客户的人交谈，介绍本企业的服务，以促进和扩大销售的经营活动。物流企业的广告是物流企业通过各种传播媒介，以付费的形式，将本企业的产品和服务等信息传递给客户的一种以促进销售为目的的非人员推销方式。营业推广是指物流企业在特定目标市场中，在短期内能够迅速刺激物流需求，吸引客户，增加物流需求量而采取的非经常发生的各种促销形式。物流企业的公共关系是指物流企业为改善与社会公众的联系状况，增加公众对企业的认识、理解和支持，树立良好的企业形象而进行的一系列活动。

促销有很多种方式，物流企业很少只采用一种促销方式，几乎同时会采用多种不同的形式，形成一种促销的组合。选择哪几种促销方式，以及资源在这几种促销方式中如何分配，取决于多种因素。在企业促销活动中，各种促销方式（人员推销、广告、公共关系、营业推广）具有不同的特点，企业应根据促销的需要，对各种促销方式进行适当选择和组合、形成不同的促销策略。

复习思考题

1. 什么是促销？其作用是什么？
2. 进行有效沟通的步骤有哪些？
3. 什么是人员推销？人员推销的过程有哪些步骤？
4. 选择广告媒体时要考虑哪些因素？
5. 物流企业编制广告预算的方法有哪些？
6. 针对不同对象的营业推广有哪些区别？
7. 评价公共关系活动效果的方法有哪些？难处在哪里？
8. 什么是促销组合？影响促销组合的因素有哪些？

第九章　物流客户关系管理

学习目的

通过对本章的学习，理解与掌握客户关系管理的概念和客户关系管理的基本要求，以及客户关系管理的环节和方式；了解客户分类和客户关系分类管理的好处，以及客户关系分类管理要求，掌握客户关系分类管理方法及其应用；了解电子商务环境的特点与电子商务网站客户关系管理功能。

【关键词】　客户关系管理　分类　电子商务

如何建立客户忠诚是许多物流企业都很重视的问题。古人云“得人心者得天下”，站在物流企业的角度，则可以变成“得客户者得天下”、“得忠诚客户者得利润”。因为长期客户能为企业创造更多的价值。客户关系管理是正在兴起的一种旨在健全和改善企业与客户之间关系的新型管理系统，它是企业利用信息技术，通过有意义的交流来了解并影响客户行为，以提高客户招揽率、客户保持率、客户忠诚度。

第一节　客户关系管理概述

一、客户关系管理的概念与特征

客户关系管理（Customer Relationship Management，简称 CRM）源于“以客户为中心”的管理思想，是一种旨在改善企业与客户之间关系的新型管理机制，目的在于建立一个企业与客户之间的信息交流互动管理系统，使企业在客户服务、市场竞争、销售及支持方面形成彼此协调的全新的关系实体，为企业带来长久的竞争优势。它一方面通过提供更快捷和周到的优质服务吸引和保持更多的客户，另一方面通过对业务流程的全面管理降低企业的成本。

客户关系管理的宗旨是为了满足每个客户的特殊需求，同每个客户建立联系，通过同客户的联系来了解客户的不同需求，并在此基础上进行个性化服务。因为每个客户的需求是不同的，只有尽可能地满足每个客户的特殊需求，企业才能提高竞争力。同时，每个客户对企业的价值也是不同的，通过满足每个客户的特殊需求，特别是满足重要客户的特殊需求，企业才能与每个客户建立起长期稳定的客户关系，客户同企业之间的每一次交易都使得这种关系更加稳固，从而使企业在同客户的长期交往中获得更多的利润。

按照客户关系管理的思想而形成的 CRM 软件及配套系统，能帮助企业搜集、追踪和分析每一个客户的信息，充分了解他们的需求，满足其个性化需要，提高客户的忠诚度和保有率。同时，还能观察和分析客户行为及其对企业收益的影响，使企业与客户的关系及企业盈利都得到最优化。

【小资料】

客户关系管理作为一种管理现象早就存在，但作为一种成熟的管理思想和管理技术，则是这几年才兴起的，并且发展迅速。在国外，CRM 已经在银行、电信、航空、证券、保险、电子等行业得以广泛应用。1999 年全球 CRM 市场收益约为 76 亿美元，2000 年超过 120 亿美元。到 2004 年全球 CRM 市场收益达到 670 亿美元。

传统企业管理的着眼点在内部资源管理，而对于直接面对以客户为主的外部资源缺乏相应管理。较之传统企业管理，客户关系管理具有以下特征：

（一）注重客户份额

客户关系管理的观点认为，决定一个企业成功与否的关键不是“市场份额”，而是在于“客户份额”。所谓客户份额，是指一个客户的钱袋份额，即企业在一个客户的同类消费中所占的份额大小。企业必须把营销计划细分到足以针对每位客户的程度，也就是说要对每位客户都进行个别沟通，提供不同的商品和服务，必要时采取不同的行动，以迎合个别客户的特殊需要。

（二）强调个性化定制

客户关系管理的理论基础是服务利润链理论。该理论认为，客户忠诚度的提高能促进企业获利能力的增强，客户忠诚度是由客户满意度决定的，客户满意度是由所获价值大小决定的，而客户所获价值的大小取决于商品是否能满足其自身需要。20 世纪 90 年代以来，企业生产模式逐步实现了由标准化生产向个性化定制方向的转变，个性化产品成了赢得客户忠诚度的利器。CRM 带来的是真正意义上的个性化服务。借助网络技术手段，企业可以克服传统交易在时间、空间和记忆上的障碍，充分了解客户特点，进行有效的市场细分，高效地组织生产、服务，从而改善客户购物流程，增进与客户之间的交流和沟通，为客户提供全新的消费体验。

（三）实现“一对一”服务

借助客户关系管理，企业可以建立与客户之间的“学习关系”，即从与客户的接触中了解他们使用产品中遇到的问题和对产品的建议，并帮助他们及时解决；同时了解他们的姓名、通讯地址、个人喜好及购买习惯等，在此基础上进行“一对一”的个性化服务。

【实例】

著名的 DELL 公司之所以能在群雄纷争的 IT 市场脱颖而出，非常重要的一点就是建立了一套能够快捷地满足客户个性需求的管理体系，并由此建立了一套个性化定制和配送服务，奇迹般地保持了多年 50% 以上的增长，成为当今世界最大的电脑厂商之一。

（四）推行外视型管理

因因特网及其他各种现代交通、通信工具的出现和发展，企业和企业之间的竞争也就几乎变成了面对面的竞争，内视型的管理模式不再能适应激烈的竞争，面对外部世界的客户关系管理才能使企业全面掌握其外部的客户，从而成为推动企业发展的真正动力。客户关系管理更注重了对客户的尊重，在服务的及时性和服务质量方面提出了更高的要求，通过与客户间的互动，努力减少销售环节，降低销售成本，发现新市场和渠道，从而能提高客户价值、客户满意度、客户利润贡献度、客户忠诚度，最终实现经营效益的最大化。

二、物流企业实行客户关系管理的必要性

与传统物流活动相比，现代物流的最大变革不在于内容的拓展，而在于物流服务理念的确立以及物流运作方式的变化。受市场规模和经营范围扩大因素的影响，社会企业依靠自身组织物流活动变得不经济，越来越多的社会企业倾向于将物流交给独立的专业物流服务企业，物流由“活动”转变为“服务”，成为一种商品。物流企业提供给各种企业的是物流服务，而绝不仅仅是单独企业内部的物流活动。因此，可以说“服务”是物流的本质属性。

与一般的服务行业不同，物流行业服务的客户不是商品或是服务的最终消费者，而是各类社会企业，既有生产领域的企业，也有流通领域的企业，物流公司与其结合的程度，都要比一般的服务行业与消费者结合的程度要紧密得多。物流活动交由物流企业完成，形式上虽然外部化，但从本质上都要求物流与客户企业的供应链等子系统在功能上紧密融合。对物流企业而言，与客户在更深层面上的交流与合作，不仅意味着稳定的客户资源，也意味着更可观的利润空间。两方面的因素促使物流企业与客户间形成了紧密的合作，相互依存的关系，远远超出了一般服务供给方和需求方的范畴，这就是物流服务的独特之处。当物流企业与客户间形成紧密的战略合作伙伴关系时，对物流服务的要求就不局限于运输仓储的可靠性、安全性等，还要求物流成本与客户的生产、营销等成本的总和即总成本达到最小。

实行客户关系管理可以使物流企业提高客户的忠诚度和保有率。面对国外物流企业对国内物流企业和物流市场的猛烈冲击，国内物流企业无论是在资金上，运输工具、物流设备，还是员工素质等诸多方面都处于劣势，国内物流企业惟一的优势就在于熟悉国内物流市场和客户关系，在较长时期内，积累了相当的客户信息。但是，物流企业对这些信息缺乏有效的管理体制和手段，加上物流观念的未能及时转变，没有能够充分地挖掘客户资源，以致优势并未成为真正的优势，而这正是客户关系管理要解决的问题。

【小资料】

在西方，物流企业与工业或商业企业的长期联盟形成稳固的战略合作伙伴关系已相当普遍。在日本，这种物流配送方式几乎占到社会总物流量80%。通过实施客户关系管理所带来的主要竞争优势是提高客户忠诚度和保有率，实现降低运输成本，增加收入，扩展市场，从而全面提升物流企业的盈利能力和竞争力。这就意味着，如果物流企业现在实施客户关系管理，必定会先一步与有限的客户取得有效沟通，抢先“占有”客户资源，继而有更大的机会与客户形成长久的联盟合作伙伴关系，使得企业获得稳定而丰厚的利润，在同行业的竞争中取得相对优势。

三、物流企业实施客户关系管理的基本要求

客户关系管理的基本目标应有三个，①研究用户、确定市场；②解决如何提供优质服务吸引和开发客户；③通过客户研究确定企业的管理机制和管理内容。

为了在物流企业中实施客户关系管理，首先要使物流企业决策管理层领导加强认识，理解客户关系管理的理论，了解实施客户关系管理给企业带来的好处，进而充分支持、推动 CRM 的实施，甚至于亲自领导工作的展开。这将直接关系到客户关系管理实施的成效。

第二，对物流企业的业务运作流程进行调查与分析，并根据调查及分析结果，综合决策层提出总体客户关系管理实施原则，形成目标业务流程，进行以客户为中心的物流企业组织机构调整。如成立企业信息化领导小组，领导并推动企业信息化工作，扩充和培养专业的信息中心人员的技能。

第三，建立物流企业的客户关系管理管理制度，根据调查形成的物流企业客户关系目标业务流程，提出职责范围，体现以客户为中心的思想。例如在物流生产部门（营运部、运输部、财务部等）专门安排了解客户需求的物流销售营销人员，从事市场状况反馈，建议、监督、抽检各部门的生产情况等工作，协调营运、运输、维修等部门的关系，提高物流的即时性和准确性，提高客户的满意度。

第四，物流企业要重视与每一客户的关系，认识到与客户的合作并不仅仅是一次提供物流服务的交易，而是一个长期的过程。物流企业要不断调整物流服务，刚开始，可为客户提供物流的运输、仓储服务；随着各种形式交流的继续，物流企业了解到客户物流系统设计方面的需求，为其提供个性化的物流系统设计。这样长此以往，综合分析客户关系管理多渠道汇总的信息，企业可以长期为客户提供服务，令客户满意，增加客户对企业的依存度，从而增加企业的稳定利润或收入，形成和客户共同成长、发展的“双赢”局面。

第五，在技术方面，建立完善多种与客户交流的渠道。物流企业的客户主要是其他行业的企业，为客户提供服务往往是十分个性化的，这就需要营销人员通过各种方式对客户进行了解，如可以培训营销人员将客户资料存入电脑的标准化单据中，提供给其他部门查阅，而这种信息的标准化正是整合从不同渠道搜集来的信息的基础。由于采用客户关系管理，势必造成物流企业前端部门，如营运部、客户服务部、运输部对网络通信资源、网络设备等需求的增长，这就要求物流企业要根据企业现有的通信情况和客户关系管理的预测需求部分地调整或增加网络资源及设备，如信息数据服务器、跟踪服务器、通信服务器的扩容。

总而言之，客户关系管理是一个长期的过程，而不是一个单一的项目。客户的满意度是物流企业服务质量的惟一检验标准，客户的满意是物流企业生存的基础，是物流企业发展的根本保障。以真诚贴近客户，建立物流企业与客户之间发展的动态平衡，这才是物流企业服务的真正理念。

第二节　客户关系分类管理

现代营销法则告诉我们：企业80%的利润来自于20%的忠诚客户。由于企业资源的有限性，企业不可能为所有客户都提供令其满意的服务，这就导致企业在不断努力开发新客户的同时，也不断地有老客户因为不满足其服务而离开，而企业开发一个新客户成本是维系一个老客户成本的4~5倍，减少5%的客户流失率就可增加60%~80%的利润。因此企业能否维系住老客户尤其是优质客户，是决定企业盈利能力大小的关键，也是企业核心竞争力的重要组成部分。

对于企业而言，不同的客户具有不同的内在价值，企业客户管理作为一个获取、保持和增加可获利客户的过程，其首要问题就是采取有效方法对客户进行分类，发现具有内在价值高的客户，将企业有限的资源集中于这些客户，更好地为它们提供服务，培育客户忠诚度，防止优质客户被挤压而失去。

衡量客户质量的主要指标是客户价值。所谓客户价值是指企业客户资源能够给企业带来的利益高低，是客户为满足其需求而进行消费所体现出来的市场价格。客户分类的依据就是客户价值，它可以通过不同的指标形式反映出来，从而产生不同的分类方法。

一、单因素分类法

（一）按企业利润额 ABC 分类法

ABC 分类法是一种最常用、最简洁的方法，其原理是根据企业利润额构成区分客户。如果按照企业利润额来源大小对客户进行排序，会发现企业 80% 以上的利润来源于 20% 的客户，70% 的客户只提供了不足 20% 的利润，另有 10% 的客户不仅不会为企业带来任何利益，甚至会削弱企业的盈利水平（如图 9－1 所示）。根据企业利润额的构成情况，客户被直观地分为 A、B、C 三类，它们对于企业而言客户价值相差甚远，客户管理的要点就是优先发展 A 类客户，保持或缩减 B 类客户，抛弃 C 类客户。

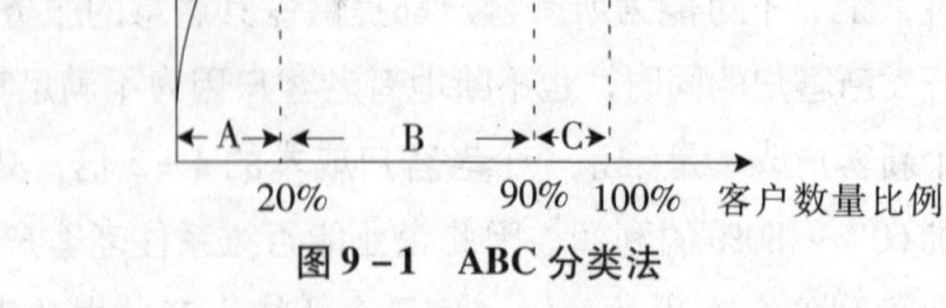

图 9－1　ABC 分类法

ABC 分类法的缺陷是，只考虑客户给企业带来的利润总额，而没有区分本企业经营中不同客户所带来的资金利润率的高低，以及客户的成长情况，导致一些规模较大而实际内在价值并不高的企业被列入 A 类，享受到优质服务，而一些起步晚、成长较快的明星型企业被忽视或抛弃。

（二）按客户成本贡献率分类法

成本贡献率也称客户投资收益率，是企业与客户年交易中所获取的利润与客户年分摊营销成本之比值。公式为：

$$CV = CP/CC$$

其中：CP 是指企业与客户年交易中所取得的收益与所发生的经营成本差额，即净收益，CC 是指企业与客户年交易中所发生的经营成本，CV 为客户成本贡献率。将所取得的 CP 值与企业的平均销售利润率 m 进行比较，根据其取值范围即可区分出客户类型（如表 9－1 所示）。

表 9－1　按客户成本贡献率分类法

指标	计算公式	取值范围	客户类型
n	$n = \frac{CP - m}{m} \times 100\%$	$n \geqslant 50\%$	黄金客户
		$50\% > n \geqslant 20\%$	白银客户
		$20\% > n \geqslant -10\%$	普通客户
		$n < -10\%$	淘汰客户

运用成本贡献率分类法可以直观地反映企业与某一客户交易中获利水平的高低，即客户利润贡献率情况。但它只是体现了客户在某一时点上的价值，没能够反映客户的潜在价值，以及企业与该客户合作中的经营风险。

二、多因素组合分类法

影响到企业盈利能力的因素有多种，有些来自于企业内部，有些来自客户方，多因素组合客户分类方法就是根据相关因素组合结果来区分客户类型。

(一) 根据客户对企业产品的需求情况分类

通过此类标准将客户分为五类 (如表 9－2 所示)，客户管理的重点是培养和发展黄金客户及白银客户，有选择地发展普通客户和危险客户，抛弃淘汰客户。在利用企业产品盈利情况及其所服务的客户群进行分类时，要注意无利润产品的客户群情况，这些客户虽不能为企业提供利润，但其稳定购买却可以使企业经营保持在盈亏平衡点之上，分摊了企业大量固定费用，保持企业生产的稳定，是值得企业保持并发展的一类客户。另外，企业选择与一些大客户的无利润甚至亏本合作，可以提高企业的知名度和形象，间接地提高企业的竞争能力和盈利能力。

表 9－2　　根据客户对企业产品的需求情况分类

	A 客户群	B 客户群	C 客户群	D 客户群	E 客户群
高盈利产品	✓	✓			
盈利产品	✓	✓	✓	✓	
无利润产品	✓	✓	✓		✓
亏损产品		✓	✓	✓	✓
	黄金客户	白银客户	普通客户	危险客户	淘汰客户

(二) 根据企业产品发展前景与客户的市场成长性进行分类

根据这两类因素的不同组合，客户被分为四类 (如图 9－2 所示)。

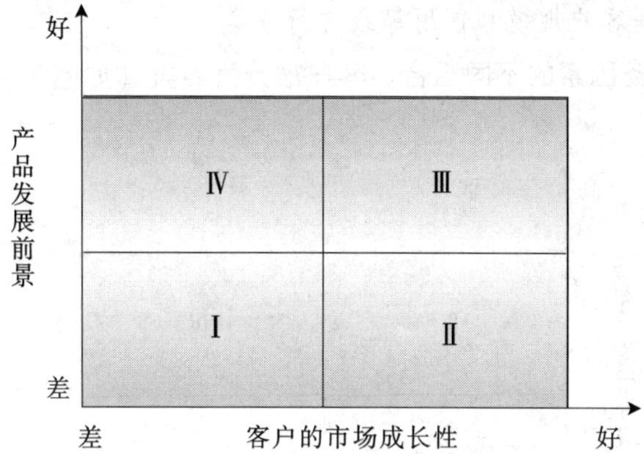

图 9－2　根据产品发展前景与市场成长性进行分类

Ⅰ类客户，客户的市场成长性不高，而本企业相对应产品发展前景又不好，属于瘦狗型客户。这类客户很难有机会为企业带来实际收益，应该果断地将之淘汰。

Ⅱ类客户，市场成长性很高、而本企业相对应的产品发展前景不太好，属于危险型客户。因为这类客户的市场成长性高，当供应商很难满足其发展时，它就会抛弃供应商，转而寻找更适宜其发展的合作伙伴，这类客户的忠诚度很低、而其讨价还价的能力又很强，企业难以从其身上取得较好的收益，有时他们釜底抽薪的行为将会使企业陷入被动，企业应该谨慎地选择和发展。

Ⅲ类客户，市场成长性很高、本企业相对应的产品发展前景也很广阔，属于明星型客户。这类客户不管在现阶段还是在未来，都是企业利润的主要来源，企业应加强与之合作，努力建立双赢的合作伙伴关系，培育其忠诚度。

Ⅳ类客户，市场成长性较低、但企业相对应的产品发展前景却很好，属于成熟型或衰老型客户。它会为企业带来一定的收益，收益呈水平或递减趋势，建立客户关系时应考虑减少投入，维持原有关系，或向交易型服务关系转变。

（三）根据客户规模和信用等级进行分类

根据这两类因素的不同组合，客户被分为四类（如图9－3所示）。

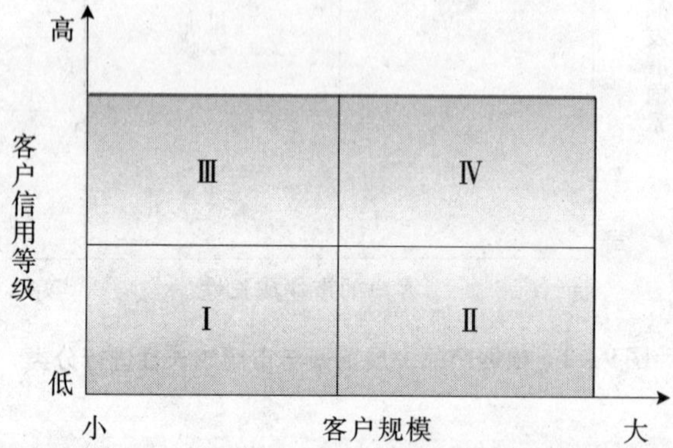

图9－3　根据客户规模和信用等级进行分类

Ⅰ类，客户属于低信用等级——小规模的客户。这类客户开发成本很高，不仅需要大量的人力、物力、财力，而且需要耗费相当长的时间，而其自身价值却很低，开发后没有获利保障，是不值得开发或维护的一类客户。

Ⅱ类，客户属于低信用等级——大规模的客户。这类客户属于危险客户，平均开发成本较低，但后期维护成本很高，如果有效地开发，会给企业带来较大的收益，也能为公司的业务取得较好的示范和推广效果。因其信用等级较差，又会给企业带来较大的经营风险，是值得企业谨慎考虑和认真培育的一类客户。

Ⅲ类，客户属于高信用等级——小规模的客户。这类客户开发成本较高，后期维护费用也较高，但开发成功后会给企业带来较好的稳定收益，是企业在产品投入期和成长期必不可少的一类客户，对企业推行渗透型营销策略也大有帮助。

Ⅳ类，客户属于高信用等级——大规模的客户。这是公司发展的主攻方向，如果有效地开发该类客户，将获得规模优势、提高信用度等效应，会增加企业“黄金客户”的数量，也会给企业带来更多的收益。对于这类客户，培养它们的忠诚度是公司的首要任务。

第三节　电子商务环境下的客户关系管理

当今企业面对电子商务的发展，较之以前更加注重和意识到客户的重要性，纷纷由原来的“产品导向性”企业实现向“客户导向性”企业的转变。在这一变化过程中，客户关系管理系统的作用就显得尤为突出了。客户关系管理是一种旨在改善企业客户之间关系的管理机制，也可以理解为企业与客户之间建立的管理双方接触活动的信息系统，它告诉企业谁是对它最有利的客户，并激发其制订保留老客户以及吸引新客户的策略。进入网络时代，企业的客户关系管理应该是利用现代信息技术手段，在企业与客户之间建立的一种数字的、实时的、互动的管理交流系统。企业通过采用信息技术，使企业市场营销、销售管理、客户服务和支持等经营环节的信息有序地、充分地、及时地在企业内部和客户之间流动，实现客户资源的有效利用。

一、电子商务环境下客户关系管理（E-CRM）产生的背景

客户关系管理的目的在于密切企业与客户之间的联系，保持既有的客户群体，挖掘潜在的客户源，帮助企业提高利润、改进服务方式。利用客户关系管理系统，通过对企业和用户之间的联系情况的记录与分析，企业能够充分理解客户的需求，设计制造更为贴近客户需求的产品，提升客户的潜在购买力；另一方面，通过个性化、一对一的服务给了客户更多的关怀，提高客户的满意度，保持既有客户对企业的忠诚度。此外，客户关系管理还可以分析与挖掘潜在的客户资源，进而扩大产品的市场占有率，促使企业的营业额提升。

与此同时，电子商务作为一种全新的商务活动手段，正深刻地变革着商务活动主体自身的运作方式以及主体之间的关系。电子商务之所以能够成为产业发展的重要环节并取得实效，正是得益于计算机网络技术、现代通讯技术的迅猛发展和普及应用、管理营销理念的再认识，以及这些技术同理念认识的整合之后对传统商务的成功改造。电子商务的蓬勃发展使得经济全球化

成为一种可能。电子商务的一个重要特点就是能够利用现代网络技术，随时随地向客户提供一对一的、个性化的服务，这与客户关系管理的目的是一致的。在电子商务提倡以人为本、缩短企业与客户距离的主旨下，客户关系管理系统和电子商务有了密切的结合点。

互联网的发展使全球的电子商务环境发生了很大的变化，由于网络基础建设的不断完善和经济的发展，全面电子商务的大环境已经形成。现在越来越多的企业开始利用互联网的优势，充分挖掘客户需求，为客户提供量身定制的产品和服务，建立以客户为中心的商务系统，综合调动企业最优资源，实现客户满意。电子商务时代的客户关系管理便在互联网飞速发展的今天应运而生了。

【实例】

应用电子标签技术的客户关系管理提高了客户满意度。以提高客户满意度为目标的客户关系管理系统，是今后企业发展所不可缺少的，而使其业务更高效运行的技术就是电子标签（FRID)。所谓电子标签，简单地说就是通过用无线通信读写 IC（集成电路）来识别人和物品的技术。使用这种技术，能瞬间掌握客户信息，是为客户提供所需信息和服务的有效手段。电子标签技术已经实际应用在零售业的客户关系管理系统中，并以此为开端，逐渐在制造业、物流、食品追踪记录等各种各样的行业中也开始了实际应用。

一位先生去商场买夏天用的西服，当他在男士服装店看西服的时候，身后有人问他："如果先生您喜欢蓝色系列的话，这款怎么样?"他回头一看，身后站着一位举着明亮蓝色西服的女店员。他一试西服，颜色和尺寸都很适合，于是他满意地买了这件西服。

在收银台前交款时，他问女店员："你以前接待过我吧?""没有，我今天是第一次见您，我一个月前刚进的这家商场。"她胸前确实佩带着"实习生"的胸卡。那她是怎么知道这位客户所喜欢的颜色和尺寸呢?

> 女店员对一脸诧异的男客户说："先生，您进店的时候把您的会员卡在我们的读取器前刷了一下吧?!"和那位先生初次见面的女店员，为什么会知道那位先生的喜好和他的尺寸呢？这是因为这家商店引进了运用电子标签技术的客户关系管理解决方案。像这种情况，客户在来店时只要把会员卡在读取器上刷一下，店里的电脑就会自动显示出客户的名字、年龄、尺寸等基本信息和客户以往的购买记录，以及由此推断出来的客户喜好等数据，店员就能瞬间掌握这些信息了。因此即使是缺乏经验的实习生也能为客户提供最适合的服务。由此，运用了电子标签技术的客户关系管理解决方案，有效地提高了客户满意度。

二、电子商务与客户关系管理的关联性

作为电子商务活动模式与客户关系管理具有如下的关联性。

一方面，电子商务的基础是信息流控制下的物流。企业要采用电子商务的商务活动方式，就必须具有物流控制能力。而物流控制能力，不仅包括产品的运输控制能力，更包括产品的生产过程、技术开发、知识应用等的控制能力。

传统企业以产品为中心开展企业的商务活动，因此其商务活动的着眼点必然放在产品的去向。虽然处理产品去向时必然接触到客户及客户关系管理，但这种客户及客户关系管理的目的，是为企业产品寻找出路，因此，其重点必然是近期客户。企业这时所关心的是如何使客户购买它的产品，而不是客户为什么要购买。这样，在企业的商务活动中，就只剩下了企业和客户之间直接的交易，而丢失了客户信息中所包含的大量内在关系，以及通过这些关系所能开发出来的信息，也丢失了客户关系信息中所具有关于企业发展的重要信息和知识。一句话，企业失去了对物流的自主控制能力，在物流控制上就具有更大的盲目性。因此没有物流控制能力的电子商务，是没有发展前途的。

另一方面，信息管理不能忽视客户关系管理。实际工作中，企业往往注意调查其产品的市场占有率，很少调查其产品的社会需求信息。有时即使进

行需求调查，也不是站在客户关系管理的基础之上，而是进行随机性的和盲目的调查。这样，隐藏在客户关系中的客户需求、客户需求原因等重要的信息就得不到充分的开发和利用，所剩下的就只是企业一相情愿的调查结果。这是因为企业信息管理中忽视了客户关系管理。

【实例】

某电子元件公司向一个大型工厂供货，产品销往该工厂的多个分厂。但是该电子元件公司只有20条客户记录，其中一半的数据都是重复的，并且多数记录只与其中一个分厂有关。有的记录联系人相同，但地址却不同，更糟的是该电子元件公司根本无法理清其他同样采购该公司产品的联系人的种种记录。这些脱节的、不完整的数据严重影响企业的专业形象，使企业丧失关联销售和向上销售的商机，甚至危害整个客户关系。事实上，不良数据会使企业在很多方面受到不良影响。

同样，当你的客户打进电话时，如果没有完备的客户记录，客户服务人员根本无法判断客户的情况，应该向其提供什么样相应的服务，又如何向该客户销售相关联的产品或新的产品。客户服务人员更无法知道打进电话的客户的价值，该客户过去对向其销售的反应如何，以及当前的促销是否对该客户有吸引力等问题。

电子商务环境下客户关系管理的优势在于以下三个方面。

（一）提供更迅速、更有效的客户服务

通过电子商务环境下客户关系管理（E-CRM），能够实现在第一时间满足客户的需求，可以加强客户对企业的满意度，进而提升客户忠诚度。

（二）更为确切地掌握客户动向及需求，挖掘客户的潜在价值，增加收益

透过E-CRM使得企业内部的客户资料可以共享，利用E-CRM的产品关联性及产品与客户关联性的分析，对不同需求的客户进行分组，找到特定产品的目标客户群。

（三）节省人力、物力，提高服务效率

由统一客户服务中心设立统一标准问题库和统一客户服务号码，利用问题分组及话务分配，随时让客户找到适合回答问题的服务人员，得到满意的答复。客户服务人员之间也可以利用统一联络中心的电子公告板交流信息。

三、电子商务环境下客户关系管理（E-CRM）的特点

（一）电子商务时代的客户关系管理改变了传统的管理模式

传统的客户关系管理（CRM）与电子商务时代的客户关系管理（E-CRM）之间的差异在于：传统客户关系管理适用于大型成熟产业的商业模式，强调以客户价值来间隔客户；E-CRM 则强调不论大中小型企业只要从事电子商务就必须将其视为一个简单的市场间隔，能持续地及时更新客户资料，再加上统计分析的利用，所以能进行一对一的营销服务，真正照顾到每一位客户的需要。

（二）电子商务时代的客户关系管理能够快速对市场进行动态分析

传统的市场营销都是相对静态的，企业经常要花好几个月的时间才能对上一阶段的市场营销的结果作出统计分析，对外界信息反馈过慢，导致了许多重要的商业机遇的丧失；而在电子商务时代，对商业机会的敏感和反馈已经成为企业能否生存和发展的根本。电子商务时代的客户关系管理能够快速地对市场多个营销活动进行综合动态的分析，使企业能更好的抓住商业机遇。

（三）电子商务时代的客户关系管理也是一种手段和商务模式

电子商务时代的客户关系管理既是一种管理理念，也是提高企业竞争力的一种手段和商务模式，技术是支持其实施的基本要素。在技术层面之上是以实现客户价值增值为中心的 E-CRM 平台。客户数据存于数据仓库中，在发生客户交互时根据不同客户的爱好和特点提供个性化的服务；在为客户服务的同时，系统也会通过对客户行为的追踪分析更新客户的数据记录。建立 E-CRM 系统的目的是实现客户价值的增值，降低企业运营成本，提高效益，因此，这些活动的展开都是紧紧围绕“客户价值”这一中心的 E-CRM 模型的结构（如图 9－4 所示）。

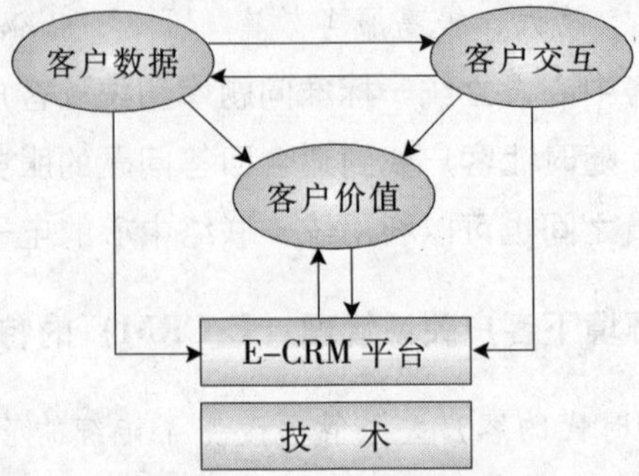

图9-4 E-CRM模型的结构

四、电子商务环境下客户关系管理（E-CRM）的基本内容和功能

电子商务环境下客户关系管理（E-CRM）既不是一种纯粹的概念，也不是单纯的一种技术，而是一套系统。在这套系统中，人是主导因素，技术是积极有效的辅助手段，那么，E-CRM系统应该包括如下基本内容。

（一）E-CRM系统的评价体系

1. 客户关系指标

一个好的E-CRM系统，应当能提供基本的客户关系指标，客户关系指标是客户与企业双方的信誉、能力、发展估计等方面的综合评估。

2. 客户产品关系指标

E-CRM系统应当能根据所掌握的客户、企业以及产品的信息资源，对客户产品关系作出综合评价，这个评价结果就是客户产品关系指标。在进行客户产品关系综合评价时，不能简单地对客户及其直接产品的关系等进行评价，还必须包括客户对产品需求的原因和能力等方面的客观评价。

3. 客户企业关系指标

企业本身的需求，实际上也就反映了企业的发展前景，同时也从主要的方面反映了企业与客户之间的融合程度。企业与客户融合得越好，企业的发展前景也就越广阔。

4. 客户关联指标

企业在进行商务活动和企业管理时，一个十分重要的基础，就是通过客户需求和客户需求的目的所反映出来的企业发展前景。客户关联指标就是为了提取有关企业发展前景信息而对 E-CRM 系统提出的要求。

（二）E-CRM 系统的管理技术

1. 客户为中心的企业管理技术

这是以客户为企业行为指南的管理技术。在这种管理技术中，企业管理的需要以客户需要为基础，而不是以企业自身的某些要求为基础。这是一种把企业与客户一体化的管理思想付诸实施的管理技术。

2. 智能化的客户数据库

要实行客户为中心的企业管理技术，必须有现代化的技术，原因就是现代企业所处的是信息时代。客户为中心的企业管理的中枢，智能化的数据库是所有其他技术的基础。从某种意义上说，智能化的数据库是企业发展的基本能源。

3. 信息和知识的分析技术

客户为中心的管理思想的实现，是建立在现代信息技术之上的，没有现代信息技术，就无法有效地实现客户为中心的管理技术。为了实现这种管理技术，企业必须对智能化的客户数据库进行有效的开发和利用，这种开发的基础与核心技术就是信息和知识的分析处理技术。只有经过分析和处理的信息，才是企业需要的知识。

使用 E-CRM 概念和技术，企业能快速搜集、追踪和分析每一个客户的信息，进而了解整个市场走势，并确切地知道谁是客户、谁是客户的客户、什么是客户的需要、客户需要什么样的产品和服务、如何才能满足客户的要求，以及满足客户要求的一些重要限制因素。E-CRM 还能观察和分析客户行为对企业收益的影响，使企业与客户的关系及企业盈利都得到最优化。

（三）E-CRM 系统的基本功能

企业 E-CRM 系统的基本功能应包括如下四个方面。

1. 销售管理系统

销售支持系统给销售人员提供了功能强大的支持工具和多种形式的信

息，从而使销售人员可以对客户、业务等进行有效的管理。对于企业来说，销售管理系统将大大扩展客户范围，提高工作效率，降低销售成本，为企业的利润增长提供有力的支撑。

2. 营销管理系统

管销管理系统可以使营销人员高效、全面地分析客户及市场信息，量身定做合适的市场活动计划。系统可以对销售、服务等进行指标化的分析，帮助营销人员根据实际情况制订、实施和调整营销战略计划，并发送给销售人员和合作伙伴，从而实现对产品、服务、物流等渠道进行管理调控。

3. 客户服务系统

客户服务系统可以帮助企业以更快的速度和更高的效率来满足客户的独特需求。可以向服务人员提供完备的工具和信息，并支持多种与客户的交流方式。帮助客户服务人员更有效率、更快捷、更准确地解决用户的服务咨询，同时能根据用户的背景资料和可能的需求向用户提供合适的产品和服务建议。

4. 呼叫中心（Call Center）

E-CRM 系统的核心是销售管理，即直接与客户进行接触，提高客户的忠诚度并借此吸引更多的潜在客户。电子商务应用的客户服务和支持在 CRM 系统中起着极为关键的作用，一般是通过呼叫中心或互联网来实现的，向客户提供个性化的、优质的服务。当把客户服务与支持和 E-CRM 系统中的销售和营销功能紧密结合起来时，就能为企业赢得客户、提高效率和拓展市场，使企业获得更强的竞争力。将销售与客户服务系统整合成为一个系统，使得服务人员可以根据客户提出的需求提供售后服务支持，也可以提供销售服务。大大方便了客户与公司的交流，使客户增加了对公司服务的依赖。

根据以上功能，E-CRM 系统的总体可以分为关系管理、客户投诉处理、技术支持、业务研讨、信息仓储等几个方面。

【实例】

8008202020是上海通用汽车服务电话。如果你买了别克或赛欧的汽车出了故障，你可以打一个电话过去进行咨询，这是对方付费的一个电话。那边接到电话是什么人？是通用公司的维修工程师，都是中年女性，会不会修车，我们不知道，但是通过电话，她们对汽车的每一个问题都可以了如指掌。为什么，绝不是她们多么聪明，而是她们有一个可以全球共享的知识库。她们戴着耳机听电话，同时她们也打开电脑，只要你把车的型号告诉她们，把你的名字告诉她们，她们一个回车就知道你的所有信息，你的汽车曾经在哪里修过，你的发动机在哪里换过机油，她们是通过知识库给你做回答的。

第四节　物流客户关系管理案例

案例 1

百岁物流公司的客户关系管理

四年前，上海物流业曾有四小龙之说，分别是百岁（即上海百岁物流有限公司）、莲雄、虹联及另一家物流公司。时至今日，莲雄已归至西南物流旗下，虹联成了现在的虹鑫，而百岁依然是百岁……作为民营企业，百岁也曾苦于资金受限，也曾遭遇企业内部整合改制的困惑，但百岁仍以58%的年均增长率稳步发展了起来。其成功的秘诀源自何方？

一、改　制

民营企业的发展大多经历了一个相对坎坷的过程，其间不免充满创业的艰辛，百岁也是如此。1994年严世平作为上海建材集团下属大中建材总厂副厂长兼党委书记时，上海百岁汽车运输公司，即百岁物流的前身，还是大中建材总厂投资注册的一家三产企业。严世平作为兼任的运输公司总经理，肩负着重任。最开始，公司只有4辆货运工具，严世平颇伤脑筋。但是，他看到了商机，利用手头有限的货源，为上海大中建材厂做运输销售服务，不失为一个创业的好办法！这一年，他和公司的股东们净赚了87万元人民币，这在当时是一个不小的数字，百岁的前身也因此有了一定的积累。

随着资金的积累和经验的愈加丰富，严世平和股东们于1997年出资买下了上海百岁汽车运输公司，开始了创立“百岁”这个物流业品牌的过程。1998年3月，上海百岁汽车运输公司改制为股份合作制企业，更名为上海百岁汽车运输合作公司。

百岁在创业初期曾有25个股东。按理说，一个有着如此众多股东的民营企业，其发展难免会受到一定的制约。然而，改制成功后，股份的明晰化使百岁走上了健康的发展之路。换言之，企业40%以上的股权控制在经营者手中，从而使企业最大限度地体现了经营者的意志。

改制顺利完成后，严世平开始考虑公司的定位问题。此时的国内，“物流”这个名词尚未在日常的经济生活中闪亮登场，然而在上海，作为与全球经济接轨的前沿地带，物流业已经悄然呈现出朝气蓬勃的生机。严世平和公司的股东们在充分考察了当时上海的物流市场前景后，作出了进军物流行业的决定。在注册物流公司时曾有过这样一段小插曲：因为当时国内物流市场的不明确性，工商管理部门对注册“物流”公司不甚理解。在经过了一系列努力后，百岁终于如愿以偿地挂上了“上海百岁物流有限公司”的牌子。

企业灵魂无疑是企业领军人物意志的直接反映，特别是在民营企业中，老总的眼光与魄力往往决定着整个企业的发展命运，在谈及当初的种种果断决策时，严世平微笑着淡淡地说：“当时注册物流公司还算比较先进的。”在确定了航行目标与方向后，百岁这艘跨世纪的航船在“严船长”的领导下开始了漫漫的征程。

二、客户为本

1995年，百岁获得了第一个有意义的客户——立邦涂料集团。虽然当时的利润额一年只有5万元人民币左右，但百岁始终倾注了极大的服务热情，保持了最好的服务质量。时至今日，立邦仍在与百岁亲密合作，只不过百岁每年的利润额已达到了100万元人民币。在8年的发展中，立邦不断地拓展自身的业务，与此同时，百岁也随着客户业务范围的拓展与要求的提高逐步成长起来，证明了双方的合作是双赢的。

1997年，美国佳得乐饮料公司为百岁争取了每年100多万的利润额，借此百岁赚取了自身发展的第一桶金。此时的百岁物流为客户提供的纯粹是运输服务，在为客户提供服务的过程当中，百岁意识到了自身服务能力的不足，从而开始了思想观念的转变：不是跨国公司的要求高，而是自身能力亟待提高。

思路清理后，百岁进一步将自身定位为"第三方物流公司"。百岁利用自身良好的资源，定位于为制造型企业提供第三方物流服务，主要客户定位于欧美企业。这一决定取决于百岁当时的目标合作客户，以及未来的战略客户。可以说，这一定位为百岁奠定了一个稳定的客户来源基础。

努力的结果便是得到了越来越多的大客户，从而推动了百岁在第三方物流方面的发展。最具代表意义的合作伙伴当然是有影响力的：诸如BP石油，SPARKLING、德尔福汽车空调等。英国BP石油是全球化领域的领导者之一。2002年10月，百岁成立了BP项目部，除挑选经验丰富的专业人士担任项目经理，还在合适的地区挑选了全新的室内仓库作为BP的配送中心(CDC)，面积达8500平方米，共6个仓库。根据BP产品的不同特性和包装，百岁合理规划了园区，并配置了相应的设施、设备。配送中心的管理包括了产品地区销售代码管理、改包装、贴标签、流通加工等多项增值服务。

此后，百岁开始为BP提供华东地区的物流配送项目，收货对象涉及上海、浙江、江苏、安徽、河南地区的经销商、工业企业，全国范围的超市卖场、部分城市的特约维修站及加油站等，收货点多达500多个。此外百岁还为BP提供整合的物流服务，包括原材料从港口到BP深圳工厂的运输，产品从工厂到上海RDC的多式联运、上海RDC到华东地区的配送和上海RDC的管理。百岁还提供驻深圳工厂的装卸劳务服务，负责BP深圳工厂原材料和成品的装卸。百岁将与BP进一步合作，为BP公司提供从采购到销售的整个供应链的物流服务。

与德尔福汽车空调的合作是一种偶然中的必然，是一种缘分。最初是百岁在寻找仓储租户时遇见德尔福汽车空调的。然而，双方领导在物流理念上的沟通与契合最终使得两者缔结美满姻缘，从而开始了德尔福成品综合物流项目的合作。百岁物流为德尔福提供了逾15000平方米的仓储面积。由于德尔福产品的周转率高以及实行先进先出的原则，百岁提供了良好的网络服务平台。德尔福的客户可以通过网络系统直接下订单至百岁仓库，然后由百岁将仓库中的原材料运送至德尔福生产现场。此举避免了订单先到德尔福后到百岁，节省了大量时间。百岁依据低成本、准时供应的物流管理原则取得了德尔福的信任。德尔福有关负责人表示，可考虑让百岁承接进一步的采购项目，并授权百岁整合德尔福的供应链物流管理流程，而百岁物流也将为德尔福投入专有性投资。

百岁一直在不断完善自己，努力做好国内真正意义上的第三方物流公司。“百岁的另一目标便是进军城市配送领域”，与SPARKLING的合作便是这一领域市内配送的典型代表。作为李嘉诚的企业之一，SPARKLING是饮用水行业一个响当当的品牌，年销售水量为18L×30万桶。在SPARKLING拥有送水车21辆，在其车况较差的情况下，百岁与其合作后，在较短时间内，给予SPARKLING质的改变。百岁承接了SPARKLING在上海市范围内的饮用水配送，同时也负责空桶、退货的逆向服务。根据SPARKLING二级配送网点较多、每天送水量8000～9000桶的小批量、多批次特点，百岁在上海市区所有配送车辆上安装了GPS/GSM的卫星定位系统，从而对车辆取得了有效的控制。此举促成了百岁与SPARKLING的长久合作。

虽然百岁在市内配送领域已有了一定的基础，但这不排除百岁会进一步做网络化及服务特性化的城市配送。“打一个比方说，如果短途配送是块骨头，那么，城市配送就相当于骨头里的骨髓。”严世平说道，“也许有一天，百岁的另一目标就是敲骨吸髓。”虽然国内的城市配送还未达到规范化、人性化操作，但这种模式在发达国家早已成熟。中国经济的高速发展必将推动这一物流模式的发展，市场的良好前景让严世平看到了一丝曙光：“这是商机，问题在于谁能尽早占有这一领域”，“德尔福汽车空调全国40%的城区配送份额，百岁可以拿来做。”严世平说道。

三、客户关系管理以企业文化为核心

确切地说，对于一个民营企业，企业文化的实行在很大程度上取决于企业的执行者，或者说取决于领导人物的重视程度。如果说对于创业初期的百岁来说企业文化或许只是一个模糊的概念，那么今天百岁已形成的自己独特的文化就如春雨般“润物细无声”，并在每一位员工的实际工作与行为举止中体现出来。

提到百岁二字，严世平告诉记者：“百岁意味着源远流长，我们希望做一家百年老店。百岁以客户为上帝，百岁旨在为客户提供个性化服务。”物流业是一种服务业，“我们要站在客户的角度考虑问题，想客户之所想，甚至要超越客户的需求。”这个理念已在公司上下达成默契，从前期营销人员到客户服务到项目运作人员，百岁每一位员工的工作思维都体现了以客户为中心的原则。

案例讨论题：百岁物流的客户关系管理给我们哪些启示？

案例 2

服务制胜的联邦快递

美国联邦快递（FedEx）是一家经营快递业务的公司，30 多年的发展使公司的业务已经遍及全球 214 个国家。2002 年，公司营业额已经达到 196 亿美元，在《财富》杂志全球 500 强中排名第 246 位。

联邦快递创始人弗雷德·史密斯曾在接受《财富》杂志采访时说道：“1965 年我在耶鲁大学念书时，已经看到计算机将对整个商业社会产生巨大影响和变化。我在为《经济学》课程而写的当时得出的结论是：传统的物流运输将无法胜任‘计算机化’的商业社会。比如对于 IBM 来说，如果得克萨斯的一家银行想要购买 IBM 的机器，银行不在乎机器是在纽约还是别的什么地方制造的，他们只关心机器何时到达，以及为了保证机器每日都正常工作，在零件坏了、需要更新时是否能马上收到新零件。因此，IBM 需要

一个专业的物流运输队伍，无论机器被卖到什么地方，他们都能及时、马上将所需的零件和配置送达到客户手上。而为了能够直接运输这种‘非常重要、时间紧迫’的货物，也许应该有自己的飞机。”当然，在1965年的耶鲁大学导师看来，认为“买飞机专门用来送货”的想法是荒谬的，而且绝对没有经济实用价值的。当时的状况是连传真还没有使用，一件货物必须经由多家航空公司转运，快递似乎只限于送比萨饼而不是文件，全球化这一概念也只能间或在一些学者那里听到。因此，史密斯的论文只得到导师的C级评分。

当1969年从越南战争返回后，已经持有飞行员执照的史密斯迫不及待地要把自己的设想变为现实。利用从家中得到的400万美元启动资金，史密斯首先买下了一家被称为阿肯色州航空的小型飞机服务公司，主要业务是为商用飞机提供二手的涡轮仪器。在公司缓慢的发展过程中，史密斯意识到这个行业的一些问题：当他急需一些涡轮仪器部件时，即使他要求对方发空运，也常常要等2~5天、甚至一个星期才能收到货。于是，1971年，27岁的弗雷德·史密斯开始真正实施“次日送达”服务的创业梦想。为了买足够的飞机，他借到9100万美元的风险创业基金。从此，开始了联邦快递的旅程。

“联邦快递成功的原因很简单，其实就是因为一件货物本身对发送人和收件人是极具时间价值的，是值得付出额外运费的，所以从逻辑上来说，我们可以说服客户将货物交给我们，我们保证这件货物在到达前不会离开我们的手，这是一种从‘子宫到坟墓’的运输方式。”这也就是后来所谓的“门到门”服务，客户不用再和航空公司打交道，不用去机场取货送货。一切都由联邦快递负责。这就是史密斯对公司发展的精辟总结。

史密斯有一句名言：“想称霸市场，首先要让客户的心跟着你走，然后让客户的腰包跟着你走。”由于竞争者很容易采用降价策略参与竞争，联邦快递认为提高服务水平才是长久维持客户关系的关键。

作为一个服务性的企业，从客户开始和联邦快递接触的那一刻起，客户服务管理就体现出来了。当客户打电话给联邦快递的时候，只要报出发件人的姓名和公司的名称，该客户的一些基本资料和以往的交易记录就会显示出来。当客户提出寄送某种类型的物品时，联邦快递会根据物品性质向客户提醒寄达地海关的一些规定和要求，并提醒客户准备必要的文件。在售前阶段，联邦快递就已经为客户提供了一些必要的支持，以减少服务过程中的障碍。联邦快递的速递员上门收货时，采用手提追踪器扫描货件上的条形码，而这些条形码是从 FedExPowerShip 自动付运系统或 FedExShip 软件编制，说明服务类别、送货时间及地点。所有包裹在物流管理的周期内，至少在货件分类点扫描六次，而每次扫描后的资料将传送到孟菲斯总部的中央主机系统。客户或客户服务人员可利用 FedExPowerShip 自动化系统及 FedExShip 软件发出电子邮件或查看互联网上联邦快递的网页，即时得到有关货件的行踪资料。这项技术不仅方便了公司的内部管理，而且大大提升了客户满意度和忠诚度。

联邦快递除提供一般快递公司的服务外，还有一些高附加值的服务，主要是三个方面：①提供整合式维修运送服务。如将已坏的电脑或电子产品送修后返还所有者。②扮演客户的零件或备料银行，提供诸如接受订单与客户服务处理、仓储服务等功能。③协助客户简化并合并行销业务，帮助客户协调数个地点之间的产品组件运送流程。在过去这些作业是由客户自己设法将零件由制造商送到终端客户手中，现在的快递业者可完全代劳。联邦快递的服务特点在于，协助客户节省了仓储费用，而且在交由联邦快递运送后，客户仍然能准确掌握货物的行踪，可利用联邦快递的系统来管理货物订单。要成为企业运送货物的管家，联邦快递需要与客户建立良好的互动与信息流通模式，使得企业能掌握自己的货物配送流程与状态。被国际互联网专家研究组公认为世界顶尖级网站之一的联邦快递网站（www. fedex. com）是 20 世纪 90 年代中期第一个为用户提供网上货运和跟踪服务的功能型网站。FedEx 网站共 3000 多页，功能强大。页面大致分为两类：一类是业务页面，以国别为页簇平行组织；一类是宣传页面，按企业介绍及业务进程组织。两类页面互相链接，便于切换。所有页面均以清亮简洁为风格，页面间脉络清楚，链接关系简单。这些都是面向作业、面向流程的服务性网站所应具备的特征。否则，到处设活动区，链接关系复杂，不能按业务进程组织的页面，必然给客户造成许多麻烦。最近，联邦快递在其网站上推出了“联邦快递网上速递系统”。通过该系统，用户能够以最有效、最便利的途径使用联邦快递的各种货运服务。美国国内的新老用户都可以通过联邦快递网站申请这项服务，符合条件的用户可即刻开设网上账户并办理网上货运业务，这些用户还可在诸多速递业务上享受到减免10%费用的优惠。“联邦货运管理系统可通过网站为我们提供高效、便捷的服务，同时为我们节省大量的时间。”通用电气公司资产管理部门负责人柯蒂斯·布赖恩说，“网上地址簿可以免去我们在一遍遍打印货运信息上所浪费的时间，联邦快递管理系统可自动将我的货物与某个账号相连接，这样我的财务部就可以知道找谁去收取这笔货款。”

联邦快递总裁兼首席执行官T·米歇尔·格伦指出：“通过使用联邦快递网上服务，许多中小型企业将从中受益。该系统也可以引导其他用户进入联邦快递网站，使他们能够方便、快捷地使用我们的全球货运服务。”除联邦快递货运管理系统外，联邦快递网站还可为用户提供许多便捷的服务。如：“定位系统”可以提供方位图，指示用户找到距离自己最近的联邦快递服务网点；“地址核实系统”可让用户检查其货运地址是否准确无误；“投递确认系统”可让用户在网上查看收件人的签名；“供应系统”可让用户方便地向联邦快递订购相关用品；“网上费用结算系统”可让用户通过互联网对费用清单进行核实和结算。针对中小企业用户，联邦快递网站还特别提供了以下服务：“全球贸易管理系统”可自动免费提供国际货运所需文件及应遵守的规章；“电子商务构筑系统”可让用户利用联邦快递的网络能力建立Web商务空间；“小企业中心”可为小企业提供多种行业信息及处理工具；“我的联邦快递.com”可让用户定制自己的浏览方式和与联邦快递网站交流的方式。能使无店铺零售企业以较低成本比较迅速地在网络上进行销售。另外，联邦快递特别强调，要与客户相配合，针对客户的特定需求，如公司大小、生产线地点、业务办公室地点、客户群科技化程度、公司未来目标等，一起制订配送方案。

只有优秀的员工才会为客户提供优秀的服务，针对不同的客户需求提供不同的客户服务，可以看作联邦快递客户关系管理的两条主线。在联邦快递，员工（People）、服务（Service）和利润（Profit）是三位一体的，这也是联邦快递自创立时就确定的经营哲学，我们称之为PSP理念。员工、服务和利润这三个要素彼此推动，构成了一个封闭的循环圈，这也是联邦快递实施客户关系管理的指导方针。公司关注并善待自己的员工，他们就会依照客户的要求提供完美的服务，客户满意度的提升就会为公司带来利润，而利润是维持工作正常运作的命脉，员工工资福利的增长和工作环境的改善都依赖利润的改善。为了给客户提供满意的服务，联邦快递在人员选取、人员发展和人员的激励方面都是毫不含糊。尤其在员工培训方面，联邦快递投入了很多资源。其中最有特色的是“经理培训计划”。即让有一定管理能力的一线员工，接受管理项目课程的培训，并到不同的管理岗位上进行现场的管理操作培训，前后历时15～18个月。一旦公司管理岗位出现职位空缺，就会优先考虑提拔这些员工。要想成为该计划的成员，该员工必须有这样的愿望、主动申请；还必须是一线员工；最后还要通过考试，被确认为是可造之材。公司在出现职位空缺时，会先在内部的网络上公布空缺的职位，并优先聘请内部的员工，再考虑外面的应聘者。内部应聘者的条件是，必须在公司服务满18个月。公司为全体员工提供培训课程，每位员工每年有2500美元的培训费，可以向公司申请读书进修。这笔款项，公司在全世界的员工都一样。公司还制订了各种奖励制度，以激励员工更好地为客户服务，并积极参与社会公益活动。联邦快递经常让员工和客户对工作做评估，以便恰当表彰员工的卓越业绩。其中几种比较主要的奖励有：鼓励奖，用来奖励超出标准的卓越员工表现；开拓奖，给每日与客户接触、给公司带来新客户的员工提供额外奖金；最佳业绩奖，对贡献超出目标的团队提供一笔奖励现金；金鹰奖，奖给那些由客户或公司管理层提名表扬的优秀员工；明星/超级明星奖，这实际上是“最佳工作表现奖”，获奖者可获得相当于自身薪水2%～3%的一张支票。2003年9月，联邦快递开始的“真心大使”计划，借助客户对联邦快递服务所给予的意见，表扬有突出表现的一线员工，从而鼓励他们迈向更高的服务水平。这个计划不仅加强了前线员工和客户之间的联系，而且让员工得到一种受尊重的感觉，从而提供更出色的服务。

案例讨论题：联邦快递的客户关系管理给我们哪些启示？

本章小结

客户关系管理源于“以客户为中心”的管理思想，是一种旨在改善企业与客户之间关系的新型管理机制，目的在于建立一个企业与客户之间的信息交流互动管理系统，为企业带来长久的竞争优势。它一方面通过提供更快捷迅速和周到的优质服务吸引和保持更多的客户；另一方面通过对业务流程的全面管理降低企业的成本。

客户关系管理的基本目标应有三个：①研究用户、确定市场；②解决如何提供优质服务吸引和开发客户；③通过客户研究确定企业的管理机制和管理内容。

所谓客户价值是指企业客户资源能够给企业带来的利益高低，是客户为满足其需求而进行消费所体现出来的市场价格。客户分类的依据就是客户价值，它可以通过不同的指标形式反映出来，从而产生不同的分类方法。

作为电子商务活动模式与客户关系管理具有如下的关联：一方面，电子商务的基础是信息流控制下的物流；另一方面，信息管理不能忽视客户关系管理。

电子商务时代的客户关系管理改变了传统的管理模式，电子商务时代的客户关系管理既是一种管理理念，也是提高企业竞争力的一种手段和商务模式，技术是支持其实施的基本要素。

复习思考题

1. 客户关系管理的含义是什么？
2. 物流企业客户关系的特点主要有哪些？
3. 物流企业实施客户关系管理的基本要求是什么？
4. 单因素分类法和双因素分类法各有哪些具体方法？其优缺点是什么？

5. 电子商务与物流企业客户关系管理的关联性有哪些？

6. 电子商务环境下客户关系管理的特点是什么？

7. 电子商务环境下客户关系管理的基本功能是什么？

8. 我国物流企业客户关系管理存在的主要问题是什么？

第十章　网络营销

学习目的

通过本章的学习，了解网络营销的基本概念、与传统营销的区别及常用方法，熟悉网络营销的基本技术以及适用领域，重点理解与掌握网络营销策略，能够运用网络营销策略进行网络营销管理，具有使用一般网络营销工具的能力。

【关键词】　网络营销　技术　策略　管理

第一节　网络营销概述

一、网络营销的概念

网络营销（On－line Marketing 或 Cyber Marketing）全称是网络直复营销，属于直复营销的一种形式，是企业营销实践与现代信息通信技术、计算机网络技术相结合的产物，是指企业以电子信息技术为基础，以计算机网络为媒介和手段而进行的各种营销活动（包括网络调研、网络新产品开发、网络促销、网络分销、网络服务等）的总称，是目标营销、直接营销、分散营销、客户导向营销、双向互动营销、远程或全球营销、虚拟营销、无纸化交易、客户参与式营销的综合。网络营销是科技发展、消费者价值变革以及商业竞争等综合因素所促成的。网络营销借助联机网络、电脑通信和数字交互式媒体来实现营销目标的活动。网络营销作为在互联网上进行的营销活动，它的基本营销目的、思想和营销工具与传统营销是一致的，只不过在实施和操作过程中与传统营销方式的方法和手段有着很大的差别。

现代电子技术与通信技术的应用和发展是网络营销产生的技术基础，消费理念的变化是网络营销产生的观念基础，而激烈的市场竞争是网络营销产生的现实基础。网络营销根据其实现的方式有广义和狭义之分，广义的网络营销是指企业利用一切计算机网络（包括 Intranet 企业内部网、EDI 行业系统专线网及 Internet 国际互联网）进行的营销活动，而狭义的网络营销专指国际互联网络营销。

【小知识】

根据美国直复营销协会（ADMA）为直复营销下的定义，直复营销是一种为了在任何地方产生可度量的反应和（或）达成交易而使用一种或多种广告媒体的互相作用的市场体系。直复营销中的“直”（其实是“直接”，Direct 的缩写）是指不通过中间分销渠道而直接通过媒体联结企业和消费者；直复营销中的“复”（其实是“回复”，Response 的缩写）是指企业与客户之间的交互，客户对这种营销努力有一个明确的回复（买还是不买），企业可统计到这种明确回复的数据，由此可以对以往的销售努力作出评价。网络作为一种交互式可以双向沟通的渠道和媒体，它可以很方便地在企业与客户之间架起桥梁。客户可以直接通过网络订货和付款，企业可以通过网络接收订单、安排生产，直接将产品送给客户。基于互联网的网络营销将更加吻合直复营销的理念，是典型的直复营销。

市场营销的最终目标是最大程度地增加利润，因此，网络营销整体规划的目标应集中在：一是降低业务成本；二是加强同所有目标群体的沟通，以期既能提高销售量又能降低成本。

网络营销的目标并不仅仅是最大程度地提高产品的销售，但销售的增加是网络营销最后阶段产生的结果。

二、网络营销的功能

为了保护市场，赢得更多的利润，企业都在积极地制订自身的营销策略，千方百计地保护已有的市场，并抢占潜在的市场。网络营销作为一个新生事物，它在市场营销中发挥了很多传统营销不具备的作用，并且越来越受到人们的关注。它的功能主要表现在以下几个方面：

（一）网络营销实现了个性化营销

网络营销使建立高度目标化的小群体营销甚至个体营销成为可能。它改变了工业时代大规模、标准化生产方式所形成的大规模营销方式，根据消费者的意愿提供小批量、特性化的商品和服务，以满足消费者价值取向各异的多元化生活方式，从而真正实现了消费者的个性回归。

完整的营销过程是一个非常复杂的双向互动过程。如同生产者需要找到潜在的消费者、了解消费者的喜好、说服消费者购买他的产品一样，消费者也在寻找他所中意的产品、打听其合适的生产商，他们之间是双向的、互动的。生产商无法将其产品强加于消费者，消费者完全有权选择他中意的生产商。但是，就在这双向互动的过程中，营销起了很大的作用，它很有可能决定消费者的最终选择。

网络上聚集了全世界所有商家和产品的信息，任由消费者选择。它不仅包括传统的商品目录，还包括产品性能介绍、使用说明、常见故障排除以及其他所有消费者需要了解的信息。网络营销也不同于传统媒体扑面而来、势如狂轰滥炸般的广告推销。传统媒体的做法早已经为消费者所厌恶，再也不能强行诱导消费者作出选择了。在网上，商家的广告变成一个个很小的图标，等待着消费者按键光临。消费者可以在全球范围内对商品进行比较，选择真正质优价廉的商品。对于自己感兴趣的产品，可以展开与商家的对话，说明自己对产品的要求、愿望并提出改进意见。有些商家还直接邀请消费者参与产品设计。更有甚者，消费者可以利用网络的虚拟性，在网上组成虚拟社会，形成消费群体。这种以相同兴趣和爱好组织起来的消费集团，充分显示了消费者的力量，必要时可以与商家进行谈判和抗衡。在虚拟社会中，消费者可以自由地交流对产品的评价、使用经验和感受。可以想像，来自于具有共同爱好和兴趣的同伴的意见对于一个潜在的消费者将会起到多么大的作用。当这种虚拟组织存在并显示作用时，劣质产品就再也不能依靠传统市场下传统媒体的庇护生存了。

网络营销同时也为生产者提供了极大的机会，他们可以在转瞬之间进行信息的搜集、处理、储存和传递等工作，这有别于传统媒体的一对一的互动沟通方式，它为生产者提供了小群体营销甚至个性营销的机会和可能。与消费者交流得到的反馈意见使得生产者能够迅速把握市场需求和产品的发展方向。同时通过对企业网站访问的消费者信息的分析处理，生产者可以与个体消费者建立长期友好的联系，了解消费者的真正喜好，从而可以从大规模生产转向根据消费者要求定制，进而实现规模化营销向个性化营销的转变。

（二）网络营销提供了一个真正意义上的世界市场

网络营销使交易过程的中间环节和渠道日益成为多余，它可以集中所有的生产者和消费者在远隔重洋的情况下进行交易。这将大大降低社会成本、提高交易效率、优化全球范围内的资源配置。

在市场经济的发展史上，生产力的每一步发展，分工的每一次深化，都体现为社会生产链的加长，生产者和消费者之间环节的增多，涉及国际营销的环节更是如此，从生产者、出口商、进口商、批发商、零售商到消费者，其环节十分烦琐复杂，耗费在这些中间环节和渠道上的人力物力资源不计其数。即使是在以跨国公司为代表的国际营销的高级阶段，也只是将各种中间环节由外部市场交易内化为企业内部的职能衔接，并没有从根本上简化中间环节和功能，而在这一点上，网络营销提供了一个崭新的方式。网络是世界性的，网络世界建立了使市场空间实现一体化所需要的虚拟空间，它将包容着所有消费者和生产者的全球市场幻化于方寸之间，形成了真正的全球一体化。在网络上，生产者和消费者实现了直接沟通，弱化了中介功能，从而降低了社会成本，提高了交易效率。同时，由于信息充分、市场透明、生产者和消费者之间的沟通互动迅速且直接，它使企业避免了因信息不完全所造成的盲目生产，从而节约了大量的物质资源。

建立在网络上的虚拟购物中心，可以不受现实世界中商场的国别、地域、空间、雇员及营业时间等条件的限制，而采取灵活多样的方式方便消费者。世界各地的消费者可以在任何时间选择来自世界任何地点的商品，可以货比万家，可以下指令驱使智能软件按照自己的意愿在浩瀚无边的商品海洋中进行选择。一旦选中，即可迅速完成网上支付程序，整个购买过程即告完成，只待商家送货上门了。如果是可以进行网上传输的数字化商品，例如信息、软件、图片、音乐等，更是在转瞬之间将消费欲望化成现实。这种真正意义上的世界市场动摇了传统中间商的地位，从而引起相当剧烈的产业结构调整。

（三）网络营销有利于企业减少库存、缩短生产周期

产品的生产周期越长，企业就越需要更多的库存来对付可能出现的交货延迟、交货失误，面对市场的反应也就越慢；库存增多，也会增加运营成本，降低企业利润；而且，高库存量并不能保证向客户提供最佳的服务。因此，适当的库存量不仅可以让客户得到满意的服务，而且能为企业减少运营成本；企业也可以通过提高劳动生产率，在提高库存周转率的基础上，降低库存总量。IBM 个人系统集团公司从 1996 年就开始应用网络营销高级计划系统，零售商和供应商都通过网络营销系统将一系列相关产品的最新预测发送出去，连接在互联网上的主机在收到最新预测后，对他们的预测进行对比，并标示出最大的差异之处，该差异将由零售商和供应商的计划人员重新调整。为了避免操作复杂，软件设计公司将该软件设计成针对具体交易情况可自动处理和调整的方式。这样，生产商就可以准确依据销售商的需求进行生产，使库存保持在适当的数量，从而降低库存成本。

每一项产品的生产成本都涉及到固定成本的支出，固定成本并不随着生产数量的变化而变化，而与产品的生产周期有关。网络营销的出现同样也缩短了产品的生产周期，从而降低了企业的生产成本。网络技术的应用为产品的开发与设计提供了快捷的方式：①开发者可以利用网络进行快速市场调研，了解最新的市场需求；②开发者可以利用网络技术了解到竞争对手的最新情况，从而可以对自己的产品进行适当的调整，以取得竞争优势。这一过程，在传统生产中，是一个漫长的过程，它使生产周期大大增长，生产成本大大提高。而现在，网络营销完全改变了这一切。

（四）网络营销改变了企业的竞争方式、竞争基础和竞争形象

企业是经济领域中最小也是最重要的组织，信息化对经济活动的影响，最终还会影响到企业的经营管理。在这一方面，网络营销改变了企业的竞争方式、竞争基础和竞争形象。

与传统的商业结构相比，现代信息技术使企业的竞争方式发生了变化。生产效率的提高依赖于对产品和服务的全面质量控制和对商务信息资源的充分利用，其中商务信息对生产效率的影响大大超出了其他因素的影响。网络营销对企业的竞争方式有着极大的影响，改变了企业间的合同形式，加强了企业间的合同管理。网络营销给消费者提供了更多消费机会的选择，给企业提供了把握市场和消费者需求的能力。网络营销还促进了企业开发新产品和提供新型服务的功能，使企业决策者能及时地了解消费者的爱好、需求和购物习惯，从而促进了企业开发新产品的能力，缩短了企业开发新产品的周期。此外，网络营销还扩大了企业的竞争领域，使竞争从常规的广告、促销、产品设计与包装等扩大到无形的虚拟市场的竞争，它同时又降低了中小企业和新型企业进入市场的初始成本，从而消除了企业竞争中的无形壁垒。

网络营销作为信息产业的一个模块，使企业的竞争基础也发生了改变。这种改变首先体现在信息化的程度上。网络营销是以信息为基础的，企业信息化程度的高低首先决定了企业的市场竞争力。信息化程度越高，竞争力越强。高技术含量、高技术人才、信息的高速处理与创新将使企业的竞争力大大增强。在未来，对信息的处理、接纳能力的高低是企业竞争力高低的一种体现。网络营销降低了企业的生产、交易成本，使得产品的价格竞争异常激烈。在网上，除了服务，价格是最重要的一环。中间步骤的缩短使得企业成本大大降低，而同时网上客户的挑选余地却日益变大，于是企业间免不了要进行新一轮的价格战。网络营销的发展同时也消除了时空的限制，企业需要随时做好准备，为客户提供即时服务，全天候的服务已成为企业竞争力的另一种体现。由于网络营销消除了规模经济的障碍，再小的企业只要产品质量好、服务质量好、价格公道，没有哪位客户会在意其公司规模的大小。

另外，网络营销也为企业提供了一个全面展示自己产品和服务的虚拟空间。设计良好的网络广告方案有利于提高企业的知名度和商业信誉，达到提高企业竞争形象的目的。如何通过网络这种成本低廉的新型媒体宣传企业，提高企业形象是决策者们必须考虑的问题。

调查表明，提供品种齐全的产品、灵活的折扣条件、可靠的安全性能、友好的用户访问界面、完善的技术支持是一个网络公司能够取得竞争优势的成功奥秘。

（五）网络营销给企业内部结构和行业结构带来了变革

以互联网为基础的网络营销给传统的企业组织形式带来了很大的冲击。它打破了传统职能部门依赖于通过分工与协作完成整个工作的过程，而形成了工程的思想。在网络营销的构架里，除了市场部和销售部可以与客户打交道外，企业的其他职能部门也能够通过网络营销的网络与客户频繁接触，从而改变了过去间接接触的状况。在网络营销的条件下，原有的工作单元间的界限被打破，重新组合形成了一个直接为客户服务的工作组。这个工作组直接与市场接轨，以市场的最终效果衡量自己的生产流程的组织状况和组织单元之间协作的好坏。实际上，这已经发展成一种新的管理模式，企业间的业务单元不再是封闭的金字塔层式结构，而是网络状的相互沟通、相互学习的网状结构。这种结构打破了原有的业务单元之间的壁垒，使得各业务单元之间可以进行广泛交流，共享信息资源，减少了内部摩擦，提高了工作效率。

网络营销模式下的企业结构变革的另一个特点就是企业管理模式由集权制向分权制转换。网络营销的推行使企业过去高度集中的决策中心组织改变为分散的多中心决策组织。传统组织结构下单一决策中心的许多特点（官僚主义、低效率、结构僵化、信息壁垒等）在多中心的组织模式下都将不复存在，企业的决策将由跨部门、跨职能的多功能型的组织单元来制定。这种多功能组织单元共同参与、共担责任、并由共同利益驱动的决策过程使员工的参与感和决策能力大大提高，充分发挥了员工的主观能动性，从而提高了整个企业的决策能力。

在网络营销的模式下，企业的经营活动打破了时间和空间的限制，出现了一种新型企业——虚拟企业。这种虚拟企业打破了企业之间、行业之间、地域之间的一切界限，把现有的资源整合成为一种超越时空、利用电子手段传输信息的经营实体。虚拟企业可以是企业中间几个要素的重新组合，也可以是不同企业之间的要素组合。虚拟企业的管理由原来的相互控制转向相互支持，由监视转向激励，由命令转向指导。随便在 IBM、HP、SUN、DELL 的网站上看一看，就会发现它们都有客户支持系统这个模块。

网络营销不仅影响了企业的内部结构，也影响了企业外部的行业结构，这主要表现在两个方面。首先，网络营销促使新的以服务为主的行业产生。一些有头脑的企业家纷纷将注意力放到网络营销上，成立以网络营销服务为主的企业和公司。例如：网络交易中心、电子商场、网络营销咨询公司、网络营销应用软件上市公司等，这些新兴行业将成为21世纪的热门行业。这些公司的人员构成表现为以下几个特点：年轻化、高素质、跨学科。他们大都是工商管理、金融财经、信息管理、计算机网络专业方面的综合人才。所以，这些公司的发展异常快速。例如在美国，由华人管理的第一家信息产业的公司上市只用了6个月的时间。它没有太多的资金投入，而是依靠知识技术和管理来吸引资金，然后利用吸取的资金再扩张。其次，网络营销使跨国管理成为现实。由于网络营销系统的创立，使得大规模的跨国组织、跨地区的商业活动成为可能。一些著名的零售商纷纷扩大营业范围和规模，组织跨地区、跨国界的商业活动，以降低成本和抢占市场份额。一些大的连锁商店如西尔斯、麦当劳、沃尔玛等都在网络上创立了自己的虚拟连锁商店，改变了传统的商业结构和布局，以适应新的管理模式。

（六）网络营销创造了无国界的国际性经营活动

作为一种先进的生产力，网络的广泛应用和快速发展，必将对聚集其中的各种不同的经济制度、文化背景、贸易模式、市场结构、生产方式和生活方式等带来强大的冲击和产生深刻的影响，并强制性地使其向市场机制快速演化或趋同。

如前所述，网络代表了一种较之于高度发达的工业时代生产力更为先进的生产力，它的革命性在于缩短了整个经济的中间环节，降低了交易成本，节约了社会资源。具体到营销机制，网络技术克服了横亘在生产者和消费者之间的时间、空间障碍，弱化了存在于两者之间的各种中间环节和渠道，是国际营销的发展方向。网络营销是具有极大经济潜力和应用价值的全新领域，是国际营销的发展趋势。可以说，能否掌握这一高效低耗、优化资源的经营方式，不仅意味着一个企业能否在网络时代立足，更意味着一个国家能否抓住信息时代赋予的机遇，扬长避短、顺势而为，跻身于世界强国的竞争之列。

三、网络营销的优势

网络营销是传统市场营销体系在网络新技术环境下的延伸和发展。这种利用网络来展开企业的营销活动，可以弥补传统营销媒体的局限，实现许多传统营销无法涉及的功能。网络营销是当代企业市场营销竞争的“第二战场”，网络营销的竞争优势可以体现在如下几个方面。

（一）功能的整合性和资料的完整性

企业利用网络来展示营销策略，在其功能的整合性和展示资料的完整性方面是任何其他宣传媒体所无法比拟的。

（二）反映经营状况的实时性和动态性

企业商务网站是动态的，它在反映企业经营状况、新报价等方面的实时性是传统媒体无法比拟的。

（三）企业经营理念的传播

利用网络媒体来传播经营理念、引导市场和公众消费趋势，是网络营销的又一大特点，而且传播范围比以往任何一种媒体都大。

（四）双向沟通和推拉互动性

双向沟通和推拉互动是网络最基本的特性。企业正好可以利用这一特性与客户、市场、联营或合作伙伴充分展开交流和沟通，拉近客户与企业之间的距离。

（五）满足个性化的信息需求

在传统环境下，由于条件所限，市场营销策略只能是针对多数人展开，无法实现针对个体客户的兴趣和爱好的营销。而在网络营销中，利用技术手段则可以针对每一个客户的需求来展开营销，以满足每个客户对产品及相关信息的特殊需求。

（六）网络品牌的永久性和网站内容的可变性

企业网络品牌的宣传效果和网站是永久性的，而网站上所展示的产品和营销策略又是动态多变的。因此，它的宣传成本比其他任何一种广告形式和宣传印刷媒体都要低。

（七）全方位、网络时空下的信息服务

这种信息服务模式不受地域、时间、空间和内容等方面的限制。任何人、在世界任何地方，只要你需要这类产品，都可以随时上网查找到你所感兴趣的信息。

四、网络营销的常用方法

根据调查，物流企业正在利用或者计划利用的营销手段有：E-mail 直邮广告、互惠链接、会员网络社区聊天、电子公告板（BBS）、免费横幅广告、收费横幅广告和多媒体式广告等。

（一）E-mail 直邮广告

E-mail 是网络最重要的应用，因为 E-mail 作为通信工具，具有巨大的传播效率。同时，E-mail 广告的点击率远远超过网页横幅广告，是未来网路行销的重要方向。E-mail 行销力量使得一对一的行销越来越重要，企业可以花更少的成本，接触、服务到更多的客户。据统计，其反馈率在5%～15%，远远高于标志广告的回应率，电子邮件营销已经受到广泛重视，甚至许多 BtoB 电子商务企业也在利用电子邮件营销手段。

电子邮件营销不是随意向潜在客户发送产品信息，而是基于事先征得用户许可的“软营销”方式，所以也常称为许可 E-mail 营销。其基本思路是：通过为客户提供某些有价值的信息，如时事新闻、最新产品信息、免费报告以及其他为客户定制的个性化服务内容，吸引客户参与，从而收集客户的电子邮件地址（邮件列表），在发送定制信息的同时对自己的网站、产品或服务进行宣传，在本公司没有条件实施邮件列表的情况下，也可以通过向第三方购买电子邮件地址、与第三方合作等方式开展电子邮件营销，或者委托专业的电子邮件营销服务公司。

从营销的手段、提供服务的内容和与客户的关系等方面综合分析，许可 E-mail 营销有下列 8 种主要模式：客户关系 E-mail、企业新闻邮件、提醒服务或定制提醒计划、许可邮件列表、赞助新闻邮件、赞助讨论列表、鼓动性营销、伙伴联合营销。

（二）互惠链接

互惠链接是一种增加网站曝光机会从而提高访问量的一种有效方式，而且交换链接数量的多少也是搜索引擎决定你的网站排名的一项参数，因此，交换链接被认为是网络营销的一项重要手段，也是评价网络营销效果的一项标准。

实现交换链接的方法是寻找与自己的网站具有互补性、相关性或者潜在客户的站点，并向它们提出与你的站点进行交互链接的要求，在自己的网站上为合作伙伴的站点设立链接。链接通常有图片链接及文本链接两种形式。由于文本链接占用字节少且不影响网页整体效果，因而被广泛采用。

互惠链接还可以增加你的网站“质量”。因为一个网站不可能大而全，但为了给用户提供“完整”的方案，解决的一个办法就是建立互惠链接，这也是被业界证明的。你的网站应该有你自己的特色，有自己的核心业务，外延部分应该外包出去，可以“交给”互惠链接。在选择链接对象时应该有一定的标准，因为建立友情链接不仅仅是为了增加访问量，还应对你的网站内容起补充的作用，以便更好地服务你的用户。如果你链接了大量低水平的网站，则会降低访问者对你的网站的信任，甚至失去潜在客户。

（三）会员网络社区聊天

社区是指单位或个人因某一目的，按一定的组织规则形成的一定区域性的社会团体。社区有其社会功能和文化意义，同时还强调地理范围的限制。但网络社区更着重强调的是其作用和组织规则，而没有区域的限制。网络社区是指由具有下述特征的单位或个人在网络上组成的团体：相同的兴趣，经常相互交流，互惠互利，这个团体能给每个成员以安全感和身份意识。网络社区是网上特有的一种虚拟社会，其中论坛和聊天室是最主要的两种表现形式，在网络营销中有着独到的应用。网络社区营销是网络营销区别于传统营销的重要表现，可以增进与访问者或客户之间的关系，有利于建立主持人的专家形象，还有可能直接促进网上销售。可以与访问者直接沟通，容易得到访问者的信任，可以了解客户对产品或服务的意见，访问者很可能通过和你的交流而成为真正的客户，因为人们更愿意从了解的商店或公司购买产品。为参加讨论或聊天，人们愿意重复访问你的网站，因为那里是和他志趣相投者聚会的场所，除了相互介绍各自的观点之外，一些有争议的问题也可以在此进行讨论。通过在线回答访问者提出的问题，可以建立主持人的专家形象，增加客户对公司的信任。可以利用聊天室开设免费在线讲座或实时问题解答，对于增加网站访问量有着独到的作用。如果充分利用论坛和聊天室的功能，主动、热情地邀请访问者或会员参与调查，无论是进行市场调研，还是对某些热点问题进行调查，在线调查都是一种高效廉价的手段。

（四）电子公告板（BBS）

通过BBS吸引客户：企业商务Web Site（网站）中开设BBS（电子公告板）的主要目的是吸引客户了解市场动向和引导消费市场。为实现这些目的，企业商务Web Site的BBS常常以如下方式出现：①开办热门话题论坛以一些热门话题，甚至是极端话题引起公众兴趣，引导和刺激消费市场的发展；②开办网上俱乐部（或沙龙）。例如，汽车及配件行业的车迷俱乐部，电器行业的发烧友俱乐部，体育用品的行业球迷俱乐部，计算机行业的电脑天地俱乐部，一般产品行业的产品用户俱乐部等。通过俱乐部稳定原有的客户群，吸引新的客户群。通过对公众话题和兴趣的分析，把握市场需求动向，启发灵感，开发出适销对路的新产品和新服务。

对于网络营销来说，企业开办网上论坛和俱乐部（或称沙龙）的关键是设立主持人。主持人的主要任务是：既要挑起公众的兴趣，又要实现辅助企业经营、促进营销和分析市场的商业目的；设立及时汇总和归纳公众所关心问题的数据库和分析系统；启发思路、把握市场和消费趋势。

（五）免费横幅广告与收费横幅广告

横幅广告，也叫Banner广告，可以通过广告画面或广告语向浏览者传递某种信息，或者引导浏览者与商家进行深度接触，实现交互。在网上可选择不同页面的显著位置放置横幅广告。横幅广告有免费横幅广告与收费横幅广告之分。

（六）多媒体格式广告

多媒体格式广告包括：Macromedia Flash，Shockwave等，具有如下特点：

1. 广告投放更具针对性，宣传效果更佳。

2. 可以利用各种多媒体手段。

3. 无限的扩展空间。

4. 更多的传播途径，更快捷的传播效率。

5. 更高、更广泛的交互性能。

五、网络营销的商务模式

（一）网络营销的层次

网络营销的层次主要有以下几层：企业上网宣传、网上市场调研、网络分销联系、网上直接销售、网络营销集成和创意营销等。

1. 企业上网宣传

企业网上宣传是网络营销的第一层次，也是网络营销最基本的应用方式。企业上网目前主要有以下两种方式。①企业将自己的网页放置在一些有影响、有知名度的网站下，从而加入 Internet；②企业自己投资购置服务器及网络设备，通过专线接入 Internet。

企业在网上可以向外宣传企业的概况、产品、服务、新闻以及企业文化等方面的内容。企业在网下也要大力宣传其网址，企业的网址是企业最大的品牌。企业可以在公共场合通过媒体、印刷品、产品附件、有纪念意义的小礼品等手段；还可以在企业进行对外联络时，向人们宣传企业的网址。

2. 网上市场调研

网上市场调研是网络营销的第二层次，是企业开展市场营销的重要内容。网上消费者构成了网上市场，所以也可以依据地理环境变量、人口统计变量、心理变量、行为变量细分网上市场。

3. 网络分销联系

网络分销联系是网络营销的第三层次。把网站作为一个分销渠道，其目的是为了销售。网络分销有助于企业加强与客户交流，实时调整市场策略，及时获取有关信息。

4. 网上直接销售

网上直接销售是网络营销的第四层次，也是能直接得到收益的最好方法。它是一种高效率、低成本的市场交易方式，代表了一种全新的经营模式。

5. 网络营销集成和创意营销

网络营销集成和创意营销是网络营销的第五层次，是对 Internet 的综合应用。网络营销集成是指企业在 Internet 环境下，依靠网络与原材料供应商、制造商、客户建立密切关系，通过网络搜集、传递信息；根据消费需求，利用网络伙伴的生产能力，实现产品设计、制造及销售服务的全过程。创意营销则是指企业别出心裁地想出各种办法来吸引客户。

（二）网络营销的基本流转程式

1. 网络营销的交易过程

网络营销的交易过程大致有三个阶段，即交易前、交易中和交易后。

（1）交易前。主要指买卖双方和参与交易各方在签约前的准备活动，包括在各种商务网络和 Internet 上寻找交易机会。卖方将产品目录、报价、配置、模拟演示或操作、问答、电子营销、订单、技术讨论等内容公布在网站上，并通过设立客户服务中心，全面完成客户管理、售后服务、客户意见、呼叫中心工作，建立电子渠道实现与合作伙伴的计划、统计等工作；买方将根据自己要购买的商品，准备购货款，制订、修改、确定、审核购货计划，寻找满意的商品和商家。其他参与交易各方，如银行、海关、商检、保险、税务、运输等也都应为网络营销交易做好准备。

（2）交易中。包括交易谈判和签订合同及办理交易进行前的手续等。通过网上谈判，以电子文件形式签订电子贸易合同。同时要办理买卖双方在签订合同后到开始履行之前的各种手续。

（3）交易后。买卖双方履行合同，并按照合同的要求进行各种活动。如卖方备货、组货、发货；买方按照合同规定到指定的时间、地点提取自己所购的商品，并验收是否合格；金融机构按照合同，处理双方收付款、进行结算，出具相应的银行单据等。所有过程无异，则交易过程完成。

2. 网络营销的基本流转程式

对于 Internet 商业来说，网络营销的基本流转程式有网络商品直销的流转程式和网络商品中介交易的流转程式。

（1）网络商品直销的流转程式。

网络商品直销是指消费者和生产者，或者是需求方和供应方直接利用网

络形式开展的买卖活动。它具有直接见面、环节少、速度快、费用低的特点。其过程为:

①打开计算机并进入 Internet 中的浏览器，查看企业和商家的网页内容。

②客户通过购物对话框填写购物信息。

③客户选择支付方式，或信用卡或电子货币或其他形式。

④企业或商家的商务服务器根据客户的要求分别到商务数据库中提取商品信息，到订单数据库提取订单信息，在确认付款后，由库存和财务系统通知交货系统，将货物送到客户手中。

⑤客户的开户银行将支付款项传送到客户的信用卡公司或银行，由信用卡处理系统负责给客户收费单或银行对账单。

(2) 网络商品中介交易的流转程式。

网络商品中介交易是通过网络商品交易中心，即虚拟网络市场进行的商品交易。其交易过程为:

①客户和企业或商家将各自的供应和需求信息通过网络告诉给网络商品交易中心，网络商品交易中心接收买卖双方的信息后将向参与者提供大量详细的交易数据和市场信息。

②客户和企业或商家根据网络商品交易中心提供的信息，选择自己的贸易伙伴，网络商品交易中心从中撮合，促使买卖双方签订合同。

③客户在网络商品交易中心规定的银行办理转账付款手续。

④网络商品交易中心在各地的配送部门将企业或商家货物送给客户。

第二节 网络营销的基本技术

一、Web 营销技术

Web 是 World Wide Web 的缩写，也可简称为 WWW 或 3W，中文译作万维网，又称全球信息网、环球网、世界网等。它是建立在客户/服务器模型之上的，以 HTML 语言和 HTTP 协议为基础，能够提供面向各种 Internet 服务的、一致的用户界面的信息浏览系统。现在，Web 营销技术已成为一门新兴的多学科渗透的市场营销技术。

（一）浏览经贸信息网和电子公告版

经常到一些经贸信息网和电子公告版去看看，说不定会发现潜在的客户，可以根据需求信息中的联系方法，主动向潜在客户介绍你的产品或服务。如阿里巴巴抓住商人关心的买和卖这个焦点，让商人把要求采购及要销售的商品信息免费贴到阿里巴巴的网站上，这样依靠商人间的口碑相传，阿里巴巴的影响与日俱增。

（二）利用其他网站的链接进行网站推广

获得其他网站的链接是网站推广的重要内容，伙伴性网站链接的作用主要表现在几个方面：获得访问量、增加用户浏览时的印象、在搜索引擎排名中增加优势。另外，一个高质量的链接相当于获得了一个网站的推荐，可以增加访问者的可信度。搜索引擎策略包括：继续在那些采用蜘蛛技术且免费的搜索引擎登录；同时，继续采用传统的方式优化网页设计，比如构造合理的关键词、充分利用 META 标签对搜索引擎的作用，甚至设计专门针对搜索引擎的入门页面等基本手段。可以先做个简单测试，在某个搜索引擎付费登记后，评价一下是否为自己的网站带来了访问量和销售，由此获得的收益是否可以大于付出的费用，然后才决定是否进一步在多个搜索引擎注册。考虑在哪些按点击付费的搜索引擎登记，避免由于用户点击太少而蒙受损失。提供这种收费方式的网站有 goto. com 等。goto. com 还可以针对不同的服务内容制定不同的收费标准。

（三）吸引用户

吸引用户这是 Web 市场营销的重要问题。客户与企业远隔万里，既不能谋面，也不能实地考察，企业要想吸引用户访问自己的主页，并保持以后继续访问站点，就应该注意让每个用户每次访问页面时都能够获得新内容。要充分利用网页图文并茂的特点，将公司全方位地展示给客户。在构造信息空间时，要严格遵循全面、客观、真实的原则，不粉饰、不夸张，努力塑造诚信的企业形象。提供必要的工具或资源，如在页面中提供现存的数据库、

Web 链接、搜索引擎工具等的超级链接，以方便访问者。让访问者感到站点个性化的风格，提供包括竞赛、奖品、商业会议或贸易展出等的最新消息和资源。对客户的电子邮件咨询要作出快速反应，对所有问题给予翔实的答案。如果将一些细微的工作全部落到实处，就能够打消客户的很多疑虑，获得最大程度的信任。

（四）功能集成

将 Web 与其他 Internet 行为进行结合，以吸引 Internet 上的用户。如通过讨论表，为网上用户提供就专门主题进行交流的方法，让自己页面加入某个讨论组，能吸引更多的 Internet 用户访问自己的站点；又如参加新闻组，以吸引客户访问本企业，如果新闻组的章程允许，企业还能提交、发布产品信息；再如，充分利用电子邮件。许多商业机构的页面包括一个自动邮件回复功能，能够自己自动地向问询者回复信息，回复信息时，可以同时附带上自己站点的 URL 及所从事的工作信息，以及用户期望的广告等内容。

二、EDI 和 EC

（一）EDI（电子数据交换）

随着网络技术的发展，EDI（Electronic Data Interchange，电子数据交换）逐步出现在一些企业的 MIS（管理信息系统）之间。EDI 是一种直接应用的商业报文传递方式，它建立了一套完全标准化的商业报文格式，并通过使用专用增值网（VAN），在不需要人工干预的情况下，从企业内部的计算机应用系统（如 MIS）中直接自动产生所需报文，并交换到相应的贸易伙伴。通过简化商业过程，EDI 能够帮助企业通过缩短供应链、压缩库存和减少各个环节的人工来控制成本、提高效率，通过减少延迟和错误提高企业生产质量和服务水平。EDI 系统由数据标准化、EDI 软件及硬件、通信网络三要素组成。下图所示为物流 EDI 的框架结构。

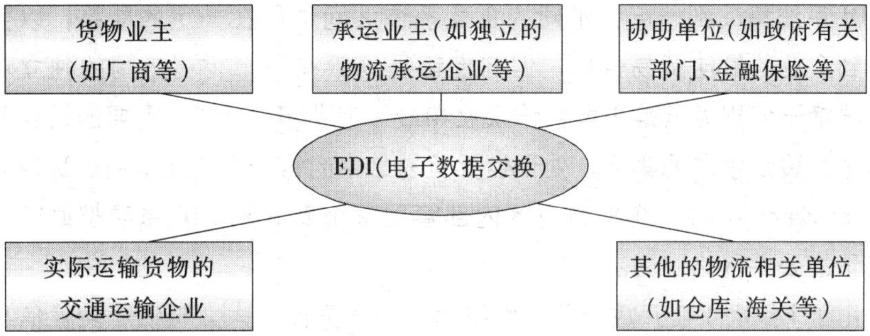

物流 EDI 的框架结构示意图

EDI 的运用使得企业与企业之间不再是相互独立的了，而是通过网络连接在一起，企业内部的应用系统直接与其贸易伙伴的应用系统连接在一起。在 EDI 技术下，一种新的企业模式是虚拟联盟，其中包括企业与更加广泛的合作伙伴（如供应商、分销商）之间的联盟，企业与相关金融机构（如买卖双方银行）之间的联盟以及行业和政府（如海关等）之间的联盟。在这些联盟中，所有的成员为共同利益而进行的信息交换和共享带来了更好的效率、适应性和对市场需求的反应能力。这种联盟模式要求一种深层的集成，如其中一个组织的设计活动可能会与另一个组织的生产活动联系在一起。

（二）EC

EC（电子商务）是一种通过网络技术应用，快速而有效地进行各种商业行为的新技术。包括在 Internet 上进行交易、利用 Internet、Intranet 和局域网来解决问题、降低成本、增加价值等创造新的商机的所有商务活动，涉及销售、市场运作以及信息管理的各个方面。它比 EDI 更具广泛的意义，生产、推销、广告、洽谈、成交、支付、税收等一切过程都集中在一个完善的 EC 系统之中。

EC 将精力集中在三个方面：基础设施服务，包括网络集成、安全和目录服务；应用集成，包括企业资源计划和已有软件；基于 Web 的企业应用重组。其目的在于为企业实现端到端的解决方案。在 EDI 阶段，企业 MIS

与EDI系统集成到一起，不同的企业系统之间也存在一定的联系，以实现企业到企业的最佳贸易合作。但它们都是局限在一个相当范围的独立环境中，隔绝于外界尤其是小型合作企业和最终消费者。而EC需要的是全部贸易角色、贸易手段的集合，处于世界贸易之中的每一个企业都应是环球企业（Global Enterprise），企业原有的内部管理系统MIS和EDI系统都必须集成到全球的公共网络中去。

由于EC建立在开放的公共网络之上，一方面，大大降低了企业信息处理成本，进一步促进了即时生产（JIT）策略，大大压缩了供应链的供应商管理库存（VMI）；同时，使得一些小规模的企业可以方便地加入到大企业的贸易联盟中，从而进一步扩大了企业的合作范围。同时，企业在开放的公共网络上可以与最终消费者进行直接的对话。一方面，客户通过访问企业主页了解企业贸易状况，与企业进行信息交流或直接进行交易；另一方面，企业可以通过快速反应和为不同客户定制不同风格的浏览内容，更好地满足或引导客户需求。

不同的物流企业其电子商务的内容是不同的。一般而言，物流企业的电子商务包括仓储管理、运输管理、运作管理、客户管理、成本管理、质量管理等。主要功能模块有：

1. 网上订单管理模块。允许客户通过远程网络下订单，同时也支持客户从自己的管理系统（如ERP系统）中生产订单，然后通过EDI发送到本系统，再由本系统自动完成订单录入，以便减少录入次数，提高效率。

2. 网上查询管理模块。包括实时库存查询（如客户对自己的货物的数量、存放的仓位以及保存的条件实时查询）、货物运输查询（如客户对自己货物在运输途中的状态进行查询：运输车辆、目前所在位置、预计到达时间等）、实时费用查询（客户对其需要支付的费用项目、费用清单、技术方法等查询）、原件查询（如合同、入库单、出库单、派车单、提货单的查询）。

3. 客户服务管理模块。对客户提出的物流服务要求进行管理，包括服务方式、业务流程方式、服务态度和服务质量建议或投诉等进行管理，以便了解客户对服务运作体系的评价。

4. 仓储管理模块。采用条码技术、射频技术等对物品的入库、出库、移动、盘点等操作进行全面的控制和管理。

5. 运输管理模块。采用各种先进的技术对运输工具进行实时跟踪和动态调配。

6. 调度管理模块。根据客户订单、付款或预付款的情况和仓储、配送、流通加工与运输需求，制订仓储、配送、流通加工与运输调度计划。

7. 结算管理模块。利用管理信息系统和计算机处理能力，对各种费用进行结算。

8. 数据交换模块。利用 EDI 电子数据转换功能和 XML 技术，实现物流系统与客户或客户与客户的 ERP 系统的连接，使物流企业与客户之间实现信息分享。

三、虚拟主机

虚拟主机（Virtual Host）就是在一台物理服务器上运行多个站点，每个站点都有为 http、ftp、E-mail 等各种常见的服务，且运行相互独立，就像各自运行在单独的物理服务器上。这是一种廉价的方式，它大大降低了建立 Web 站点所需的软硬件和线路成本以及维护费用，是 Internet 常见的一种建站方式。目前，互联网上的绝大多数站点都是运行在虚拟主机上。虚拟主机提供商的工作就是为虚拟主机用户提供运行其站点的相关软硬件环境和网络资源。租用虚拟主机的用户将自己的信息做成网页存放入虚拟主机的硬盘中，其他用户只需在机器的地址栏内键入该用户的独立网址，就能够看到该用户的相应信息。

采用虚拟主机的企业所提供的服务一般包括：国内、国际域名注册；服务器出租；集团电子信箱；制作、维护主页；协助在搜索引擎上注册，在主页中提供链接。长期以来，服务商创造了许多虚拟主机站点和管理方式，主要包括完全托管、给用户管理权限、网页传递三种。

（一）完全托管

完全托管即虚拟主机用户将自己站点全权付给虚拟主机服务商管理，从主页制作、程序设计、日常更新和维护，都依靠虚拟主机服务商完成，客户只负责提出创意和提供某些文字材料，没有管理上的技术问题，但这种方式一般收费较高。如 Exodus Communications 就是一家专门通过网络替企业管理网站的公司。该公司目前开展了许多托管服务，是从网络上收获最大的公司之一。不仅大型企业需要托管服务，小型企业也需要。对于一家小型企业，不知道如何构建一个局域网，也付不起昂贵的工资聘请一位专职的 IT 经理，当然可以采用外购的方式来加以解决。每位用户只需每月缴纳一定的费用，网站管理公司就会提供事先配置好的 PC 和服务器（包括软件），然后，通过远距离遥控方式对这些设备进行管理，并解决使用中遇到的问题。经济学上认为，托管服务可以使人力资源达到最佳配置，当然可以帮助企业减少开支。前提是数据安全问题必须解决，这样企业才能认可。

（二）给用户管理权限

给用户管理权限，就是虚拟主机服务商用户创建虚拟主机后，给予用户一定的管理权限，让用户尽可能地自主管理自己的站点，服务商主要为客户提供技术支持和咨询服务。在这种方式中，用户可以自主设计主页，编制交互性程序，控制本域名下的电子邮件。这些工作一般来讲可以通过 ftp、telnet等 Internet 上的传统方式来完成，其价格也大大低于完全托管方式。

（三）网页传递

网页传递是一种新型的虚拟主机管理方式，它是功能高度集中的、全面的、基于 Web 的虚拟主机管理。也就是说，虚拟主机服务商将与虚拟主机相关的各项控制功能尽可能地通过网页的方式传递给用户，用户只需要浏览相关的网页，就可以适时地、随意地配置自己站点的各项功能，而不用通过管理虚拟主机的系统管理员来完成这些工作。在这种方式中，用户只要借助于鼠标的图形化操作，不需要操作者具备与邮件服务器设置相关的任何专业知识，就能为自己的站点增加、删除邮箱用户，限制邮箱大小，为邮箱设置邮件自动回复、自动转发以及邮件过滤功能，甚至可以经营自己的邮件列表，从事与站点宣传相关的活动。正是这种易用性，使得这种方式受到虚拟主机服务商和用户的欢迎。

四、网络数据库营销

网络数据库营销（Internet Database Marketing）是一种交互式营销处理

方法。它通过独特的可记载营销媒体和营销渠道（主要是互联网络，同时还包括电话和销售人员），将公司的目标客户、潜在客户的资料，以及进行的交流沟通和商业往来信息存储在计算机的数据库中，对客户提供更多的及时服务，发现客户新的潜在需求，加强与客户的紧密关系，帮助公司改进营销方法和营销策略，使公司能系统了解市场和把握市场，更好满足市场需求。网络数据库营销是从传统的数据库营销发展而来的，营销渠道更多的是依赖互联网络，而不是传统的通信手段和销售人员；网络数据库营销更具效率性和交互性，同时提供的服务和信息交流可以跨越时空限制。

网络数据库营销首先要将每个客户的有关信息资料存放到大型的数据库中（称为数据仓库），通过现代数据挖掘技术分析数据，了解客户的消费特点，有针对性地为客户提供个性化产品和专业性服务，最大限度地满足客户需求。实施网络数据库营销的技术基础是设计和建立网络数据库营销信息系统。该系统应包括以下几个组成部分：①计算机网络，可以连接到互联网络；②网络数据库系统软件；③大型数据库（数据仓库）；④营销信息数据统计、分析等处理软件包；⑤用户，包括专业信息处理员、公司内部员工、公司的客户以及公司的供应商。

五、病毒性营销

病毒性营销是通过用户的口碑宣传网络，信息像病毒一样传播和扩散，利用快速复制的方式传向数以千计、数以百万计的受众。病毒性营销已经成为网络营销最为独特的手段，被越来越多的网站成功利用。

（一）病毒性营销的基本程序

病毒性营销的手段其实并不复杂，下面是它的基本程序。

1. 提供免费 E-mail 地址和服务。

2. 在每一封免费发出的信息底部附加一个简单标签如："Get your private free E-mail at http//www. hotmail. com"。

3. 人们利用免费 E-mail 向朋友或同事发送信息。

4. 接收邮件的人将看到邮件底部的信息。

5. 这些人会加入使用免费 E-mail 服务的行列。

6. Hotmail 提供免费 E-mail 的信息将在更大的范围扩散。

（二）病毒性营销战略的基本要素

一个有效的病毒性营销战略归纳为 6 项基本要素。当然，一个病毒性营销战略不一定要包含所有要素，但是，包含的要素越多，营销效果就可能越好。

1. 提供有价值的产品或服务。
2. 提供无须努力就能向他人传递信息的方式。
3. 信息传递范围很容易从小向很大规模扩散。
4. 利用公共的积极性和行为。
5. 利用现有的通信网路。
6. 利用别人的资源。

第三节　网络营销策略

一、网页策略

在互联网上设立网站是企业进行网络营销的基础。在网络市场空间，企业的网站即代表着企业自身的形象。企业要想成功地开展网络营销，应着重做好以下几点工作。

（一）注册一个优良的网址并加强网址宣传

在网络空间上，网址是企业最重要的标志，已成为一种企业资源。网址的名称应简单、鲜明、易记，通常为企业的品牌或名称，如中国物流网（www. cn56. net）、物流资源网（http：//www. 56source. com/）。

（二）精心策划网站结构

网站结构设计应做到结构简单，通过建立较为便捷的路径索引来方便访问。结构模式应做到内容全面，尽量涵盖用户普遍需求的信息量。

（三）网站维护

企业建立网站是一项长期的工作，它不仅包括网站创意和网站的开通，更包括网站的维护，如网上及时更新产品服务目录、价格等时效性较强的信息，以便更好地把握市场行情。而且，较之传统印刷资料，其更为方便、快捷，成本低廉。网站的维护也能集中反映企业的营销个性和策略，最终都表现为向客户提供更满意的服务。

二、产品策略

传统市场营销讲究的是根据客户的需求来开发产品或服务，网上营销却不一样。网上营销的关键在于找出适合的产品或服务。产品策略主要包括：

（一）确定合适的产品

企业可以通过分析网上的客户总体特征来确定最适合在网上销售的产品和提供的服务。统计资料表明，在购买决策前无须观察或尝试的产品或服务，就适合于网上营销，例如飞机票、电影票、各类书籍以及进行货物运输的电子订舱、网上提单的查询与下载等；知识产权通常比有形产品更适合在网络上营销；无形服务（能通过 Internet 提供服务）也比有形服务（公司必须派员现场提供服务）更易于在网上营销；高技术的产品或服务更易于在网上进行营销。例如，网上是移动电话等产品的理想销售渠道。

（二）产品的市场涵盖面要广

目前世界上绝大多数国家和地区开通了互联网，市场涵盖面较为宽广，可以大大提高交易机会，为企业赢得更多的利润。

（三）提供个性化的产品

企业应利用网络上与客户直接交流的机会为客户提供定制化产品服务，同时企业应及时了解客户对企业产品的评价，以便改进和加快新产品研究与开发。另外，企业在开展网络营销的同时，可以降低创新风险，减少开发费用。

三、价格策略

价格是网络营销中最为复杂和困难的问题之一，因为价格对于企业、客户乃至中间商来说都是最为敏感的话题。网上销售可以使得单个客户可以同时得到某种产品的多个甚至全部厂家的价格以作出购买决策，这就决定了网上销售的价格弹性较大。因此，物流企业在制定网上服务价格时，应充分考虑检查各个环节的价格构成，以期定出最合理的价格。

第一，由于网上价格随时会受到同行业竞争的冲击，所以企业可以开发一个自动调价系统，根据季节变动、市场供需情况、竞争产品价格变动、促销活动等因素，在计算最大盈利基础上对实际价格进行调整，同时还可以开展市场调查，以及时获得有关信息来对价格进行调整。

第二，开发智慧型议价系统与客户直接在网上协商价格，即两种立场（成本和价格）的价格策略直接对话，充分体现网络营销的整体特点。

第三，考虑到网上价格具有公开化的特点，客户很容易全面掌握同类产品的不同价格，为了避免盲目的价格竞争，企业可开诚布公地在价格目录上向客户介绍本企业价格制定程序，并可将本产品性能价格指数与其他同类产品性能价格指数在网上进行比较，促使客户作出购买决策。

四、渠道策略

网络将企业和客户连在一起，给企业提供了一种全新的销售渠道。这种新渠道不仅简化了传统营销中的多种渠道的构成，而且集销售，售前、售后服务，商品与客户资料查寻于一体，因此具有很大的优势。企业在应用过程中应不断完善这种渠道，以吸引更多的客户。

第一，结合相关产业的公司，共同在网络上设点销售系列产品或提供系列服务。采用这种方式可增加客户的上网意愿和消费动机，同时也为客户提供了较大的便利，增加了渠道吸引力。例如，计算机生产商同软件商、网络服务商等联合进行促销和销售。

第二，在企业网站上设立虚拟橱窗，通过三维多媒体设计，形成网上优良的营销环境。虚拟橱窗可24小时营业，服务全球客户，并可设虚拟网上导购员回答专业性问题，这一优势是一般商店所不能比拟的。

第三，客户在决定购买后，可直接利用电子邮件进行网上购物，也可通过划拨电汇付款，由企业通过邮局邮寄或送货上门进行货物交割。

第四，与客户建立伙伴关系。例如，邮政速递公司可利用互联网技术使客户能跟踪其邮件，只要客户在公司的 Web 网站上输入邮件送货单编号，就能跟踪到他的邮件运送情况，并能显示出邮件是否运抵目的地、运抵时间及签收人姓名。

五、促销策略

网络促销的出发点是利用网络特征，实现与客户沟通。这种沟通方式不是传统营销中“推”的方式，而是“拉”的方式，这一特色是发掘潜在客户的最佳途径。

第一，网络广告是目前较为普遍的促销方式。网络的强大功能几乎囊括了所有的媒体广告的优势。企业在做广告策划时，应充分发挥网络的多媒体声光功能、三维动画等特性，诱导客户作出购买决策，并达到尽可能地开发潜在市场的目标。

第二，利用网络聊天的功能开展客户联谊活动或在线产品展销和推广活动。这是一种调动客户情感因素，促进情感消费的方式。在这方面成功的典型是在线书店 Amazon，在网站下开设聊天区以吸引读者，使其年销售额达到 34% 的递增，其中有 44% 是回头客，早在 1996 年其销售额就突破了 1700 万美元，充分展示了网上促销的魅力。有关产品或服务方面的问题，客户可直接向厂商咨询；厂商可以在网上用文字、图片、录像进行解释，使客户一目了然，省去许多麻烦。为了赢得客户的信任，不妨附上公司办公地点的照片。为了更贴近客户，还可以加上公司管理人员的照片。

第三，与非竞争性的厂商进行线上促销联盟，通过相互线上资料库联网，增加与潜在客户接触的机会。这样一方面不会使本企业产品受到冲击，另一方面又拓宽了产品的服务层面。例如，汽车租赁公司、金融机构和保险机构可以通过 Internet 联系，客户可以在 Internet 挑选想租的汽车，由金融机构为其提供信用担保，同时保险公司提供保险服务，客户完成整个过程只需要几分钟。

第四，将网络文化与产品广告相融合，借助网络文化的特点来吸引客户。如将产品广告融于网络游戏中，使网络使用者在潜移默化中接受了促销活动；通过组建用户俱乐部可吸引大批的网友来交流意见，也可以实现网络文化传播的作用。

【小资料】

2000 年以来中国网络营销八大关注方面

(1) 网络营销和电子商务概念逐渐清晰

(2) 网络企业开始关注网络营销

(3) 网络广告形式多样化

(4) 搜索引擎的变革

(5) 垃圾邮件管理办法出台

(6) E-mail 营销受重视

(7) 会员制营销浮出水面

(8) CRM 概念热起来

第四节 网络营销管理

一、网站建设

(一) 网站建设规划

一个专业的网站必须建立在合理的网站规划之下，网站规划是网站建设的基础和指导纲领，它决定一个网站的发展方向，同时对网站推广也具有指导意义。根据不同的需要和侧重点，网站的功能和内容会有一定差别，但网站规划应该包括下列 9 个方面的内容。

1. 建立网站的目的。这是网站规划中的核心问题，需要非常明确和具体。建立网站的目的也就是一个网站的目标定位问题，网站的功能和内容以及各种网站推广策略都是为了实现网站的预期目的。

2. 域名和网站名称。一个好的域名对网络营销的成功具有重要意义。网站名称同域名一样具有重要意义，域名和网站名称应该在网站规划阶段就作为重要内容来考虑。

3. 网站的主要功能。网站的功能是为用户提供服务的基本表现形式。一般来说，一个网站有几个主要的功能模块，这些模块体现了一个网站的核心价值。通常，一个完善的商业网站应具备网络营销的基本功能：品牌形象、产品服务展示、信息发布、客户服务、客户关系、网上调查、网上联盟和网上销售。如一个以海运为主的物流公司的网站建设，最基本的就要包括信息的发布与反馈、业务系统的在线服务等方面的内容。如新闻发布、船期表、客户投诉、意见反馈、电子订舱、实时查询（包括船舶、集装箱规范查询，运价查询，电子订舱，网上提单查询、下载，发票账单查询、下载，货物实时跟踪等）。

4. 网站技术解决方案。根据网站的功能，确定网站技术解决方案和实现手段，包括服务器选择、操作系统、相关程序开发等。

5. 网站内容规划。不同类别的网站，在内容方面的差别很大。因此，网站内容规划没有固定的格式，需根据不同的网站类型来制定。

6. 网站测试和发布。在网站设计完成之后，应该进行一系列的测试，当一切测试正常之后，才能正式发布。

7. 网站推广。网站推广活动一般发生在网站正式发布之后，但在网站规划阶段就应该对将来的推广活动有明确的认识和计划，以便在网站建设过程中作出相应的配合。

8. 网站维护。网站发布之后，还要定期进行维护，如服务器及相关软硬件维护、网站内容的更新、调整等。

9. 网站财务预算。网站建设和推广在很大程度上受到财务预算的制约，所有的规划都只能在财务许可的范围之内，因此不应忽视财务预算。

制订合理的网站规划并建设功能完善的企业网站，是有效地开展网络营销的基础。因此应该在网站规划和建设阶段就将未来可能采用的营销手段融合进来，而不要等待网站建成之后才考虑怎么去做营销。网站的主要意义就在于树立网络营销的全局观念，将每一个环节都与网络营销目标结合起来，增强针对性，避免盲目性。

（二）网站的基本内容

1. 产品目录。提供企业的产品目录，方便客户在网上查看。产品目录可采用分层显示的方法列出。

2. 客户服务。提供客户服务和技术帮助信息。

3. 产品价格。提供客户所关心的产品价格信息。

4. 网上订购。可以针对相关产品为用户设计一个简单的网上订购程序。

5. 市场调研。通过提供多种在线调查表格，搜集客户对产品、服务的评价、建议等信息，建立市场信息数据库。

6. 售后服务。应尽可能介绍质量保证条款、售后服务措施以及各地的服务联系方式。

7. 企业新闻。新闻的内容可包括产品上市、展销会计划、企业发生的事件以及管理和营销上发生的一些变化。

8. 企业概况。包括企业背景、主要业绩、组织架构等。

9. 联系信息。包括企业地址、电话传真、邮政编码、E-mail 地址以及下属机构和部门的联系方式。

10. 辅助信息。可以是本企业的、合作伙伴的或客户的一些相关新闻和趣事等。

（三）网站的主要形式

尽管每个企业网站规模不同，表现形式各有特色，但从经营的实质上来说，不外乎信息发布型、网上销售型、综合电子商务型这三种基本形式。

1. 信息发布型。信息发布型属于初级形态的企业网站，不需要太复杂的技术，只是将网站作为一种信息载体，主要功能定位于企业信息发布，包括公司新闻、产品信息、采购信息等用户、销售商和供应商所关心的内容，多用于品牌推广以及沟通，网站本身并不具备完善的网上订单跟踪处理功能。其实，这些内容也是所有网站所必须的基本内容，即使是一个功能完善的电子商务网站，一般也离不开这些基本信息。这种类型的网站由于建设和维护比较简单，资金投入也很少，初步解决了企业上网的需要，因此，是中小企业网站的主流形式。即使对于一些大型网站，在企业现代化进程中也并非都一步到位，在真正开展电子商务之前，网站的内容通常也是以信息发布为主。因此，这类网站具有广泛的代表性。

2. 网上销售型。企业网站在发布企业产品信息的基础上，增加网上接受订单和支付的功能，就具备了网上销售的条件。网上销售型企业网站的价值在于企业基于网站直接面向用户提供产品销售或服务，改变传统的分销渠道，减少中间流通环节，从而降低总成本，增强竞争力，通常适用于消费类产品或办公用品等。网上直销是企业开展电子商务的一种方式，但并不是每个企业都可以做到这一点，也不一定适合所有类型的企业。首创了具有革命性“在线订购模式”的戴尔计算机公司在1994年就建立了自己的企业网站 www. dell. com，并在1996年加入了电子商务功能，现在该网站包括80个国家的站点，到2001年中期每季度有超过4000万人浏览，通过网站的销售额占公司总收益的40%~50%。

3. 综合性电子商务型。网上销售是企业销售方式的电子化，但还远不是企业电子商务的全部内容。企业网站的高级形态，不仅仅将企业信息发布到互联网上，也不仅仅是用来销售公司的产品，而是集成了包括供应链管理在内的整个企业流程一体化的信息处理系统。如中远集团拥有的“5156. com. cn”电子商务网站，将“网上仓库管理信息系统”、“网上汽运调度信息系统”和“网上订舱信息系统”进行有效整合，形成了统一的物流操作信息平台。

二、网上调查

与传统的营销调研相比，网络市场调研的优势主要表现为：

（一）互动性

这种互动不仅表现在客户对现有产品的意见和建议，更表现在客户对尚处于概念阶段产品的参与，这种参与将能够使企业更好地了解市场的需求，而且可以洞察市场的潜在需求。

（二）及时性

网络调研传输速度快，一方面使调研的信息快速传递到用户，另一方面用户向调研者的信息传递速度也加快了，这就保证了市场调研的及时性。

（三）便捷性和经济性

网络调研无论是对调查者还是被调查者，其便捷性都是非常明显的，调研者只要在其站点上发布其调查问卷，而且在整个调查过程中，调研者还可以对问卷进行及时修改和补充。同时，对于反馈的数据，调查者也可快速便捷地进行整理和分析，使反馈的数据可以直接形成数据库。这种方便性和快捷性又大大地降低了市场调研的人力和物力成本。网上调查内容与传统的调查内容是相同的，涉及市场、商品、客户、竞争对手以及 SWOT 分析方面。如对竞争对手的调查可通过直接访问竞争者网页，了解它的新产品、价格、服务等信息；也可通过阅读与竞争者有关的新闻组、通讯组上的内容了解客户对竞争者产品、服务的评价；同时还能了解到客户对本企业的评价，或与竞争者的对比情况。如了解潜在客户，可通过在企业网页上设计问卷调查潜在客户的情况。

三、网络营销效果评价

网站效果的最直接评价标准是显示次数和点击率，即有多少人看到了此网站，又有多少人对此网站感兴趣并点击了该网站。大多数网站比较看重点击率，而在直销型电子商务站点，最终的效果评价无疑是在线销售额的增长。目前的网络营销效果评价基本方法大致有 CPM、Clicks、Clicks Ratio、Pageviews 等。

（一）CPM（Cost Per Thousand 每千人次访问收费）

按访问人次进行效果评价方法已经成为网络的惯例。按照千人成本进行效果评价，首先可以保证客户的付费和浏览人数直接挂钩。

（二）Clicks（点击次数）

当访客通过点击这个横幅网站访问一次商家网页，称点击一次。点击次数可以客观准确地反映网站效果。

（三）Clicks Ratio（点击率）

点击率是网站吸引力的一个标志。如果这个网页出现了 10000 次，而网页上的网站的点击次数为 500 次，那么称点击率为 5%。

（四）Pageviews（综合浏览量）

网站各网页被浏览的总次数。一个访客有可能创造 10 几个甚至更多的 Pageviews。常用的访问流量分析技巧有：①E-mail 反馈分析，通过有效

E-mail数量增减情况判断网站访问量；②LOG 分析，定期下载 LOG 访问记录。LOG 是纯文本格式的访问者记录，包括访问者 IP 地址、所在国家、访问时间和访问页面等。Web Trends Log Analyzer 是一款 LOG 中的分析软件，通过它可以直观地对 LOG 各项记录作出分析。

（五）注册用户数量

注册用户数量是网站价值的最重要指标之一。对于网站浏览者来说，各种各样的注册早已司空见惯，常见的情形有：免费电子邮件、网络社区、网络传呼、电子杂志、专业信息、网上购物、网上拍卖、网上招聘等。总之，网站通过为用户提供一定的服务或有价值的信息，或者某种特权（如会员资格）等方式，吸引访问者成为注册用户。不同场合的注册程序，对用户信息的要求也不同。一些比较简单的，比如电子杂志等也许只要填写邮件地址即可成为注册用户。而在一些对用户资料要求比较高的网站，比如网上拍卖或者网上购物，因为要涉及商品配送、货款支付等环节，因此，对用户的信用程度有较高的要求，不仅需要填写真实姓名和住址，有时甚至需要真实的身份证号码等。对于其他大多数需要用户注册的情形，通常要求用户的电子邮件地址、性别、年龄、所在地区、职业、收入水平、兴趣爱好等基本的人口统计信息。

（六）Impression（投放次数）

网页被访问的次数。Counter（计数器）上的统计数字即该网页的Impression。

（七）Uniquehost（独立访客）

由于每个访客有可能制造出多个 Pageviews，而访客刷新网页也会使Impression数增加，所以 Pageviews 或 Impression 都不能精确表现网站的访问人数。通常情况下，每个访客都会来自于不同的地址，称为来自不同的 IP。独立访客即将来自同一 IP 的访客视为同一个人，从而获得更精确的访客人数。

第五节 网络营销案例

案例 1

海尔网络营销

作为中国家电企业的一面旗帜，海尔在网络营销上也走在了很多企业的前面。早在 2002 年，海尔就建立起了网络会议室，在全国主要城市开通了 9999 客服电话。在“非典”时真正体现出它巨大的商业价值和独有的战略魅力。海尔如鱼得水般地坐在了视频会议桌前调兵遣将。通过 BBP 交易平台，每月接到 6000 多个销售订单，定制产品品种逾 7000 个，采购的物料品种达 15 万种。新物流体系降低呆滞物资 73.8%，库存占压资金减少 67%，仓库面积减少了 50%。

海尔公司 2000 年 3 月开始与 SAP 公司合作，首先进行企业自身的 ERP 改造，随后便着手搭建 BBP 采购平台。从平台的交易量来讲，海尔集团可以说是中国最大的一家电子商务公司。在海尔，仓库不再是储存物资的水库，而是一条流动的河，河中流动的是按单来采购生产必需的物资，也就是按订单来进行采购、制造等活动，这样，从根本上消除了呆滞物资、消灭了库存。

海尔通过整合内部资源、优化外部资源，使供应商由原来的 2336 家优化至 978 家，国际化供应商的比例却上升了 20%，建立了强大的全球供应链网络，有力地保障了海尔产品的质量和交货期。不仅如此，更有一批国际化大公司已经以其高科技和新技术参与到海尔产品的前端设计中，目前可以参与产品开发的供应商比例已高达 32.5%，实现 3 个 JIT（即时），即 JIT 采购、JIT 配送和 JIT 分拨物流的同步流程。

目前通过海尔的 BBP 采购平台，所有的供应商均在网上接受订单，并通过网上查询计划与库存，及时补货，实现 JIT 采购；货物入库后，物流部门可根据次日的生产计划，利用 ERP 信息系统进行配料，同时根据看板管理4小时送料到工位，实现JIT配送；生产部门按照BtoB、BtoC订单的需求完成订单以后，满足用户个性化需求的定制产品通过海尔全球配送网络送达用户手中。目前海尔在中心城市实行8小时配送到位，区域内24小时配送到位，全国4天以内到位。

在企业外部，海尔CRM（客户关系管理）和BBP电子商务平台的应用架起了与全球用户资源网、全球供应链资源网沟通的桥梁，实现了与用户的零距离。目前，海尔100%的采购订单由网上下达，使采购周期由原来的平均10天降低到3天；网上支付已达到总支付额的20%。在企业内部，计算机自动控制的各种先进物流设备不但降低了人工成本、提高了劳动效率，还直接提升了物流过程的精细化水平，达到质量零缺陷的目的。计算机管理系统搭建了海尔集团内部的信息高速公路，能将电子商务平台上获得的信息迅速转化为企业内部的信息，以信息代替库存，达到零营运资本的目的。

海尔在物流方面所作的探讨与成功，尤其是采用国际先进的协同电子商务系统进一步提升了海尔的核心竞争力。

案例讨论题：

1. 网络对企业销售物流产生什么影响？
2. 分析成功的销售物流服务给企业带来的作用。

案例2

戴尔公司度身定制的网络直销

戴尔（Dell）计算机公司是世界上最成功的网络直销的计算机公司。这个公司于1984年由企业家迈克尔·戴尔（Mickel Dell）创立，他是目前计算机业内任期最长的首席执行官。他的理念非常简单：按照客户要求制造计算机，并向客户直接发货，使戴尔公司能够更有效和明确地了解客户需求，继而迅速地作出回应。正是这种大胆的直接与客户接触的网络营销观念使得戴尔公司成为20世纪90年代最成功的公司之一。这种革命性的举措和独到的先见之明已经使戴尔公司成为全球领先的计算机系统直销商，跻身业内主要制造商之列。戴尔公司的网址每周被客户访问的次数超过 80 万人次，戴尔公司因此每天获得平均收入超过 4000 万美元，而在 1997 年，这一数字只有 100 万美元。

戴尔公司通过首创的革命性“直线订购模式”，与大型跨国企业、政府部门、教育机构、中小型企业以及个人消费者建立直接联系。戴尔公司的网站给戴尔公司带来了巨大的商机，并且将会继续在整个业务中占据越来越大的比重，在今后的几年中，预计公司 50% 的业务将在网上完成。为了应付这样一个巨大的商业网站面临的技术上、商业上的挑战，戴尔公司一直在进行广泛的市场调研，以便使互联网这一销售渠道更加完善。

戴尔公司的网络业务小组的一个主要目标就是创建一个在访问量增加时可以很容易伸缩容量的站点。戴尔公司采用了分布式方案，使用 Cisco 的分布式控制器在各个服务器之间平衡负载。这些服务器的内容彼此相像，在网站访问量急剧上升时，戴尔公司可以在一个小时内增加需要的硬件容量满足技术服务高速运转的要求。这个方案同时保证客户可以以最少的等候时间尽快得到他们正在查找的数据，例如价格和样品信息。

戴尔公司大部分的前端服务器存放的是 HIML 格式的静态页面。前端服务器将客户的需求流用不同的应用服务器处理不同的任务，这其中包括 Dell 网的 Premier 页面（SM）服务，这种页面是专门为公司客户的销售而设计的。上面包括订购信息、订购历史、已经被公司客户认可的系统配置，甚至账户信息。戴尔公司的 Premier 页面向几千家公司提供服务，为这些公司中的每一家提供单独的网址。Premier 页面帮助戴尔公司为客户提供更好的服务，这减少了公司电话中心的负担，并帮助公司将它的市场扩展到全世界。其中大约 30% 的 Premier 页面是为海外客户服务的。

戴尔公司为消费者设计了完善的服务功能。戴尔公司的消费者可以自己配备计算机，选择合理的价格，然后购买。企业消费者通过建立一个 Premier 页账户就可以看到基于特定合同的目录和价格。这些事务通过集成在商业服务器的订单处理管道，从商业服务器发送到戴尔公司的订单数据库，消费者可以回到站点并查询直接由戴尔公司的生产部门更新的订单状态。一旦客户提交了订单，他们可以登录到网站并且查到他们的一个或多个订单状态。这些状态信息从戴尔公司的订单维护系统和分销商那里提取到，然后通过互联网信息服务器反馈给客户。那些不喜欢经常检查他们订单状态的客户可以使用订单查看窗口（Order Watch），输入一个订单号和一个 E-mail 地址，一旦订购的货物发出，系统就会自动地给客户发送一个电子邮件通知。

戴尔公司使用分析功能来处理日志文件和关于站点使用情况的报告文件。戴尔公司现在正在研究如何最好地使用分析后得到的数据，以将其和访问者的个人爱好结合起来，使公司不但知道客户最喜欢访问哪些页面，而且能知道为什么。有了这些信息，销售人员就能更好地对客户情况作出报告，这对于公司向客户提供他们需要的产品和服务以及创建更有效的网站大有裨益。

戴尔公司成功的最大关键在于它对客户需求的快速反应和与 PC 机的新需求相对应的调整发展策略。从每天与约 200000 个客户的直接咨询中，戴尔公司掌握了客户需要的第一手资料。戴尔公司提供广泛的增值服务，包括安装支持和系统管理，并在技术转换方面为客户提供指导服务。戴尔公司灵活地使用它的 Power Edge 硬件和微软产品来处理客户的信息请求、购买请求和发货请求，以及站点内容的开发和发布。在前端，分布着许多戴尔公司的部门级的 Power Edge 服务器，它们负责管理整个网站。

与此同时，戴尔公司与客户在技术开发上建立了一对一的直接关系，为客户带来了更多好处。直线订购模式使戴尔公司能够提供最佳价值的技术方案：系统配置强大而丰富，性能表现绝对是物超所值。同时，也使戴尔公司能以更富竞争力的价格推出最新的相关技术。戴尔公司设计、开发、生产、营销、维修和支持一系列从笔记本电脑到工作站的个人计算机系统，每一个系统都是根据客户的个别要求量身定制的。

把技术服务和售后服务搬到网上，不但缩短了与客户的距离，还能搜集客户信息，降低销售成本。为此，戴尔公司主要做了三方面的工作。①通过网站提供产品的信息和知识，方便客户获取所需的资料，特别是技术资料；②设立在线客户反馈，方便客户及时寻求帮助；③编制客户邮件列表，方便客户了解产品的最新动态和注意问题。

案例讨论题：

1. 试分析戴尔公司的营销策略。

2. 简述网络消费者购买过程的模式。

本章小结

网络营销是企业营销实践与现代信息通信技术、计算机网络技术相结合的产物，是指企业以电子信息技术为基础，以计算机网络为媒介和手段而进行的各种营销活动的总称，包括网络调研、网络新产品开发、网络促销、网络分销、网络服务等。它是目标营销、直接营销、分散营销、客户导向营销、双向互动营销、远程或全球营销、虚拟营销、无纸化交易、客户参与式营销的综合。

网络营销的功能体现在实现了个性化营销；为客户提供了一个真正意义上的世界市场；有利于企业减少库存、缩短生产周期；改变了企业的竞争方式、竞争基础和竞争形象，为企业提供了一个全面展示自己产品和服务的虚拟空间；创造了无国界的国际性经营活动。

物流企业网络营销的常用方法包括：E-mail 直邮广告、互惠链接、会员网络社区聊天、电子公告板（BBS)、免费横幅广告、收费横幅广告和多媒体式广告等，对降低营销成本和提高客户服务水平具有重要的意义。

网络营销所运用的基本技术有：Web 营销技术、EDI 和 EC、虚拟主机、网络数据库营销、病毒性营销，通过这些基本技术的运用，能够建立起比较安全的网络营销的电子商务模式。

网络营销策略包括：网页策略、产品策略、价格策略、渠道策略和促销策略五种，其营销策略的实施与传统营销相比有很大的区别，在实际的网络营销过程中，往往是多种方法的综合使用。

复习思考题

1. 什么是网络营销？网络营销的功能有哪些？

2. 网络营销的常用方法有哪些？
3. 网络营销的基本技术有哪些？各有什么特点？
4. 简述网络营销策略。
5. 网上调查的内容主要包括哪些方面？
6. 网络营销相比传统营销有哪些优势？
7. 网络营销效果评价应注意哪些方面？
8. 网络营销管理应注意哪些问题？
9. 网络营销适用于哪些行业？有哪些限制性要求？

第十一章　回收物流与废弃物物流

学习目的

了解回收物流与废弃物物流的基本含义和意义；理解与掌握回收物流与废弃物物流的处理原则与方法；了解回收物流与废弃物物流技术；了解再生资源的种类以及几种主要可再生资源的回收利用及其再生资源物流的特点；了解企业废弃物的种类及特点、废弃物的几种处理方式；掌握废弃物的收集、包装、储存和运输及其合理化处理方法。

【关键词】　回收物流　废弃物物流　再生资源　合理化处理方法

第一节　回收物流与废弃物物流概述

一、回收物流与废弃物物流的含义

在人类社会中，随着经济的迅猛发展，物流已成为制约经济发展的主要瓶颈之一，如何更好更快更有效地满足人们的生活需求，使得人们对与此相关的生产物流、供应物流、销售物流越来越重视。但是，在生产过程中，势必会产生一些边角余料、废渣和废水，甚至会出现一些废品；同样，在流通过程中，也会产生大量的废弃包装器材，以及大量由于变质、损失、使用寿命终结而丧失了使用价值的产品。这些物资部分可以回收并再生利用，我们称为再生资源，它们在回收过程中形成了回收物流；另一部分在循环利用过程中，则基本或完全失去了使用价值，成为无法再利用的最终排放物，我们称为废弃物。它们经过处理后返回自然界，形成了废弃物物流。

按照中华人民共和国国家标准（GB/T 18354-2001）《物流术语》中的

解释，回收物流是指不合格物品的返修、退货以及周转使用的包装容器从需方返回到供方所形成的物品实体流动。

废弃物物流是指将经济活动中失去原有使用价值的物品，根据实际需要进行收集、分类、加工、包装、搬运、储存等，并分送到专门处理场所时所形成的物品实体流动。

二、合理组织回收物流与废弃物物流的意义

（一）回收物流利用的经济意义

自然界的资源总是有限的，回收利用废旧物料，相当于利用了社会资源的潜在资源，从而可以在一定程度上缓和资源的紧张状况，提高社会的经济效应。

【小资料】

据统计，我国每年回收废纸达 200 多万吨，钢铁产量有近 1/3 来自回收的废钢铁。如回收利用 1 吨废纸可造新纸张 800 千克，可节约煤 500 千克，节电 500 千瓦；回收利用 1 吨废钢铁，可炼出好钢 900 千克，节约铁矿石 2 吨、石灰石 600 千克、优质煤 1 吨或焦炭 0.68 吨、节约能源 75%、节约水 40%；回收 1 吨废杂铜可提炼电解铜 860 千克，节约铜矿石 60 吨，节约电能 50% 左右；回收 1 吨废玻璃可生产出好玻璃 900 千克，或生产 500 克装瓶子 2000 个，节约纯碱 2 吨、石英砂 720 千克、长石 60 千克、煤 1 吨、电 400 千瓦、降低成本 20% 等。

回收利用废旧物料比原始性开发资源具有更好的经济效益。据估算，建设一个中小型电炉炼钢厂，用新开发的资源炼钢，每吨钢的建设成本为 1500 美元；而用废钢铁炼钢，每吨建设成本仅为 250 美元。因此，经济发达国家十分重视废钢铁的回收利用，并称之为还原工业。发达国家利用废钢铁炼钢的比例，一般在 50% ~60%，而我国仅为 30% 左右。

（二）回收物流与废弃物物流合理化处理的社会意义

废弃物的大量产生，已经严重地影响到人类赖以生存的环境。例如，造

纸厂和化工厂的废水流入自然界的水源后，将污染河流、海洋，继而危害人类的生存。废旧物品的无序回收，以及原始落后的拆解处理造成的资源浪费，使得环境污染情况十分严重。再就是废旧产品的有毒有害物质没有进行专门处理，特别是拆解过程中的“三废”直接排放，给周边环境及居民健康造成了危害。另外，城市垃圾处理不及时，也会破坏人们的生存环境。因此必须有效地利用和处理回收物流与废弃物物流，使废弃物得以重新进入生产、生活循环或得到妥善处理。

三、回收物流与废弃物物流处理的原则与方法

（一）回收物流与废弃物物流处理的基本原则

回收物流与废弃物物流处理的基本原则为“事前防范重于事后处理”。如果排放废弃物后再进行处理，如对废旧物料低价转让，对废弃物焚烧、掩埋、化学处理等，会造成很大的经济损失，而且不可避免地对环境产生影响。因此，如果事先就能采取有效措施，动员和综合设计、生产、采购、销售等部门，统一规划，防止废旧物料和废弃物的产生，就可以从根本上避免这类损失。

（二）回收物流与废弃物物流的组织处理方法

废旧物料和废弃物具有分散性、混杂性等特点，这就使得废弃物资的回收处理相对复杂。通常，回收物流与废弃物物流的组织处理方法是：制定废旧物料和废弃物回收处理的技术经济政策；建立健全废旧物料、废弃物的回收处理网络机构；编制废旧物料和废弃物回收处理计划等。

四、回收物流与废弃物物流技术

（一）回收物流与废弃物物流技术的特点

回收与废弃物物流由运输、储存、装卸、包装、流通加工和物流信息等环节组成，其物流技术也是围绕这些环节发展的，但因系统性质不同，所需技术特点也有差异。

1. 采用小型化、专用化的装运设备

集中是回收与废弃物物流的第一任务。首先，废弃物分布广泛，来源于

每一个工矿、企业和家庭，因此必须采用多层收集、逐渐集中的方式，广泛使用各种小型的机动车和非机动车；其次，由于许多废弃物具有脏、臭和污染环境的特点，因此，在装运过程中需要使用专用运输车辆，如城市生活垃圾的运输是由环卫系统专用车承担的。因其任务的一致性，在车辆构造方面也可以针对作业特点进行专门设计；废弃物的运输路线一般不长，因此，汽车运输的应用较为广泛，但也有利用火车进行长距离运输的情况，有时还会进入国际物流的渠道进行长距离输送。

2. 需要简易的储存和包装要求

仓储方面，由于是废弃物，因此一般只要有露天堆放场所即可；但是也有部分回收物资，如废纸等，在堆放时需要有防雨措施，或放置在简易库存房中。

包装方面，一般不需要，但是为了装卸搬运方便，需要捆扎或打包。特别是需要防止废弃物污染环境的特殊情况下，还需进行必要的包装。如具有放射性的核废料，在运输过程中其包装要求是极为严格的，但包装的目的不是为了保护被包装物资，而是为了防止对环境造成危害。

3. 多样化的流通加工

由于废弃物种类繁多，性质各异，故流通加工的方式也很多，但此种加工的目的是为流通服务的，如利用回收物资作为原材料制造某种产品则应视为生产加工。流通加工的类别有：分拣、分解和分类、压块和捆扎以及切断和破碎。

4. 低成本的要求

由于可再生利用的物资价值不高，特别是废弃物，其价值基本为零，因此，在组织回收物流与废弃物物流的过程中，物流费用必须保持在低水平。如果废弃物资的处理费用过高，将加大企业的开支，或增加社会福利基金开支。而回收物资成本过高，将导致以回收物资为原材料的生产企业陷入困境，甚至转而寻求其他途径解决原材料问题。

（二）回收物流技术分类

废旧物资回收的目的是将其经过修复、处理、加工后再次使用。因此，研究物品复用的技术是回收物流的基础和前提。一般来说，回收物流技术主要包括以下几个方面。

1. 原厂复用技术流程。钢铁厂对废钢铁的回收再利用过程就是采取这种技术。其流程如图 11－1 所示：

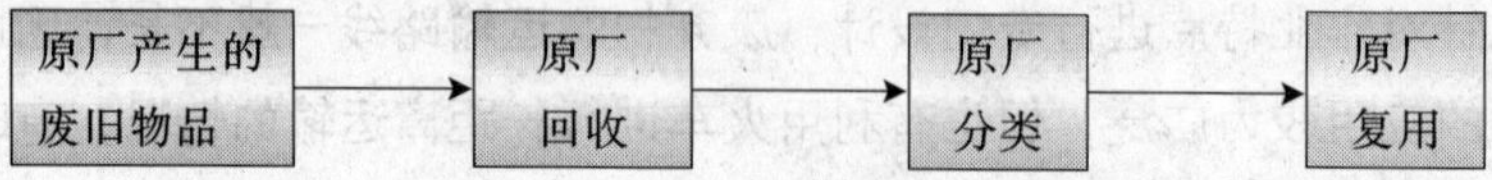

图 11－1　原厂复用技术流程

2. 通用回收复用技术流程。其流程如图 11－2 所示：

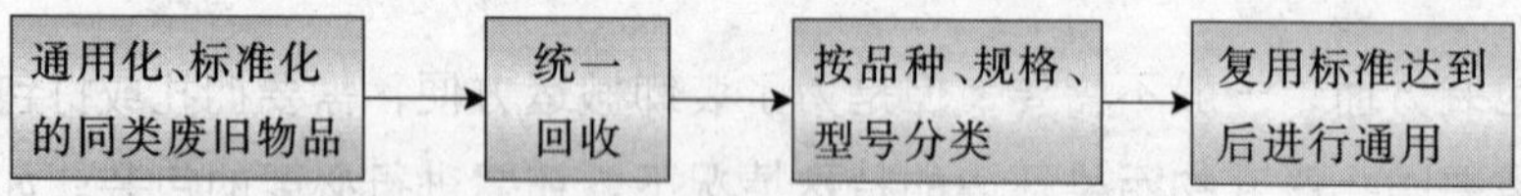

图 11－2　通用回收复用技术流程

3. 外厂代用复用技术流程。其流程如图 11－3 所示：

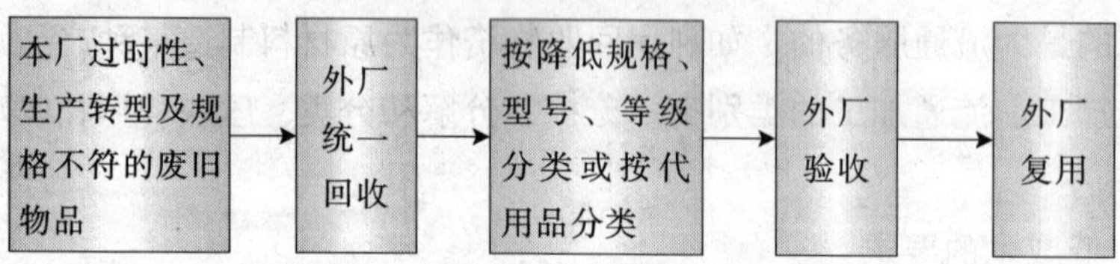

图 11－3　外厂代用复用技术流程

4. 加工改制复用技术流程。其流程如图 11－4 所示：

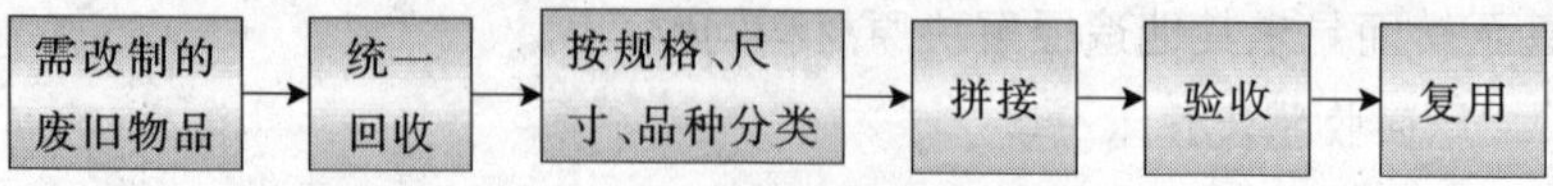

图 11－4　加工改制复用技术流程

5. 综合利用技术流程。其流程如图 11－5 所示：

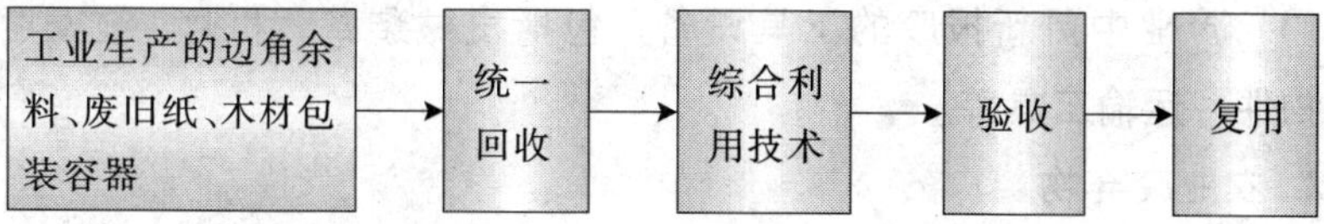

图 11－5　综合利用技术流程

6. 回炉复用技术物流。废玻璃、废布、废锡箔纸等属于这一类。其流程如图 11－6 所示：

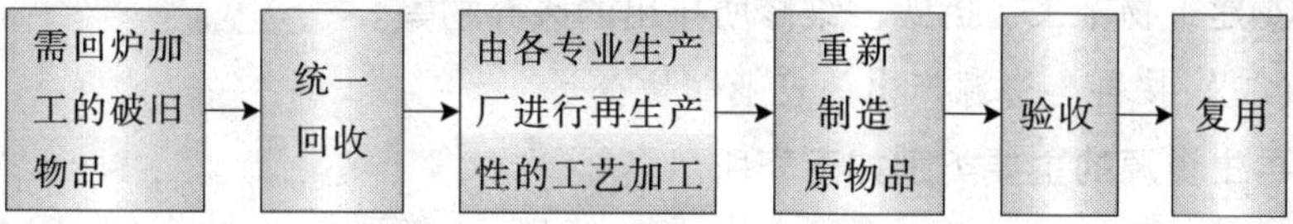

图 11－6　回炉复用技术物流

第二节　再生资源的回收和利用

一、再生资源的种类

（一）按再生资源的来源分类

1. 工业废弃物

工业废弃物，又称工业垃圾。主要包括：

（1）生产企业的工艺性废料。指生产企业在自身的工艺过程中产生的废料。如金属加工业中产生的废屑、边角余料等；金属轧制生产过程中产生的切头、切尾、钢渣、炉底等废弃物；化工类型生产企业中，化学反应后的剩余物或排出物；造纸工业中产生的边角料、废液等；采矿生产中剥离的废料、尾矿排泄物等。

（2）生产过程中产生的废品。此类废品是指在生产过程中产生的，但并非工艺本身的必然产物，主要包括报废成品、半成品以及各种中间产品。

（3）产业中更新报废的工具设备，包括机械装备、机具、工具、各种金属物件、运输工具等。

2. 农业废弃物

农业废弃物主要是指秸杆枝杈类，皮、壳、核类，农产品加工工艺过程中排放的废渣和废液等。

3. 生活废弃物

生活废弃物，又称生活垃圾。主要包括：①厨房垃圾，主要成分为有机物；②杂物，如家庭、办公室、商店、学校等场所排放的废物；③城市垃圾；④建筑物施工、拆毁、维修所排出的废弃物等。

（二）按再生资源产出的产业领域分类

再生资源的主要类别如下表所示。

再生资源的主要类别

序号	产业领域	再生资源
1	钢铁工业再生资源	从采矿到炼铁、炼钢、轧材等各个生产部门中排出的废料，其中可以再生利用的有铁矿尾矿、铁矿剥离的黏土、高炉矿渣、钢渣、铸造废砂、冶金炉余热、氧化皮、酸洗废液、废耐火材料、铸造废钢铁等
2	铁合金及有色冶金工业再生资源	如有色矿尾矿、矿山剥离物、有色冶金渣、铁合金渣、熔剂矿尾矿、赤泥、冶金炉余热、冶炼中形成的废有色金属等
3	化学工业再生资源	化工原料、材料、化肥、农药、日化产品、化工产品等化工类型生产所排放出的废料。如各种化学矿剥离物、化工石膏、电石废渣、废油脂、废碱、废酸等

续　表

序号	产业领域	再生资源
4	煤炭工业再生资源	主要有煤层顶底板及围岩剥离的黏土、煤矸石、石煤、煤选矿的尾矿泥等
5	石油及天然气工业再生资源	主要有钻探试井的喷出原油、石油炼制的渣油、可燃废气等
6	电力工业再生资源	主要有火力发电厂排出的粉煤灰、炉渣、余热气、水等
7	林产工业再生资源	林木采伐、加工所余的废料。主要有树条、树皮、锯末、刨花、碎木等
8	水泥工业再生资源	包括原料选矿、采矿产生的低品质石灰岩、水泥窑灰、窑余热、废耐火材料、变质水泥等
9	玻璃工业再生资源	主要有碎玻璃、玻璃窑余热、废耐火材料等
10	纺织工业再生资源	主要有废棉、废纱、废布、纤维屑、废毛等
11	造纸工业再生资源	主要有废植物纤维、废碎木、废纸、纸屑、纸浆废液、涂布废料等
12	机械工业再生资源	主要有机加工废屑、边角头残余、燃料炉渣、铸造废砂、废铸造金属、机加工废品等
13	电器、电子工业再生资源	主要有各种有色及贵金属屑、边头角残余以及存在于废品中的贵金属、不合格元件、报废产品等
14	建筑工业再生资源	主要有各种建筑剩余物，如碎石、砂、剩灰、碎砖、碎玻璃、废混凝土、废模板、脚手等
15	畜牧屠宰业再生资源	主要有牲血、废毛、畜皮、脏器、角、壳、骨等
16	食品制糖工业再生资源	主要有废糖蜜、肉类加工剔除物、原料精选剩余物、甘蔗渣、甜菜渣等
17	粮食加工业再生资源	主要有谷、壳、糠等

另外，再生资源还包括上述各产业使用的机电产品损坏废品、寿命周期结束的报废品等。

（三）按管理角度分类

从专业管理和技术管理角度，主要依据其特性、形态进行分类，有废旧金属材料、废旧高分子合成材料、废旧无机材料、废旧有机材料、工业废渣、废旧机电产品、废油料等。

（四）按再生资源商品经营分类

这是根据进入流通领域的数量来划分的，其中基本不包含各产业形成、由产业自己使用或直接供其他产业使用的工业排放物。主要有：废钢铁、废旧有色金属、废塑料、废橡胶、废化学纤维、废旧玻璃制品、废纸及纸制品、废麻纤维、废旧纤维制品以及杂骨、角、蹄、壳与其他废旧物资，如人毛、羽毛、废旧毛线、毡毯、废旧皮革等。

二、再生资源物流的特点

再生资源物流与产品物流具有共同点，即再生资源物流同产品物流一样，具有包装、装卸、运输、储存、加工等功能。但是，与产品流相比，再生资源物流又具有其自身的特征。

1. 再生资源物流种类繁多

再生资源产生的渠道多、方式复杂。一方面，几乎所有的生产企业都可能产生再生资源，而生产企业的多类型将直接导致再生资源的种类繁多，特别是在生产过程中，由于工艺或操作等原因，几乎每一个工序都会产生再生资源；另一方面，几乎所有人类的物质成果，最终都可能转化为再生资源。由此可见，再生资源的多样性使得再生资源的物流方式也呈现出多样性的特征。

2. 企业再生资源的物流数量大

企业再生资源数量大，不仅表现为总量大，而且单独处理许多种类的再生资源时，处理数量也较大。这就使得再生资源的处理需要有一个庞大的物流系统来支撑，需要消耗极大的物化劳动及活劳动。

3. 企业再生资源物流的运作粗放

企业再生资源中，除少数特别有价值的外，绝大多数是低价值物品。一般经过一次生产或消费之后，主要使用价值已耗尽，因而在纯度、精度、质量、外观等方面可用度都很低，这就决定了必须采取粗放的物流方式处理再生资源。这样，可以以较低的物流成本使再生资源重新形成新的使用价值。

4. 企业再生资源物流的路程较短

企业在处理再生资源时，为了降低其承受的物流费用和研究费用等相关费用，一般都尽可能选择在企业内部解决或相关企业消化，因而企业再生资源的物流路程不会太长。

三、几种主要可再生资源的回收利用

(一) 钢铁再生资源的回收和利用

1. 钢铁再生资源的来源

钢铁再生资源主要来源于以下四个方面：

(1) 钢铁工业生产过程中形成的废钢铁，它是伴随着钢铁的生产而产生的。在钢铁的冶炼和加工过程中，由于钢铁生产本身的工艺性原因，必然会产生工艺性废料和残次品，这些废料是不可避免的。如冶炼过程的出铁、出钢、铸锭等所形成的残铁、残钢、浇口、冒口；轧制、锻造所形成的工艺废料，如切头、切尾、切定尺、磨削渣末等。

(2) 加工过程形成的废钢铁，主要是指机械切削加工生产过程产生的废料和残料。其中又分为两种：一种是由于工艺性原因所产生的，如切头、切尾、切削加工余量和压力加工余量而形成的边角余料和切屑等；另一种则是由于机械或压力加工不当、工艺或操作不正确所产生的废品件。

(3) 更新报废的设备和结构件形成的废钢铁。设备或结构每年都会发生折旧或磨损，因此，不同的设备或结构均有其固定的规定使用期，一旦到达使用期，就必须更新。这类报废的废钢铁则成为再生钢铁的主要原料。目前，我国设备报废的废钢铁占的比例较小，一般占总设备吨数的5%左右，但它在废钢铁回收总量中占的比例却不小，约占28%左右。更新下来的机械设备和工程结构主要包括各种废旧机器、仪器、仪表、废旧汽车、废旧机床、废旧车辆、废旧路轨、废旧船舶及包装容器等。

（4）废弃件形成的废钢铁。这类废钢铁主要包括社会生活和人民生活中废弃或耗损的钢铁制品和废旧小五金件等。这类废钢铁零星多样，分散于城乡的千家万户，要想把它们收集起来，工作量很大，而且组织复杂，但却是不可忽视的潜在资源。

2. 钢铁再生资源的回收加工

（1）气割。气割通常是指氧气切割，是广泛应用的废钢切割加工方法。该方法灵活简便易行，适于切割各种废旧钢铁，特别适用于各种重型设备、大型结构、构筑物件的拆解以及长宽厚度尺寸大的废钢件，如船舶、车厢拆解、汽车解体件等。气割还可以有目的地切割出有使用性能和价值的可用件及可直接使用的钢板、钢管、型钢等。

（2）剪切。剪切是回收加工的成品工序，也是废钢加工的重要方法，与气割相比，其加工质量更优。剪切是指将气割后的钢件按不同的使用方法要求，剪切成不同尺寸的钢件，一般是按回炉冶炼和直接使用不同，剪切成所要求的尺寸。剪切一般是在剪切机上对废旧钢件在冷状态下进行剪切的。剪切既能剪切重型废钢，也能剪切预压后的轻型废钢。

（3）破碎。钢屑破碎是用破碎机对机械加工切削下来的长螺旋状切屑或团状切屑进行破碎。由于这类切屑占用空间大、密度小，如经破碎后可使其密度增加。废旧钢铁破碎方法包括对钢长切屑的破碎、废旧铸铁件的落锤破碎及爆破破碎等。

（4）打包压块。打包压块就是将铁屑或轻薄料打成一定密度体积的紧密块件。通过打包压块，可以缩小废钢屑或轻薄料的体积，增加炉料金属料的密度，一方面便于运输，另一方面也可满足废旧钢回炉冶炼对原料的工艺要求，提高回炉冶炼效率。

（5）分选。废旧钢铁的来源是多方面的，材质和化学成分非常复杂，因此在使用前必须在材质上进行区分和挑选，以便保证入炉冶炼的纯洁度。另外，经过分选、分类，剔除杂质，还可选择出能供直接利用的钢材料。

3. 钢铁再生资源的再利用

（1）回收后直接使用。切割、拆卸下来的钢板、型钢、小张料和边角余料等，经分类、修复、精整后，部分可直接作为制造农机具、轻工制品、手工制品和一般用途的材料。如利用中板边角余料生产锹、锄、镐、钢叉等；利用马口铁边角生产瓶盖、玩具；利用镀锌铁皮残料制圆钉、文具用品、鞋眼等；利用薄铁边生产水桶、炉铲、拉手等。

（2）用作炼铁的金属炉料。废铁经过加工碎块、打包压块，可作为金属原料直接投入高炉冶炼成生铁。这种方法能提高高炉产品即生铁的产量和质量，降低焦化成本，提高高炉冶炼的经济效益。

（3）用作炼钢的金属料或合金料。废钢铁经加工碎块和压块作为金属料投入炼钢炉冶炼，可以缩短炼钢时间，增加熔炼容积，降低原材料消耗，而且所炼的成品钢成本低、质量好。用废合金返回炼钢可节约大量贵重金属。

（4）用作铸钢件的金属料。废钢铁也是铸造的重要原料。铸造需要的废钢铁的数量由铸造任务和废钢比确定，铸铁件一般配用20%，回炉铁配用30%左右，铸钢件一般配用90%左右。

（5）其他用途。在轧材、拉丝过程中产生的废次钢材、切头、切尾等，由于化学成分稳定，质量较好，数量较大，因此，可以供基建需要，还可加工拉成钢丝，或者用来制作短尺。氧化铁皮可作粉末冶金的原料以及作染料中的还原剂。

（二）纸再生资源的回收和利用

1. 可直接利用纸的挑选加工

造纸厂、印刷厂在生产过程中处理的残次纸回收后可以裁切成小开纸张，用以制作学生用本或纸袋、纸盒等；回收的纸箱，可以直接回用的可进行改制加工。

2. 根据造纸用料的品种、规格要求进行分档整理

为了提高废纸的利用价值，回收时应注意分类收购、分类存放。集中以后还须进一步挑选分类，按不同档次规格打包，销售给用户。例如要区分白纸边、色纸、报纸、书刊纸、箱板纸、牛皮纸、混合纸等。

3. 杂质和造纸危害物的剔除及特殊纸的处理

在废纸分类过程中，要把砂土、麻绒、棉纱、玻璃纸、柏油纸、电化铝纸等杂质剔除，特别要剔除沥青块、塑料、橡胶、油漆、油墨块等对造纸有

害的物质。有些特殊纸，包括钞票纸、电报纸、心电图纸、避光黑纸、卷烟纸等，不能混入废纸中造纸，应挑选出来。对于保密文件纸，按规定由处理单位直接送造纸厂监督销毁后造纸。

（三）玻璃再生资源的回收和利用

1. 玻璃再生资源的回收复用

（1）废玻璃瓶的回送复用。在实践中，往往将回送、复用运输构成一个往返的物流系统，依靠这个物流系统，可以将使用过的旧玻璃瓶再回运给生产企业。这种双向回收复用系统的主要优点在于：回收复用运输不必专门安排运力，而是一个配送回程的“捎带”运输，因此在不增加多少费用投入的情况下，便可解决空瓶的回运问题。但是，这种回收复用系统，只适用于短途汽车运输方式。如果返程实载以火车或大型汽车等进行远程运输，且返程只载空瓶，则运力浪费很大，运费有可能超过使用新瓶的价格。

（2）企业废玻璃的原厂复用。玻璃生产企业的碎玻璃原厂复用，是将各生产工序产生的碎玻璃都回运到配料端重新熔制的过程。由于这种废玻璃的成分与本企业生产的玻璃成分相同，因此，无需再进行成分的化验和组成计算，只需按一定配料比例与混合料一起投入炉内重新熔制即可，这种方法经济可行。在运送废玻璃的过程中，通常采取两种方式：一种是料斗与传送带配合输送，各工序将废玻璃投入料斗中，通过料斗漏置于传送带上，再传送至投料处的废玻璃存放场；另一种是采用作业车辆完成物流过程，各工序将废碎玻璃投入带斗车辆中，定期用车辆运至投料处的废碎玻璃存放场，用于熔窑再熔化。

2. 废玻璃的回收和利用

（1）片料直接利用。较大规格的玻璃片料经过清洗、挑选后可直接利用，一般可分割成小块的小镜子玻璃、手电筒用玻璃、玩具万花筒玻璃、仪表盘玻璃等。

（2）碎料回炉再炼制。较纯净的玻璃碎料可回炉作为原料重新制作回炉玻璃。碎料玻璃分为两类，一类是平板玻璃厂本厂的边角余料和碎料，这类玻璃一般由本厂消化使用，可直接回炉进行再熔制；另一类是其他各种碎玻璃，一般根据其色泽、性质的不同，可分别制造不同种类的玻璃制品。白料一般用于制作白酒瓶、化妆品瓶；绿料制绿酒瓶、蒸馏水瓶；黄黑料制作各种药瓶、化工试剂瓶；磁料制作各种化妆品瓶、灯罩、儿童玩具、工艺品等；碎料还可拉制普通玻璃纤维，制作保温瓶胆、食品瓶等。

（3）生产建筑材料。用玻璃纤维或碎玻璃为主要原料，采用烧结法，可生产玻璃马赛克；用废玻璃、黏土、铝土粉作原料，可生产陶瓷面砖；将碎玻璃磨成粉，与不饱和聚酯及一定量的化学助剂、颜料等混合搅拌后，经固化成型，制成各种花色的人造大理石、人造花岗石；还可用碎玻璃经粉碎后代替部分黏土生产建筑用砖，玻璃可做助熔剂，并能增加黏土砖的耐风化性，提高其强度，降低砖的烧成温度，节省能源。除此之外，还可用废玻璃制成混凝土轻骨料，用此种轻骨料作混凝土骨料，可将混凝土的重量减少1/2，混凝土的强度和掺砂、石骨料相比，强度不降低。

（4）生产玻璃塑料材料。这种材料是将液态聚丙烯或聚酯苯乙烯树脂注入装有碎玻璃的模具中加工而成。玻璃塑料材料强度比水泥管或黏土管高2～4倍，耐化学侵蚀，吸水性较小，用这种材料可生产各种污水管。

（5）用于沥青道路填料。用石料、碎玻璃、沥青混合可制成碎玻璃沥青材料，用于沥青道路填料。这种道路材料可减少车辆横滑，光线反射适中，路面滑损情况好，适于气温低的地方使用。

（6）生产废玻璃陶瓷板。废玻璃陶瓷板可用于生产墙面板、柱面板、楼梯扶手、柜台、桌面、广告牌匾、风景壁画、人物肖像等。其主要原料为各种有色或无色杂碎废玻璃和废陶瓷。

（7）生产微肥。废玻璃中含有镁、硼、锰、锌、硅、钼等微量元素，将洗净的废玻璃磨成细粉，并将15%硼砂、5%氧化铁、4%氧化锌、0.2%二氧化锰、0.2%钼酸铵，5%氧化铜或硫酸铜分别磨细后，与70%废玻璃粉混合，放入石墨坩埚中锻烧，在1200℃～1400℃温度下熔融、用特制的金属棒搅拌片刻，当熔融物晶明透亮时，倒入冷水中淬冷成块，经磨细而成。此种废玻璃微肥中微量元素会慢慢溶解到土壤中，每亩施一公斤可维持作物2～3年对微量元素的需要。

第三节　废弃物资的处理与利用

一、企业废弃物的种类及特点

（一）固体废弃物

固体废弃物也称为垃圾，其形态表现为各种各样的固体物的混合杂体。这种废弃物一般采用专用垃圾处理设备处理。

（二）液体废弃物

液体废弃物也称为废液或废水，其形态是各种成分液体混合物。这种废弃物常采用管道或净化装置方式处理。

（三）气体废弃物

气体废弃物也称为废气，主要是工业企业，尤其是化工类型工业企业的排放物。多种情况下是通过管道系统直接向空中排放。

（四）产业废弃物

产业废弃物也称为产业垃圾。产业废弃物通常是指那些被再生利用之后不能再使用的最终废弃物。产业废弃物来源于不同行业，如第一产业的最终废弃物为农田杂屑，大多不再收集，而自行处理，第二产业最终废弃物则因行业不同而异，其处理方式也各不相同，主要采取向外界排放或在堆积场堆放、填埋；第三产业废弃物主要是生活垃圾和基本建设产生的垃圾，这类废弃物种类多、数量大，处理难度大，大多采用就近填埋的办法处理。

（五）生活废弃物

生活废弃物也称生活垃圾。生活废弃物排放点分散，所以需用专用的防止散漏的半密封的物流器具储存和运输。

（六）环境废弃物

环境废弃物产生的面积大，来源广泛，对环境危害大。企业环境废弃物一般有固定的产出来源，主要来自企业综合环境中。其物流具有以下特点：一是收集掩埋，即先完成收集，再输送到处理掩埋场。二是必须对环境废弃物进行适当的流通加工，不过这种流通加工的目的不同于一般产品的流通加工，不是为了增加价值，而是为了减少危害。

二、废弃物的几种处理方式

（一）垃圾焚烧

垃圾焚烧是指在一定地区用高温焚烧垃圾。这种方式只适用于有机物含量高的垃圾或经过分类处理将有机物集中处理后的垃圾。有机物在垃圾中容易发生生物化学作用，是造成空气、水及环境污染的主要原因，因其本身又有可燃性。因此，采取焚烧的办法是很有效的，但这需要投资较大的费用，以专用的垃圾焚化装置进行处理，否则，随意焚烧会对大气造成严重污染。

【实例】

温州在消灭城市生活垃圾上又出创举——生活垃圾全部通过100%焚烧发电处理。温州市区每天产生的生活垃圾在1800吨左右，以往以填埋方式处理，每年需耗地15~20亩，而目前在地贵于金的温州已很难找到土地填埋垃圾了。温州的垃圾发电厂共建3座，总投资近5亿元人民币，日垃圾处理能力近2000吨，发电功率3.15万千瓦。

（二）净化处理加工

对垃圾（废水、废物）进行净化处理，以减少对环境危害的物流方式。在废弃物物流领域，这种流通加工是为了实现废弃物无害排放的需要，因而特点显著。其中，废水的净化处理是极有代表性的流通加工方式。

（三）废弃物掩埋

大多数企业对企业产生的最终废弃物，是在政府规定的规划地区，利用原有的废弃坑塘或用人工挖掘出的深坑，将其运来、倒入、表面用泥土掩埋。掩埋后的垃圾场，还可以作为农田进行农业种植，也可以用于绿化或做建筑、市政用地。这种物流方式适用于对地下水无毒害的固体垃圾。其优点是不形成堆场、不占地、不污染环境、可防止异味对空气污染；缺点是挖坑、填埋要有一定投资，在未填埋期间仍有污染，填埋不当仍会对地下水等产生污染。

（四）垃圾堆放

这种方式就是在远离城市地区的沟、坑、塘、谷中，选择合适位置直接倒垃圾。其缺点是物流距离较远，但垃圾无须再处理，可通过自然发酵作用使垃圾逐渐沉降分解，成本低。这种方式只适合建筑废弃物，其他废弃物堆放会造成环境污染。

三、废弃物的收集、包装、贮存和运输

（一）废弃物的收集

废弃物的收集是将分散的废弃物收拢聚集在一起，存入特定的堆放场地的物流过程。废弃物的产生无论在空间上还是在时间上都具有分散性，因此，收集是整个废弃物物流系统的第一个环节，它必须要与废弃物的包装、贮存、运输、处理和处置相适应。

随着社会经济的发展，人民生活水平的提高，对废弃物收集方式的要求也越来越高，不仅要求收集设施的环境优美，而且要求收集方式方便、清洁、高效。在收集运输过程中，要做到封闭化、无污水渗透、低噪音作业、高装载量，以实现满载、清洁、无污染的收集运输。

1. 废弃物收集的原则

根据国家法律及有关规定，废弃物收集的原则是：危险废弃物与一般废弃物分开；工业废弃物与生活垃圾分开；液态废弃物与固态废弃物分开；污泥应进行脱水处理。对需要预处理的废弃物，可根据处理、处置或利用的要求采取相应的措施；对需要包装或盛装的废弃物，可根据运输要求和废弃物的特性，选择合适的容器与包装装备，同时附以确切明显的标志。

2. 废弃物收集的方法与方式

废弃物分布广泛，性质各异，收集方法也各不相同。按废弃物产生源的分布情况可分为集中收集和分散收集。集中收集指产生废弃物较多的产业部门，在特定的废弃物贮存场所集中堆放其产生的废弃物，如矿山的煤矸石堆放场；分散收集是指将产生废弃物较少的小型企事业部门和居民所产生的零散废弃物收集在一起。分散收集又可进一步采取定点收集、定时收集及特殊收集等收集方式。定点收集是指将收集容器放置于固定的地点，全天候地为

产业部门和居民服务；定时收集是指不设零散的废弃物固定收集点，直接使用废弃物清运车以固定的时间和线路行驶于社区中，收集路旁的企事业单位和居民家庭的废弃物；特殊的废弃物收集方式包括大型楼区的废弃物通道式收集方式和自动废弃物收集方式等。

以下是目前我国常见的生活垃圾分散收集方式。

（1）垃圾管道收集方式。生活垃圾由居民从设置在每层楼内的垃圾倾倒口投入垃圾管道内，垃圾依靠自重下落到垃圾管道底部，由工人装上垃圾收集车，送往垃圾处置场或垃圾中转站。

（2）固定式垃圾箱收集方式。生活垃圾袋装后由居民送入垃圾箱，在指定时间内由垃圾车将箱内垃圾清运，送往垃圾处理场或垃圾中转站。

（3）定时垃圾收集方式。生活垃圾装袋后，由居民送入放置于住宅楼下的垃圾桶内，或者由保洁人员在指定时间上门收集（放置在垃圾桶内），送到垃圾收集站，然后由垃圾收集车收集后运往垃圾收集场或垃圾中转站。

（4）垃圾收集房收集方式。生活垃圾袋装后由居民送入放置于住宅楼下或进出道路两侧的垃圾房的垃圾桶内，用垃圾收集车来收集桶内的垃圾，然后运往垃圾处理场或垃圾中转站。

（5）小型压缩式生活垃圾收集站收集方式。小型生活垃圾收集站内安装有压缩机，将从居民处收集来的垃圾由压缩机装到集装箱内，再由可卸式垃圾车将集装箱直接拉走。其最大优点是能提高集装箱内的装载量，并能减少垃圾收集点的数目。

按废弃物收集时间可分为定期收集和随时收集。定期收集是指按固定的周期收集废弃物，其优点是可对废弃物物流和处理进行科学的计划管理，能够充分有效地利用资源。定期收集一般适于产生废弃物量较大的大中型企业；随时收集是指根据废弃物产生者的要求随时收集废弃物，通常适于对废弃物产生量无规律的小型企业。

按废弃物收集方式可分为混合收集和分类收集。混合收集是指对废弃物不分种类、特点、数量，混杂在一起收集的方式。其优点是简单易行、运行费用低，适合在经济发展水平较低地区的生活垃圾等特定的废弃物的处理；其缺点是各种废弃物被掺杂在一起收集，降低了废弃物中有用物资的纯度和再利用价值，同时也增加了垃圾处理的难度。分类收集是指根据废弃物的特点、数量、处置和处理的要求，按废弃物的组成成分分别收集的收集方式。分类收集的主要优点是可以提高废弃物中可回收物资的纯度和数量，有利于废弃物的科学处理，可以降低处理成本、简化处理工艺，提高废弃物的资源利用价值，实现废弃物的资源化和减量化，减少废弃物对环境的潜在危害。分类收集特别适合产业废弃物的处理，随着经济的发展和社会文明的进步，分类收集已成为废弃物收集方式发展的必然趋势。

另外，废弃物分类收集还应根据特定区域废弃物的组成情况，将废弃物分为若干组别。通常以可回收废弃物、大型废弃物、易腐性有机废弃物和一般无机废弃物为主要分类组，其中可回收废弃物组还可以根据需要分成玻璃、磁性或非磁性金属、塑料等成分组，以提高资源利用价值。

（二）废弃物的包装

废弃物包装是指将废弃物包裹装进特定的容器之中，其主要目的是为了防止废弃物在运输过程中泄漏或散失。因此，应该根据所要运输的废弃物的特征和数量以及运输的距离、路况来选择包装容器。废弃物可选择的包装容器有汽油桶、纸板桶、金属桶等，在废弃物的贮存运输中，这些包装容器材料容易损坏，应该经常检查。

选择废弃物包装的一般原则是：容器及包装材料要与所盛废弃物有相容性，并有足够的强度，以保证在贮存及装卸运输过程中不易出现破裂、扬散、散失、渗漏或释放出有害气体和臭味的现象。如对滤饼、泥渣等进行焚烧的有机物，可采用纤维板桶和纸板桶做容器，使废弃物能够和包装容器一起进行焚烧处理。在实际包装时，由于纤维制容器容易受到机械损伤和水的侵蚀而发生泄漏，可装入铁桶中实行双层包装，在焚烧处理前把里面的纤维容器取出即可。对腐蚀性废弃物，应装在有衬胶、衬玻璃或衬塑料的容器之中，甚至用不锈钢做容器；对反应性废弃物，如含氰化物的废弃物，必须装在防湿防潮的密闭容器中，否则，一旦遇水或酸，会产生氰化氢剧毒气体。对放射性废弃物，必须选择有安全防护屏蔽的包装容器。

（三）废弃物的贮存

废弃物贮存是指通过废弃物堆放场、收集站和中转站，对废弃物进行集中、压缩处理、消毒、干燥脱水和暂时存放，以方便废弃物的收集、运输和处理的物流环节。为了便于将分散的废弃物进行收集管理，需要设置废弃物堆放场和收集站。随着城市化进程的加快，废弃物产生地与处理地的距离也不断加大，为了解决这个空间上的矛盾，还需要设立垃圾中转站，以提高废弃物运输的经济性。

1. 废弃物收集站

垃圾收集站包括垃圾箱、垃圾房、密闭式垃圾压缩收集器和小型压缩式生活垃圾收集站。其中，密闭式垃圾压缩收集器和小型压缩式生活垃圾收集站是近几年发展起来的现代化垃圾收集、贮存设备。密闭式垃圾压缩收集器的外壳是由不锈钢构造的，内设压缩机和消毒设备，其功能是将废弃物压缩减量并进行消毒，然后再装入垃圾收集车运走。压缩式收集站内也安装有压缩机，主要功能是将收集来的垃圾由压缩机装到集装箱内，再由车厢可卸式垃圾车将集装箱直接拉走。

垃圾收集站的管理要求如下：

(1) 垃圾收集点的设置位置要适宜，应方便居民投放。通常服务半径不超过70米，主要采用砖混垃圾屋、玻璃钢垃圾箱（桶）、塑料垃圾桶等容器收集垃圾，砖混垃圾屋要有给排水设施。

(2) 垃圾收集要采取密闭方式，禁止用箩筐及露天垃圾桶、敞口垃圾池等收集垃圾。

(3) 保洁员对垃圾收集点的垃圾一天至少收集两次，应做到垃圾不满溢，垃圾收集点周围应整洁，无散落、无存留垃圾和污水。

(4) 垃圾收集容器、收集设施应封闭性好，无残缺、无破损。收集容器和垃圾收集设施要每天清洗一次，做到外体干净，构筑物内外墙面不得有明显积灰、污物。

(5) 垃圾收集站点一周消毒两次，在可视范围内，苍蝇应少于2只/次。

(6) 生活垃圾应日产日清，无积压；家用电器、沙发等粗大垃圾应按指定地点存放，预约上门，用专用车辆定期清除。

另外，垃圾收集站还应建立废弃物的“积攒”资料卡，严格执行废弃物的操作管理程序。

2. 废弃物中转站

垃圾中转站是特为固体废弃物转运而设立的废弃物集中、贮存设施。大城市由于垃圾收集点与垃圾处理地相距较远，需要采用垃圾收集车将垃圾收集后运送到垃圾中转站，再由大型垃圾运输车、船将垃圾运往垃圾处理场。垃圾中转站的设置和规模取决于垃圾收集方式、收集车的类型、服务范围、垃圾转运量、服务年限、运输道路条件等。

按照垃圾转运量的大小，可以将垃圾中转站分为小型、中型和大型三种。通常，小型垃圾中转站垃圾转运量小于100 吨/天，中型为150～450 吨/天，大型的大于450 吨/天。如果运输距离大于20 公里时，应设中型或大型垃圾中转站。按运输方式的区别，可以将垃圾中转站分为公路中转站、铁路中转站和水路中转站。按照处理垃圾的设备、工作原理和垃圾处理的效果不同，可以将垃圾中转站分为直接转运式中转站、推入装箱式中转站和压实装箱式中转站。

垃圾中转站的管理要求如下：

（1）按规范设置垃圾中转站，站点要做到硬底化，有给排水设施，并有专人管理。

（2）站点有规范标志牌，并公布站点名称、作业时间、投诉电话。转运过程不占道，不妨碍交通。

（3）根据垃圾量的大小确定清运次数，每天至少清运两次（上午、晚上各一次），确保垃圾日产日清。

（4）每次转运作业完成以后，将垃圾桶、地面、墙壁清洗干净，做到站内外场地整洁，无撒落垃圾和堆积杂物，无积留污水。

（5）每周喷洒药物二次，在可视范围内，站内苍蝇应少于2 只/次。

（6）垃圾中转站还应建立废弃物的“积攒”资料卡，严格执行废弃物的操作管理程序。

（四）废弃物的运输

1. 废弃物运输的方式

废弃物的运输是指废弃物从产生地或收集点到堆放场地或处理、处置地点的运送过程。废弃物运输计划和实施主要包括选择合适的容器，确定装载的方式，选择适宜的运输工具，确定合理的运输路线，以及制订泄漏等临时事故的紧急补救措施。

在选择运输方式时，通常要考虑以下几方面要素，即废弃物的特性、数量和产生地、中转站距处置场地的距离以及要采取的处置方法。目前常见的运输方式有以下几种：

（1）按运输距离划分，运输方式可以分为短途运输和长途运输两种。短途运输是采用垃圾收集车从收集点直接运送到废弃物处理场或中转站；长途运输是采用垃圾收集车将废弃物收集后运送到中转站，再由大型垃圾车、运输船、火车等将废弃物运往废弃物处理场。我国目前用于垃圾收集的车辆和设施以中小型为主，运载量不大，运输距离较短，主要功能是将垃圾收集起来运往指定地点。一旦运输距离较长（超过 20 公里），再采用中、小型垃圾收集车运输。不论在作业效率、作业经济型还是对道路交通影响等方面都是不合理的。因此，目前我国废弃物物流的运输分成两个阶段进行，即收集后短途运输，将垃圾运送到垃圾中转站；在垃圾中转站将垃圾换装到大型垃圾运输车上后，再进行长途运输；或在码头水运垃圾中转站，将垃圾装在运输船上，进行长途水运。

（2）按运输载体划分，运输方式有公路运输、铁路运输、水路运输、航空运输和管道运输。处理废弃物时最常用的运输方式是公路运输和管道运输。

2. 废弃物的运输设备

废弃物运输车辆分为密闭性和非密闭性两种。密闭性垃圾运输车是指其垃圾槽为封闭式，与周围环境隔离的车辆。其优点是运输过程中扬尘少、不遗洒，对环境二次污染的机会极小，可实现全天候操作。缺点是车辆内部结构较为复杂，一次性投资和操作成本较高。非密闭性车辆是指其垃圾槽为敞开式的车辆。其优点是设备简单，实用性强，运输成本低。缺点是在收集、装车和运输过程中易发生扬尘、遗洒现象，污染环境、影响卫生。常见的废弃物运输的设备包括自卸式垃圾车、自装卸式垃圾车、压缩式垃圾车、车厢可卸式垃圾车、摆臂式垃圾车、牵引拖挂列车式垃圾运输车等。

各类危险废弃物的运输应该使用专用设备，如公路密闭性槽车或铁路密闭性槽车。车辆内部应设有防腐、防渗衬里，以防止运输过程中腐蚀渗漏现象的发生。另外，对于要进行远洋焚烧处理的废弃物，应该选用专用的焚烧船运输。

3. 废弃物运输的管理

物流部门从事废弃物的运输，必须向当地环境保护行政主管部门申请，接受专业培训，经考试合格后，方可领取经营执照。同时，物流部门还应当制订在发生意外事故时采取的应急措施和防范措施，并向所在地县级以上地方人民政府环境保护行政主管部门备案。

废弃物运输者在运输前应认真验收运输的废弃物是否与运输单相符，绝不允许有互不相容的废弃物混入；同时检查包装容器是否符合要求，查看标识是否准确，熟悉偶然事故的应急措施。为了保证运输的安全，运输者必须按照有关规定装载和堆积废弃物，若发生撒落、泄露及其他意外事故，应及时采取应急补救措施，妥善处理，并向环境保护行政主管部门呈报。运输结束后，有关工作人员必须认真填写运输货单，包括运输日期、车辆车号、运输许可证号、运输的废弃物种类等等，以备案待查。

在运输危险性废弃物时，装卸操作人员、司机和其他相关人员要接受专门培训，了解危险废弃物的装卸技术和运输中的注意事项；配备必要的防护工具，如专用的工作服、手套和眼镜。对易燃易爆废弃物，应当在专用场地上操作，场地要装配防爆装置和静电消除设备。对具有毒性废弃物以及可能具有致癌作用的废弃物，为防止废弃物与皮肤、眼睛或呼吸道接触，操作人员必须佩戴防毒面具。对于具有刺激性或者致敏性废弃物，操作人员要使用呼吸道防护器。危险废弃物运输要选用专用或适宜的运输车辆，车辆应标有适当的危险符号。危险废弃物运输时，相关工作人员还必须持有有关运输材料的必备资料。

从事废弃物运输还应采取以下管理措施：

（1）城市生活垃圾要采取密闭方式进行转运，禁止敞开式运送垃圾。

（2）在垃圾运输过程中无垃圾扬、撒、拖挂和污水滴漏。吊桶垃圾车应加盖，不得超高超载、挂包运输垃圾。垃圾压缩车应加装污水收集装置，在垃圾转运站装运垃圾时，应将污水箱的排污口打开，将污水排放干净，出站前再将排污水口关上，防止沿途洒漏。在垃圾处理场（厂）卸完垃圾后，应将污水箱的污水排放干净。经常检查车辆密封构件，确保完好，不泄漏污水。

（3）运输垃圾应尽量避开上下班高峰期。装卸垃圾应符合作业要求，不得乱倒、乱卸、乱抛垃圾，在离居民住宅很近的垃圾站装运垃圾时，应尽量避开早晨、中午时间，并减少噪声。

（4）垃圾运输车辆应车容整洁，车况良好，车牌号码完整，车门喷印清晰的单位名称，车顶无乱焊铁架等现象。

（5）运输作业结束，应将车辆清洁干净。

四、企业废弃物的合理化处理

企业废弃物的合理化处理必须从能源、资源及环境保护三个战略高度进行综合考虑，形成一个将废弃物的所有发生源包括在内的广泛的物流系统。这一物流系统实际包括三个方面：一是尽可能减少废弃物的排放量；二是对废弃物排放前的预处理，以减少对环境的污染；三是废弃物的最终排放处理。

（一）生产过程中产生的废弃物的合理化处理

为了做到对企业废弃物的合理处理，实现废弃物无害化处理，企业通常可以采取以下做法：

1. 建立一个对废弃物收集、处理的管理体系，要求企业对产生的废弃物进行系统管理，把废弃物的最终排放量控制到最小的限度之内。

2. 在设计研制产品开发时，要考虑到废弃物的收集及无害化处理的问题。

3. 加强每个生产工序变废为宝的利用，并鼓励职工群策群力。

4. 尽可能将企业产生的废弃物在厂内合理化处理。暂时做不到厂内处理的也要经过无害化处理后，再向外排放。

（二）产品进入流通、消费领域产生的废弃物的无害化处理

为了建立一个良好的企业形象，加强对社会环境的保护意识，企业还应关注产品进入流通、消费领域产生的废弃物的无害化处理。

1. 遵守政府有关规章制度，鼓励商业企业和消费者支持产品废弃物的收集和处理工作，如可以采取以旧换新购物等。

2. 要求消费者对产品包装废弃物纳入到企业废弃物的回收系统，不再作为城市垃圾而废弃，避免增加环境压力。如购买产品对可回收部分收取押金，或送货上门时顺便带回废弃物。

3. 教育企业职工增强环保意识，改变价值观念，注意本企业产品在流通、消费中产生的废弃物的流向，积极参与废弃物合理化处理的活动。

（三）企业排放废弃物的无害化处理

为了使企业最终排放废弃物的无害化处理，主要应做到以下几点：

1. 建立一个能有效处理废弃物的环保系统，并符合当地商品流通环境的收集系统。

2. 通过有效的收集处理和搬运废弃物，努力做到节约运输量。

3. 在焚烧废弃物的处理中，尽可能防止二次污染。

4. 对于最终填埋的废弃物，要尽可能减少它的数量和体积，使之无害化，切实保护好处理场地周围的环境。

5. 在处理最终废弃物的过程中，尽可能采取变换处理，把不能回收的部分转换成其他用途。如：用焚烧废弃物转化的热能来制取蒸汽、供暖、供热水等。

第四节　回收物流与废弃物物流案例

案例 1

高科技垃圾困扰欧洲

法国一年有 150 万吨电子垃圾被运到垃圾站，其中包括被废弃的电脑、电话、电视机、烤面包机和其他家用电器。目前，平均每个法国人每年制造 25 公斤电子垃圾，而这仅仅是个开始。这种高科技垃圾正以惊人的速度增加，其增速是其他家庭垃圾的 3 倍，估计 12 年内就会翻一番。

市场的不断变化加速了产品的更新换代。20 世纪 60 年代的时候，一台电脑可以使用 10 年，如今只有 4 年就被淘汰，而移动电话、电子记事本和其他创新产品的使用寿命也已经降到了两年。可是这些产品一旦被人们淘汰，它们并不是无害的垃圾，这些高科技材料混合在一起可以形成有毒物质。人们发现这种有毒混合物里含有镉、汞和铅等重金属。垃圾站 40% 的铅来自电子产品。电子或电器废品主要是跟家庭垃圾一起焚烧，焚烧过程中产生大量的二噁英。这种物质不但长期污染空气、土壤和含水层，还威胁着人类的健康。

由于回收工作难以组织，电子废品的回收利用率很低，据统计，只有 1% 的电脑被回收利用。另外，回收利用的费用（每吨 700 法郎）要高于垃圾站的处理费用（每吨 600 法郎），使得高科技垃圾的回收工作更加难以开展。

法国政府数年前就开始关注电子垃圾的处理问题。法律规定，到 2002 年 7 月，只有不能再进行任何处理的垃圾才有资格被送到垃圾场。

欧盟也非常重视高科技污染问题。2005 年之前，每个欧盟国家都要求每位居民每年有选择地收集 4 公斤垃圾，并且限制厂家在生产过程中使用危险物质。

欧盟的另一项举措是要求厂家对其产品在每个环节上对环境造成的影响负责，相关垃圾的回收和处理费用也由厂家承担。

为自身利益着想，商家们都在积极寻找新材料，以取代不久将被禁止使用的有害材料，并努力设计出符合环保理念的新产品。好几家大企业已经建立起自己的回收站，并且在科研和开发计划中把环保因素考虑进去。

案例讨论题：欧盟在处理电子废品物流方面给我们哪些启示？

案例 2

韩国：废弃物从限排到再利用

韩国国土狭小，人口稠密，每年消耗能源折合 1 亿多吨原油。因此，韩国政府十分注重环保和资源的循环利用。2002 年，韩国用于环境保护的财政支出达到 13 万亿韩元（约合 111 亿美元），占其当年国内生产总值的 2.3%，高于发达国家德国和法国的 1.6%、日本的 1.4% 和英国的 0.7%。与此同时，2001 年，韩国财政经济部、外交通商部、科技部和环境部等 9 个部制定了一份为期 10 年的《环境产业发展战略》。根据这项战略，韩国的环境产业到 2010 年要具有 21 世纪的国际竞争力，符合世贸组织体制下的环境市场开放条件和发达国家的环境标准，成为“环境模范国家”。

一、建立资源节约型环境产业

韩国政府和民间自 2000 年 ~2005 年间投资 80 亿韩元，普及太阳能高效造氧技术，以替代化石能源，减少温室效应。垃圾也是再生能源的来源之一。韩国在汉城的金浦首都圈垃圾填埋场建设一座 50 兆瓦的沼气发电厂，其发电量可供 1.5 万户居民家庭使用。在取得建设这座发电厂经验的基础上，各地方政府陆续扩大垃圾填埋场的规模，建设沼气发电厂。到 2005 年年底，韩国各地已建成沼气发电厂 30 座、沼气供暖站 43 座。

二“废弃物再利用责任制”规范资源再利用行为

早在 1992 年，韩国便开始实施被称为“废弃物预付金制度”，即生产单位依据其产品出库数量，按比例向政府预付一定数量的资金，根据其最终废弃资源的情况，再返回部分预付资金。政府向生产单位返还资金的比例一般在 40% ~50% 之间，其余资金用于环保建设。“废弃物预付金制度”对控制废弃物和污染物的排放发挥了作用，但同时带来了诸多弊病，如地方政府将预付金作为税收收取等。

从2002年起，韩国将“废弃物预付金制度”改为“废弃物再利用责任制”，即从限制排污改为废弃资源的再利用。韩国政府制定的“废弃物再利用责任制”规定，家用电器、轮胎、润滑油、日光灯、电池、纸袋、塑料包装材料、金属罐头盒、玻璃瓶等18种废旧产品须由生产单位负责回收和循环利用。2004年和2005年，食品盒、方便面泡沫塑料碗、合成树脂、外包装材料等将先后实施“废弃物再利用责任制”。如果生产者回收和循环利用的废旧产品达不到一定比例，政府将对相关企业课以罚款，罚款比例是回收处理费的1.15~1.3倍。例如，空瓶的回收比例必须达到80%以上。“废弃物再利用责任制”，对减少废弃物的排放，促进废弃物的循环利用起到了积极作用。

生产单位在实施“废弃物再利用责任制”时，采用三种形式回收和处理废弃物。第一种形式是生产单位自行回收和处理废弃物，回收处理费用自行担负，废弃物循环利用的效益自享；第二种形式为“生产者再利用实业共济组合”，也就是交由回收处理废弃物的合作社负责。生产者将废弃物回收处理的责任转移给合作社，依据废弃物的品种，按重量交纳分担金；第三种形式是生产单位与废弃物再利用企业签订委托合同，按废弃物的数量交纳委托金，由后者负责废弃物的回收和处理。目前，韩国回收处理废弃物的合作社有11家，遍布全国各地。80%~90%的生产单位采用第二种形式回收和处理废弃物。

同时，韩国成立了一家名为“资源再生公社”的公营企业，专门负责管理和监督“废弃物再利用责任制”的实施。“资源再生公社”依据有关管理章程，通过抽查和现场调查等形式，堵塞废弃物循环使用中的漏洞。如果生产企业违反“废弃物再利用责任制”，将被处以最高100万韩元的罚款。自从设立“资源再生公社”并实施管理监督以来，韩国废弃物品循环利用率提高了5%~6%。

案例讨论题：本案例对我国开展废弃物的处理有何启示？

本章小结

回收物流是指不合格物品的返修、退货以及周转使用的包装容器从需方返回到供方所形成的物品实体流动。废弃物物流是指将经济活动中失去原有使用价值的物品，根据实际需要进行收集、分类、加工、包装、搬运、储存等，并分送到专门处理场所时所形成的物品实体流动。合理组织回收物流与废弃物物流具有较强的经济意义和社会意义。

回收物流与废弃物物流处理的基本原则为事前防范重于事后处理。其物流技术特点为：采用小型化、专用化的装运设备，需要简易的储存和包装要求，多样化的流通加工和低成本的要求。回收物流技术主要包括原厂复用技术流程、通用回收复用技术流程、外厂代用复用技术流程、加工改制复用技术流程、综合利用技术流程和回炉复用技术物流。

再生资源产生的渠道多、方式复杂，使得再生资源的物流具有种类繁多、物流数量大、运作粗放、路程较短等特点。目前主要的可再生资源包括钢铁、纸和玻璃，由于它们的产生途径、加工方法各异，因此其回收利用的过程和方法也各不相同。

企业废弃物主要包括固体废弃物、液体废弃物、气体废弃物、产业废弃物、生活废弃物和环境废弃物。常见的废弃物的处理方式包括垃圾焚烧、净化处理加工、废弃物掩埋和垃圾堆放。废弃物物流主要包括废弃物的收集、包装、贮存和运输。废弃物的收集是将分散的废弃物收拢聚集在一起，存入特定的堆放场地的物流过程；废弃物包装是指将废弃物包裹或装进特定的容器之中，其主要目的是为了防止废弃物在运输过程中泄漏或散失；废弃物贮存是指通过废弃物堆放场、收集站和中转站，对废弃物进行集中、压缩处理、消毒、干燥脱水和暂时存放，以便于废弃物的收集、运输和处理的物流环节；废弃物的运输是指废弃物从产生地或收集点到堆放场地或处理、处置地点的运送过程。

企业废弃物的合理化处理必须从能源、资源及环境保护三个战略高度进行综合考虑，形成一个将废弃物的所有发生源包括在内的广泛的物流系统。这一物流系统实际包括三个方面：一是尽可能减少废弃物的排放量；二是对废弃物排放前的预处理，以减少对环境的污染；三是废弃物的最终排放处理。

复习思考题

1. 简述回收物流和废弃物物流的含义。
2. 试述合理组织回收物流与废弃物物流的意义。
3. 简述回收物流与废弃物物流技术的特点。
4. 再生资源物流有哪些特点?
5. 简述企业废弃物的种类。
6. 处理废弃物时主要采取哪些方法?
7. 简述废弃物收集的原则。
8. 简述选择废弃物包装的原则。
9. 试述合理处理企业废弃物的途径。

第十二章　绿色物流

学习目的

了解绿色物流的内涵、特征、主要研究内容以及绿色物流在国内外的发展现状；理解与掌握绿色物流的主要功能要素；理解绿色物流系统的构成和特征；重点理解与掌握绿色物流系统的运行模式。

【关键词】　绿色物流　功能要素　运行模式

第一节　绿色物流概述

一、绿色物流的产生背景

随着经济的发展，物流量迅速增加，粗放的物流模式对环境的影响也越来越突出。主要表现为以下几方面。

（一）运输方面

从运输的角度看，不合理的货运网点及配送中心布局，导致货物迂回运输；集中库存在降低企业物流费用的同时，却增加了运输的次数；远距离的即时配送能降低库存费用，但也会增加运输次数。这一切都会导致车辆燃油的大量消耗，带来大量的废气污染和噪音污染。

（二）包装方面

从包装的角度看，①一次性使用包装材料消耗了大量的有限的自然资源，废弃的包装材料成为城市垃圾的重要组成部分；需要花费大量的人力和财力处理这些废弃物。②许多包装材料是不可降解的，如市场上流行的塑料袋，使用后会给自然界留下长久的污染物。

（三）流通加工方面

从流通加工的角度看，不合理的流通加工方式会对环境造成负面影响。①由消费者分散进行的流通加工，资源利用率很低，既浪费资源，又污染了空气，如餐饮服务企业对食品的分散加工。②分散流通加工产生的边角废料，难以集中和有效再利用，造成大量的废弃物污染。③流通加工中心选址不合理，造成费用增加和有效资源的浪费。④由于增加了运输量还会产生新的污染。

由上面分析可知，现代物流活动的诸多方面都会对环境造成负面影响，而且这种影响的程度将随着经济的发展而不断加剧，因此，会对社会经济的可持续发展产生消极影响。在社会文明程度日益提高的今天，经济的发展必须建立在维护地球环境的基础上，当代对资源的开发和利用必须有利于下一代环境的维护以及资源的持续利用。因此，为了实现长期、持续的发展，就必须采取各种措施来维护我们的自然环境，可持续型发展就成为社会经济发展的必然选择。可持续发展的原则之一，就是使今天的商品生产、流通和消费不至于影响未来商品的生产、流通和消费的环境及资源条件。将这一原则应用于现代物流管理活动中，就是要求从环境保护的角度对现代物流体系进行研究，形成一种与环境共生的综合物流系统，改变原来经济发展与物流之间的单向作用关系，抑制物流对环境造成危害，同时又要形成一种能促进经济和消费生活健康发展的现代物流系统。这就产生了“绿色物流”这一全新的概念。

二、绿色物流的内涵及特征

（一）绿色物流的定义

目前关于绿色物流，还没有统一的定义。有人认为，绿色物流就是对环境负责的物流系统，既包括从原材料的获取、产品生产、包装、运输、仓储、直至送达最终用户手中的前向物流过程的绿色化，还包括废弃物回收与处置的逆向物流。也有人认为，绿色物流是与环境相协调的物流系统，是一种对环境友好而有效的物流系统。美国逆向物流执行委员会在研究报告中对绿色物流的定义是，绿色物流也称为“生态型的物流”，是一种对物流过程产生的生态环境影响进行认识并使其最小化的过程。

我国有的学者认为，绿色物流是指以降低污染物排放、减少资源消耗为目标，通过先进的物流技术和面向环境管理的理念，进行物流系统的规划、控制、管理和实施的过程。我国国家标准《物流术语》对绿色物流的定义是：在物流过程中抑制物流对环境造成危害的同时，实现对物流环境的净化，使物流资源得到充分利用。

从上述国内外不同学者的定义可以看出，绿色物流实际上是一个内涵丰富、外延广泛的概念。我们认为，绿色物流是指在物流领域中，以降低物流过程的生态环境影响为目的的所有手段、方法和过程。

（二）绿色物流的内涵

从上述定义可以看出，虽然绿色物流有许多不同的定义，但其本质却是相似的。绿色物流的内涵可从以下几个方面分析。

1. 绿色物流是共生型物流

物流与社会经济的发展是相辅相成的，现代物流既促使了国民经济从粗放型向集约型发展，同时也成为消费生活高度发展的支柱。图 12－1 表示了物流与经济发展、消费生活以及环境共生的关系。a 表示在高度经济成长时期，经济发展最受到重视，因而物流与经济发展具有密切的关系。b 表示随着生活水平的提高，现代物流逐渐从主要的产业物流向消费生活和经济发展双方向物流发展，物流的关联领域得到了扩大。在此期间，为了实现企业的盈利、满足客户需求、扩大市场占有率、提高物流效率，传统物流活动往往以对环境与生态的破坏为代价。而绿色物流则注重从环境保护与可持续发展的角度，求得环境与经济发展共存。绿色物流并不是消极地抑制物流规模来减少物流对环境的负面影响，而是采取积极有效的措施，通过物流革新与技术进步，减少或消除物流对环境的负面影响，实现物流与环境的共同进步。

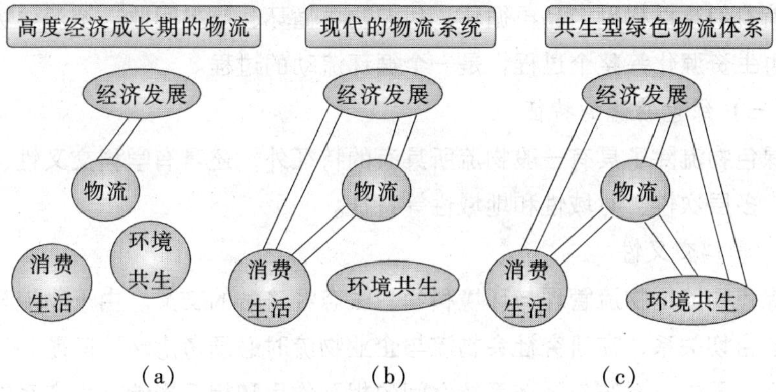

图 12－1　物流与环境的关系

2. 绿色物流是资源节约型物流

传统的物流活动中，存在着大量的资源浪费现象，如过量储存造成物品陈旧、老化、变质，运输过程的商品破损，流通加工过程边角余料的浪费，商品过度包装等。这种现象导致资源的严重透支。而绿色物流的最终目标是可持续性发展，因此绿色物流不仅注重物流过程对环境的影响，而且强调对资源的节约。

3. 绿色物流是低熵型物流

熵是指在一个封闭系统中，总呈现出有效能量减少而无效能量增加的一个不可逆过程。工业文明是建立在化石能源（石油、煤炭）基础上的，而化石能源是不可再生的。人类目前对太阳能、风能等开发利用尚处于初级阶段，远不足于支撑我们庞大的经济体系。低熵物流首先是低能耗物流，但其含义要丰富得多。如物品存放状态的有序度越低，熵越大，故低熵物流要求物品存放有序、搬运灵活性高；此外，库存量越大，库存时间越长，熵越大。低熵物流要求通过延迟响应、以信息替代物流等手段减少库存，减少熵的增加。

4. 绿色物流是循环型物流

传统物流只重视从资源开采到生产到消费的正向物流，而忽视废旧物品、再生资源的回收利用所形成的逆向物流。而绿色物流关注资源开采、生产、消费到原材料副产品再循环、包装物再循环、废品回收、资源垃圾的收集和再生资源化等整个过程，是一个循环流动的过程。

（三）绿色物流的特征

绿色物流除了具有一般物流所具有的特征外，还具有学科交叉性、多目标性、多层次性、时域性和地域性等特征。

1. 学科交叉性

绿色物流是物流管理与环境科学、生态经济学的交叉。由于物流与环境之间的密切关系，在研究社会物流与企业物流时必须考虑环境问题和资源问题；又由于生态系统与经济系统之间的相互作用和相互影响，生态系统也必然会对经济系统的子系统——物流系统产生作用和影响。因此，在研究绿色物流时，必须结合环境科学和生态经济学的理论、方法进行物流系统的管理、控制和决策。

2. 多目标性

绿色物流的多目标性体现在企业的物流活动要顺应可持续发展的战略目标要求，注重对生态环境的保护和对资源的节约，注重经济与生态的协调发展，追求企业经济效益、消费者利益、社会效益与生态环境效益四个目标的统一。系统论观念告诉我们，绿色物流的多目标之间通常是相互矛盾、相互制约的，一个目标的增长往往以另一个或几个目标的下降为代价。如传统的物流活动就是以社会效益、生态环境效益的损失来获取企业经济效益和消费者效益的部分增长。因此，绿色物流的开展必须在多目标之间进行平衡，其中，生态环境效益的保证应是前三者效益得以持久保证的关键所在。

3. 多层次性

绿色物流的多层次性体现在三个方面：首先，从对绿色物流的管理和控制主体看，可分为社会决策层、企业管理层和作业管理层三个层次的绿色物流活动，或者说是宏观层、中观层和微观层。其中，社会决策层的主要职能是通过政策、法规的手段传播绿色理念，强制环境管理等；企业层的任务则是从战略高度与供应链上的其他企业协同，共同规划和控制企业的绿色物流系统，建立有利于资源再利用的循环物流系统；作业层主要是指物流作业环节的绿色化，如运输的绿色化、包装的绿色化、流通加工的绿色化等。其次，从系统的观点看，绿色物流系统是由多个单元（或子系统）构成的，如绿色运输子系统、绿色仓储子系统、绿色包装子系统等。这些子系统又可按空间或时间特性划分成更低层次的子系统，每个子系统都具有层次结构，不同层次的物流子系统通过相互作用，构成一个有机整体，实现绿色物流系统的整体目标。另外，绿色物流系统还是另一个更大系统的子系统，这就是绿色物流系统赖以生存发展的外部环境，包括法律法规、政治、文化环境、资源条件、环境资源政策等，它们对绿色物流的实施将起到约束作用或推动作用。

4. 时域性和地域性

时域性指的是绿色物流管理活动贯穿于产品的生命周期全过程，包括从原材料供应，生产内部物流，产成品的分销、包装、运输，直至报废、回收的整个过程。绿色物流的地域性体现在两个方面。一是指由于经济的全球化和信息化，物流活动早已突破地域限制，呈现出跨地区、跨国界的发展趋势。相应地，对物流活动绿色化的管理也具有跨地区、跨国界的特性。二是指绿色物流管理策略的实施需要供应链上所有企业的参与和响应。例如，欧洲一些国家为了更好地实施绿色物流战略，对于托盘的标准、汽车尾气排放标准、汽车燃料类型等都进行了规定，其他国家的不符合标准要求的货运车辆将不允许进入本国。

三、绿色物流研究的意义

开展绿色物流研究具有十分重大的意义，主要体现在以下三方面。

（一）可从根本上解决物流系统与生态环境的冲突问题

绿色物流是以生态经济学和可持续发展理论为基础进行研究的，它将物流系统看做是自然生态系统中的一个处于低级阶段的子系统，从理论上研究物流系统如何才能保持与自然生态系统的协调发展。因此，绿色物流要解决的是物流系统如何持续发展的根本问题而不仅仅是降低环境污染的问题。

（二）对其他相关学科产生重大影响

绿色物流是现代物流学、生态经济学、环境工程、可持续发展等学科知识的交叉，它以崭新的思维方式研究物流理论和物流管理实践中的诸多问题。随着绿色物流理论和方法研究的深入，必将对环境科学、物流管理学、物流工程学、经济学、法律等诸多学科产生深远的影响。

（三）为企业提供具有长远竞争优势的解决方案

首先，绿色物流有利于企业树立良好的企业形象；其次，企业可通过实施绿色物流战略降低成本，从而拓展企业的利润空间；再次，随着全球经济一体化的发展和人们环保意识的增加，环境壁垒逐渐成为众多企业进入国际市场的准行证。因此企业必须根据自身的经营特点，加强绿色物流理论和方法的研究，制订绿色物流发展战略和策略，这是企业谋求长远发展的重大课题。

四、绿色物流的研究内容

绿色物流是物流与环境科学交叉的一门学科，根据绿色物流所涉及的层面，可分为宏观层次的应用研究、微观层次的应用研究和理论研究三个层次。宏观层次的应用研究，主要研究环境保护论对物流宏观决策及规则制定的影响，如区域布局规则、城市物流、包装规则、物流设施的规划等；微观层次的应用研究主要研究环境保护观念对企业运作的影响，例如，不同的绿色物流策略在不同的企业或物流职能部门的应用研究等；理论研究的主要侧重点是在可持续发展原则和环境保护论背景下，重新评价传统的物流原则、提出新的物流模式和概念框架，研究具有统一指导意义的实践原则等。主要研究内容包括：

（一）环境保护与物流管理的关系

环境状况与物流的发展相辅相成。不合理的物流模式会产生严重的环境问题，如大量的公路运输消耗了过多的能源，加重了废气污染和城市噪声污染，加剧了城市交通的堵塞；而商品包装的一次性、豪华性、甚至采用不可降解的包装材料，不仅造成资源的极大浪费，还是城市垃圾的重要组成部分，而且严重污染环境；流通加工的不合理也会造成资源的浪费和废弃物污染。同时，环境资源的恶化，也会阻碍现代物流业的发展。如原料的获取、供应物流和销售物流的规划等。因此，需要通过研究环境保护与物流管理的关系，从而提出有效的物流管理和决策方法。

（二）企业绿色物流管理

由于不同类型的企业各有其自身的特点，因此，企业在实施绿色物流策略时会有不同的选择。但主要可从原材料/零部件的回收重用、环境资源的经济账目审核、舆论宣传、人员培训、企业间的合作、对供应商的环境意识评价、政府法规等方面制订策略。

（三）物流过程绿色化技术

物流过程绿色化技术是绿色物流的关键之一，主要包含物流过程环保控制和相关节能技术。物流过程相关节能技术是指在运输、保管、搬运、包装、流通加工等过程中，工序的合理优化配置，尽量实现物资流、能量流的闭链循环。由于物流过程包括储存、运输、装卸、包装、配送、流通加工等相关环节，在物流过程中各环节不可避免地对环境造成一定的危害，因此需要对绿色运输、绿色包装、绿色流通加工等相关内容展开深入的研究。此外，物流装备等绿色产品的相关节能技术对物流过程的绿色化也有着重要的影响。

（四）物流绿色化标准体系

面向环境的绿色物流，不仅需要企业的努力，还需要政府对现代物流体制的规制，制订系统的标准和法规。由于缺乏物流安全标准、噪声标准、排气标准、车速标准、废弃物回收等方面的具体规定，导致监管控制不力，这也是物流影响环境的重要原因之一。另外，制订各环节统一的标准，便于各环节的协调，能促使运输包装容器直接重用，从而减少固体废弃物、节约资源。因此，从可持续发展和环境保护的角度分析，迫切需要制订物流绿色化标准。

（五）绿色物流的政策环境

为推动社会物流绿色化，不能完全依靠市场机制实现，需要政府的干预。政府应该通过法规、政策、制度、教育等手段，对物流绿色化发展进行限制、干预、引导和激励。因此，必须从宏观上探索如何营造发展绿色物流的政策环境。

（六）逆向物流

逆向物流是绿色物流研究中的一个焦点。逆向物流是为了资源回收或处理废弃物，在有效及适当成本下，对原料、在制品、成品和相关信息从消费点到原始产出点的流动和储存进行规划、执行与管制的过程。逆向物流具体体现在：对在生产领域中经生产消费或者生产消费后产生的废弃物品中可以回收复用的部分物品，通过回收、分类、加工、复用的物流活动将其回收；在流通过程中众多不合格物品的返修、退货以及周转包装容器从需方返回到供方所形成的物品实体流动；在消费过程中对消费者消费后产生的废旧物品的回收利用。此外，逆向物流还包含着废弃物物流，即将经济活动中和消费过程中失去原有使用价值的物品，根据实际需要进行收集、分类、加工、包装、搬运、储存等，并分送到专门处理场所时所形成的物品实体流动。

合理规划逆向物流系统，有利于物料的再循环和零部件的重复利用，不仅使企业在环境管理方面更有成效，而且还能给企业带来巨大的经济利益。因此，逆向物流既是绿色物流管理过程的关键组成，也是企业增强竞争能力的“战略武器”。

（七）绿色物流的评价

要使环境管理具有可操作性，就必须有一套评价和测度绿色物流系统的方法。绿色物流是经济效益与社会效益、环境效益、生态效益的统一，那么，对绿色物流系统的评价也应该从多个方面进行。绿色物流的评价研究就是对绿色物流系统评价的原则、绿色化指标、评价标准及评价方法等进行探讨。

（八）城市物流的绿色化

城市物流不同于企业物流，也不同于社会宏观物流，有其独特性。物流的无序发展对城市环境污染问题负有不可推卸的责任。因此需要对城市物流绿色化进行研究。

此外，根据应用领域的不同，还有农产品绿色物流等。由于绿色物流是多门学科的交叉，再加上物流系统范围的广泛性，这使得对绿色物流的研究将随着理论的深入和实践的发展而不断扩展和完善。

五、绿色物流的发展现状及对策

(一) 绿色物流在发达国家的实施状况

同很多与环保相关的问题一样，绿色物流先从发达国家兴起。自20世纪90年代初期，西方国家的企业界及物流学术界的学者们就提出绿色物流的概念，绿色物流很快就得到了政府、学术界和企业界的高度重视。①政府通过立法限制物流过程中的环境影响，例如，欧盟国家、美国和日本等国家都制定了严格的法规限制机动车尾气排放和废弃物污染；②发达国家提出了发展循环型经济的目标，积极扶持逆向物流的发展。很多跨国公司都积极响应这一行动，施乐、柯达、美孚、惠普等大型跨国公司都实施了逆向物流的项目，并且收益显著。下面分别介绍绿色物流在美国、欧洲、日本的实施状况。

1. 美国

美国是世界上最早发展物流业的国家之一。政府推行的自由经济政策，使物流业迅速发展，这就决定了美国对绿色物流的更大关注。从理论研究方面看，许多学者对绿色物流的基本问题进行了研究，认为物流结构的不合理会对环境造成严重影响，反过来，环境问题又会影响供应链上的物流决策，因此，环境保护与物流管理关系密切。

从政府方面看，美国政府通过政府宏观政策的引导，确立以现代物流发展带动社会经济发展的战略目标，其近景、远景目标十分明确。例如，在《国家运输科技发展战略》中，规定交通产业结构或交通科技进步的总目标是“建立安全、高效、充足和可靠的运输系统，其范围是国际性的，形式是综合性的，特点是智能性的，性质是环境友善的”。一般企业在实际物流活动中，对物流的运输、配送、包装等方面应用诸多的先进技术，如电子数据交换（EDI）、准时制生产（JIT）、配送规划、绿色包装等，为物流活动的绿色化提供强有力的技术支持和保障。

此外，为使产品生命周期的环境污染最小、资源消耗最少，也为了企业自身的利益，很多企业会在自己的供应链上实施逆向物流计划，重视对废品、次品的回收、重用、翻新。实际上，实施逆向物流不仅能缩减资源消耗，减少废弃物污染，保护环境，更重要的是还能使企业获得很多利益，例如，紧缩库存、降低成本以及更好地控制成本、提高服务水平等。可以说，逆向物流是增强企业竞争能力、提高竞争优势的具有长远利益的战略武器。

【实例】 绿色麦当劳

在美国，从20世纪70年代起，速食业已有饱和之说，但麦当劳（快餐食品）却以其无坚不摧之势风行世界，几乎无处不受欢迎。时过境迁，到了1988年，麦当劳因其每天都制造垃圾——废弃的包装物，又逐渐成为环保人士攻击的对象。

麦当劳采用的是“保丽龙”贝壳式包装。这种包装既轻又保温，且携带方便，是速食业理想的包装。但这种包装难以处理，加之外带食用的比例过高，废弃包装物的清理就成了威胁环境的问题。富有环保意识的人们、尤其是年轻的一代纷纷地向其总公司寄来了抗议信。公司当局意识到这些抗议将威胁到企业未来的生存，而且包装可说是速食业的灵魂，速食业致力于包装的开发，其重要程度并不亚于菜单的本身。

为了平息抗议，它不得不寻求环保人士的协助。1990年8月，麦当劳和“环境防卫基金会”（EDF）签署了一项不寻常的协定。EDF是美国一个环保研究及宣传机构。麦当劳所以寻求EDF的协作，是因为当其拟定环保政策时，发现环保的复杂程度远远超过其想象。起初，麦当劳以为主动回收废弃的贝壳包装，似乎就能平息消费者的不满。1988年，麦当劳在10个店铺做过小试验，证实将贝壳包装回收再制成塑料粒子作为它用，技术上是可行的。但翌年将此设计扩大为1000个店铺时，却出了问题，主要是其外带量是店内量的6~7倍，这么大量的废弃物已非麦当劳所能控制。另外，在店内食用的、废弃的包装物虽然可以回收，但清理工作十分麻烦。回收不是灵丹妙药，特别是美国有些城市已全面禁止使用贝壳包装。

在与 EDF 合作之初，麦当劳领导层人士还期待着在美国的 8500 家店铺全面实施回收来解决包装问题，但 EDF 确信减少包装才是治本之道。麦当劳至此决心改弦易辙，宣布取消贝壳包装，代之以夹层纸包装。随后麦当劳自己还进行了一项研究，发现贝壳包装从制造到废弃的全过程，耗费的天然资源比夹层包装纸大。夹层包装纸虽然无法回收再制，但不像贝壳那样蓬松，其储运与丢弃所占的空间只是贝壳的 1/10。整个研究得出的结论是：减废比回收更重要。

取消贝壳包装只是整个环保努力中的一个小进步，主要的成就还是在实现环保目标上。为了实现环保计划，双方同意按减废、重复使用、回收再制的顺序进行。在减废上从三个方面着手：一是减少包装；二是减少使用有损环境的材料；三是使用较易处置，能物化成肥料的材料。

2. 欧洲

欧洲是引进“物流”概念较早的地区之一。早在 20 世纪 80 年代欧洲就开始探索一种新的合作式的物流体系，即综合物流供应链管理。它的目的是实现最终消费者和最初供应商之间的物流与信息流的整合，通过在商品流通过程中加强企业间的合作，改变原先各企业分散的物流管理方式，通过合作形式提高物流效率，从而减少无序物流对环境的影响。

欧洲货代组织非常重视绿色物流的推进和发展，对运输、装卸、管理过程制定出相应的绿色标准，加强政府和企业协会对绿色物流的引导和规划作用，同时鼓励企业运用绿色物流的全新理念来经营物流活动。即在规划和兴建物流设施时，应该与环境保护结合起来；限制对生态环境影响最大的公路运输的发展，大力推进铁路电气化运输；加大对绿色物流新技术的研究和应用，例如，运输系统规划的最优化方法的研究，绿色包装材料的研发和试验等。

1994 年，欧共体制定了一项关于包装和包装废弃物的条例，该条例目前仍在欧共体国家以法规的形式执行。新的包装条例迫使很多企业不得不重新考虑它们的包装类型和运输形式，以使包装费用最低。运输方面，德国、瑞士、奥地利等国家正计划对过境运输采取限制。例如，瑞士禁止役龄超过10年的卡车过境；奥地利引入了一种生态分数分配系统，对环境业绩良好的过境运输公司加以奖励；德国对高速公路上和大城市附近的交通阻塞现象日益关注，将通过对在高速公路和城区行使的运输车辆增加更高的关税来加以限制。

【实例】

瑞典是木材资源极其丰富的国家，但瑞典人“惜林如金”却由来已久，最典型的就是瑞典人发明的“绿色包装”——利乐砖包装。早在第二次世界大战后，瑞典利乐公司的创始人鲁宾劳辛博士就试图以纸来包装液体牛奶。经过十余年研究试验，終于发明了被誉为“天生就有‘绿色包装’基因”的利乐砖纸包装。用这种“绿色包装”来包装的牛奶、果汁、饮料，无需冷藏，在常温下可保鲜6个月，节约了大量因冷藏而耗费的能源。同时，这种纸包装回收后可做成“彩乐板”制作家具、地板、玩具、音响设备等。由于利乐砖是名副其实的“绿色包装”，因此很快推广到整个欧洲，目前已成为欧洲液体食品包装的主流。德国和法国也把大力推行“绿色包装”作为一项政府行为。德国制定的“循环经济法”，就是以法律的形式来保证“绿色包装”的实施。法国政府的环保部门明确规定在这些包装上必须印有“循环利用”的环保标识，以提醒和告诫人们增强环保意识，反复利用，节约能源。

3. 日本

日本自1956年从美国引进物流管理的概念后，大力进行本国的物流现代化建设，将物流运输业改革作为国民经济中最为重要的核心课题予以研究和发展。到20世纪80年代中期，在政府和企业共同努力下，日本以降低物流成本为目的，积极推行物流的合理化，迅速成为物流管理的先进国家。

在积极推进本国物流现代化的同时，日本也很重视物流绿色化的重要意义。除了在传统的防止交通事故、抑制道路沿线的噪声和振动等方面加大政府部门的监管和控制作用外，还特别出台了一些实施绿色物流的具体目标值，如通过对货物的托盘使用率、货物在堆场的滞留时间等方面的控制，来降低物流对环境造成的负荷。表 12－1 列出了日本政府在推行绿色物流过程中的有关政策。

表 12－1　　日本政府在推行绿色物流过程中的有关政策

1	1989 年日本提出了 10 年内三项绿色物流推进目标，即含氮化合物排出标准降低 3 成到 6 成，颗粒物排出降低 6 成以上，汽油中的硫成分降低 1/10
2	1992 年日本政府公布了汽车二氧化氮限制法，并规定了允许企业使用的 5 种货车车型，同时在大都市特定区域内强制推行排污标准较低的货车允许行使的规制
3	1993 年除了部分货车外，要求企业必须承担更新旧车辆、使用新式符合环境标准的货车的义务。为解决地球的温室效应、大气污染等各种社会问题，日本政府与物流业界在控制污染排放方面，积极实施在干线运输方面推动模式转换和干线共同运行系统的建构，积极推动城市共同配送系统的建构等
4	1997 年，日本政府制定了对物流现代化和纵深化发展具有重要影响力的《综合物流实施大纲》，其中的主要目标之一就是要减轻环境负荷；在《大纲》中还明确提出了“解决环境问题”的对策
5	2001 年，日本出台《新综合物流实施大纲》，强调要减少大气污染排放，加强地球环境保护，对可利用的资源进行再生利用，实现资源、生态和社会经济良性循环，建立适应环保要求的新型物流体系

另外，社会各界也充分认识到物流绿色化的重要意义，提出了一些合理化对策，如减少输送次数、提高车辆装载效率、提倡共同配送、简化包装等。

（二）我国绿色物流的发展现状

1. 政府对绿色物流理念的推进

我国正处于国民经济快速增长的发展时期。一方面，我国面临着提高社会生产力、增强综合国力和提高人民生活水平的发展任务；另一方面，又面临着相当严峻的环境问题和困难。长期以来，由于技术水平不高，加上粗放型经济增长方式，造成了资源利用效率较低，对资源的开发强度不断加大。同时，人口的持续增长和人民日益增长的物质文化需求，对经济建设以及资源、环境造成了巨大的压力。为此，我国政府提出将可持续发展战略定为我国的基本国策。

在国家总体战略的指导下，各级地方政府纷纷提出实施绿色工程的具体方案，促进了企业对有关绿色管理策略的实施。

例如，北京市非常重视商品流通过程中的环境问题，曾将其作为社会科学研究项目进行立项研究。项目研究小组通过调查分析发现，商品流通实际上构成了北京市环境污染源的一个重要方面，商品流通领域内的一些经济活动，如过度包装、一次性包装、不合理的运输等，直接导致并加重了城市的“垃圾围城”、“白色污染”等固体废弃物的污染和大气污染等环境问题；因此，首都的可持续发展仅仅强调清洁生产、适度消费是远远不够的，由绿色商流和绿色物流构成的绿色流通应该成为北京市可持续发展必不可少的组成部分。

有关实施策略列举如下：①重视商品流通领域环保形势的严峻性，将其纳入城市可持续发展框架体系；②倡导绿色流通，强化绿色流通意识；③加快物流社会化建设，建立北京市宏观绿色物流服务体系；④强化流通企业责任，促进废弃物回收目标的实现；⑤建立、健全绿色流通政策体系，运用税收及收费调节手段，促进企业主动实施绿色物流行动。其他还有一些城市也在国际化城市目标中引入了绿色物流的概念。

但是，应该看到，绿色物流的理念才刚刚传入我国，对政府和企业而言都还是一个全新的话题；政府如何从政策、法规方面推进企业绿色物流的全面实施，还是一个有待深入研究的课题。

2. 企业实施绿色物流的现状

在国家可持续发展原则引导下，许多企业的社会责任意识已开始形成。不少企业已具有环境意识，将生产绿色产品作为企业经营的宗旨和竞争的法宝；一些企业已按环境标准实行清洁生产。例如，海尔集团已建立起环境管理体系，并获得 ISO 14001 标准认证。绿色产品生产和绿色消费的意识已得到企业和公众的普遍认可。

但是，在物流方面，由于我国物流业的起步较晚，企业对现代物流重要性的认识才刚刚开始，企业物流系统的构建主要还是以降低成本、提高效益和效率为目标。虽然一些企业已开始认识到物流中的环境问题，但对绿色物流的认识还非常有限。国内在绿色物流的服务水平和研究方面还处于起步阶段，尤其是缺乏对资源环境的价值分析和成本估算，对于环境污染、交通拥挤的代价尚未以成本的形式引入到企业的成本核算体系中，实施绿色物流还未成为大多数企业的主动选择。

（三）我国实施绿色物流存在的问题

同国际上技术先进的国家相比，我国在绿色物流的观念、政策以及技术方面均存在较大的差距。缩小并消除这些差距，是全面实施绿色物流管理战略首先要解决的问题。这些差距具体表现在以下三方面。

1. 政策上的差距

绿色物流的实施不只是物流企业的事情，还涉及到政府、制造企业及消费者对绿色物流的重视程度。目前，世界各国都在尽力把绿色物流的推广作为物流业发展的重点；积极开展绿色环保物流的专项技术研究，如在物流系统和物流活动的规划、决策中，尽量采用对环境污染小的方案，包括采用排污量小的货车车型、近距离配送、夜间运货，以减少交通阻塞、节省燃料和降低排放等。另外，促进新材料的广泛应用和开发，进行回收物流的理论和实践研究，积极出台相应的绿色物流政策。这些法规对企业物流的绿色化实践具有重要的指导作用。我国自 20 世纪 90 年代以来，一直不断地致力于环境污染方面的政策和法规，但针对物流行业的法规还不是很多。目前有些大城市已开始对污染严重的货车限制行车时间和路线。但是总的讲，我国还缺乏相关的政策法规，缺乏对现有的物流体制进行强制性环境管理的能力。另外，由于物流的发展涉及到多个行业和部门，由于部门间的独立运作和缺乏沟通，致使物流基地重复建设，也导致物流资源的巨大浪费和社会物流系统运作的不经济，进一步加重了物流过程对环境的影响。

2. 观念上的差距

现代物流在经济中的重要作用已得到各级政府的认可，但是，绿色物流的理念尚未完全确立。一方面，部分政府领导对物流的推进放任自流，仅有物流的思想而没有绿色化的概念，还缺乏发展的前瞻性，与时代的步伐存在差距。另一方面，经营者和消费者对绿色经营消费理念仍非常淡薄，绿色物流的思想几乎为零。经营者提供绿色产品、绿色标志、绿色营销和绿色服务，消费者追求的是绿色消费、绿色享用和绿色保障，而其中的绿色通道——物流环节，却成为忽视的角落，未受到足够的重视和关心。

3. 技术上的差距

绿色物流的贯彻实施，不仅依赖于绿色物流理念的建立和政策的制定，还离不开绿色技术的支撑。与发达国家相比，我国的物流技术离绿色化要求还有较大的差距。例如，在物流系统规划方面，缺乏全局性的统一规划；在物流设备方面，设备的省力化、清洁化技术水平还需要进一步提高；在包装材料及包装方式的处理上，与绿色物流倡导的可重用性、可降解性也存在较大的差距；另外，信息技术和信息系统功能的限制，也会导致物流路径的迂回与不合理。

以上差距说明，我国企业的物流绿色化任重而道远。随着经济的全球化，我国企业的物流绿色化将成为参与全球竞争的重要基础。因此，建立和完善我国物流绿色化的政策和理论体系，对物流系统目标、物流设施设备和物流活动组织等进行改进与调整，实现物流系统经济效益和环境效益的整体最优化，将有利于我国物流管理水平的提高，对于经济的可持续发展具有重大意义。

（四）我国实施绿色物流的发展对策

结合我国开展绿色物流的实际问题，借鉴发达国家的实践经验，我们提出了以下发展对策。

1. 进一步制定政策法规，加强政府对物流体制的管理控制

要发挥政府的引导和导向作用。从发达国家的实践经验看，政府主要应从以下三方面制定政策法规，在宏观上对物流体制进行管理控制。

（1）控制物流活动中的污染发生源。物流活动引起环境污染的主要原因在于货车运输量的增加，政府应采取有效措施，从源头上控制物流企业的发展造成的环境污染，如治理车辆的废气排放，限制城区货车行驶路线，收

取车辆排污费，促进低公害车的普及等。

（2）限制交通量。通过政府的指导作用，促进企业选择合理的运输方式，发展共同配送、统筹现代化的物流中心，最终通过有限的交通量来提高物流效率。

（3）控制交通流。通过道路与铁路的立体交叉发展，建立都市中心环状道路，制订道路停车规划以及实现交通管制系统的现代化等措施，减少交通阻塞，提高配送效率。

2. 加强宣传和教育，树立现代绿色物流的全新运作观念

绿色物流的开展不仅需要政府的引导和强制，还需要生产商、批发商、零售商和消费者全体的协调配合。这就需要加强宣传和教育，使得各相关主体都能真正意识到绿色物流的重要意义。①各舆论媒体应广泛宣传绿色物流的重要意义；②生产商、批发商、零售商、物流企业等应在内部开展宣传、教育和学习活动，树立并发展现代绿色物流的全新运作观念；③消费者应积极倡导绿色需要，绿色消费。通过绿色消费方式倡导企业实施绿色物流管理，通过绿色消费行为迫使企业实施绿色物流管理，通过绿色消费舆论要求政府规制绿色物流管理。

3. 做好物流企业的绿色转型工作

做好物流企业的绿色规范和转型，对于推进绿色物流具有十分重要的意义。要做好绿色物流企业的创建以及原有物流企业的改造，必须抓住以下几个方面：

（1）物流企业要围绕绿色环保和可持续发展的理念开展经营，不能安于现状，不思进取，更不能存在“环保不经济，绿色等于花费”的思想。只有企业自身认识到企业建设和营运绿色化的必要性和紧迫性，物流企业的绿色再造和规范才能有所突破。

（2）全面开展物流企业的科学技术改造，通过第三方物流的建立和对物流流程、环节以及各设施器械的技术创新、技术引进和技术改造，提高企业的营运能力和技术水平，最大限度地降低物流的能耗和货损，增强环保能力，防止二次污染。

（3）物流企业应从保护环境的角度制订其经营管理战略。具体包括：

①选择绿色运输策略。通过有效利用车辆，降低车辆运行、提高配送效率，如合理规划网点及配送中心、优化配送路线、提倡共同配送、提高往返载货率等；改变运输方式，由公路运输转向铁路运输或海上运输；使用“绿色”运输工具，降低废气排放量等。

②提倡绿色包装。采用可降解的包装材料，设计简易包装，减少一次性包装，提高包装废弃物的回收再生利用率，加强绿色包装宣传等。

③开展绿色流通加工。由分散加工转向专业集中加工，以规模作业方式提高资源利用率，减少环境污染；集中处理流通加工中产生的边角废料，减少废弃物污染。

第二节　绿色物流的主要构成

一、绿色运输

运输是物流系统中最基本、最重要的活动，其形式主要表现为公路运输、铁路运输、航空运输和水路运输，由于运输的过程也是能量不断消耗的过程，因此运输必然会对环境造成一定的影响，特别是公路运输，由于其能量消耗高、废气排放高、运输利用率低，因此对环境的污染也最大。但是物流作为现代经济发展的主要支柱，使得人们不可能因为保护环境而放弃运输，因此只能尽量减少运输的污染程度。因此，绿色运输越来越受到人们的重视。

绿色运输指的是以节约能源、减少废气排放为特征的运输。根据运输环节对环境影响的特点，人们提出了以下几种途径：①采用绿色运输方式。即结合其他几种运输方式，降低公路运输的比例；②采用环保型运输工具。这种方法主要是针对货运汽车，即采用节能型的或以清洁燃料为动力的汽车；③建立绿色物流网络。即选择路程最短的、最合理的物流运输网络，以便减少无效运输；④采取绿色货运组织模式。即在城市货运体系中，通过组织模式的创新，降低货车出动次数、行驶里程和周转量等。

二、绿色包装

包装要消耗大量的资源、产生大量的固体废弃物，是物流系统影响环境的主要因素之一。因此，包装的绿色化是物流系统绿色化的重要内容。

所谓绿色包装，指的是以节约资源、降低废弃物排放为目的的一切包装方式。按照包装的构成，绿色包装可进一步分解为包装材料的绿色化和包装方式的绿色化两个方面。

（一）包装材料的绿色化

即采用绿色包装材料。绿色材料，又称环境协调的材料或生态材料，是指那些具有良好使用性能或功能，且对资源和能源消耗少，对生态环境污染小，有利于人类健康，再生利用率高或可降解循环利用，在制备、使用、废弃直至再生循环利用的整个过程中，都是与环境协调的一大类材料。

一般而言，绿色材料必须具备三个特征。

1. 良好的使用性能

作为一种包装材料，如果不考虑其包装性能或功能，仅追求其与环境的协调，那么，这种材料对于包装工业而言是没有多大的存在价值的。所以，优良的包装功能也是绿色包装材料的基本内涵，例如，重量轻、防震性、抗压性、美观性以及在物流过程中能方便装卸搬运、储存、运输等性能。

2. 良好的环境协调性

这种协调性表现在两个方面：①包装材料应具有较低的环境负荷值；②包装材料具有较高的可循环再生率。要想生产一种材料而不产生环境负荷值，实际上是不可能的，因此，只能寻求相对较低的环境负荷值。另外，材料作为一种资源，如果能充分地循环再生，则可以实现对资源的综合循环利用，其本身就是降低生态环境负荷值的一种表现。

3. 包装材料生命周期全过程的绿色化

材料生命周期全过程是指从原材料获取、材料制备、加工、使用、废弃，直至再生循环的整个过程。绿色包装材料必须在这整个生命周期都具有良好的环境特性，而不能只在某些阶段是环保的，而其他阶段又是污染严重的。例如，有些高分子材料在其制备过程中，环境污染相对较小，但在其废弃处置过程中的环境污染很严重；相反，纸质包装物废弃后回收、循环均较容易，但造纸过程中的环境污染严重，且消耗了很多不可再生的资源。所以，衡量一种包装材料的环境特性，应该从其全生命周期范围来评价。

总之，作为绿色包装材料，既要满足人类对材料基本包装性能的要求，同时也要体现人类对生态环境的关注。绿色包装材料的本质特性就在于其生命周期全过程具有的较低的环境负荷值。而且，随着科学技术的发展，这一标准也会不断地修订。

常用的绿色包装材料包括可降解塑料包装材料、纸包装、可食性包装材料和利用自然资源开发的天然生物包装材料。

（二）包装方式的绿色化

绿色包装方式必须满足三个方面的原则要求：①包装材料的绿色性；②包装产品制造环节的绿色性；③包装材料消耗的最少量化。

要实现包装方式的绿色化，可以采用以下两条途径：①采用可重复使用的包装容器；②集合包装方式。

1. 可重复使用的物流包装

由于一般的物流包装容器具有较大的外形，占用空间大，不易保存和运输，因此，要采用可重复使用的包装容器，就必须解决包装容器的储存和运输问题。常见的方法有两种：①确保包装容器可以套放。如通过将四个侧面设计成具有一定模角的形式，使包装容器能套放在一起，如图 12－2 所示；或者将包装容器设计成带活动盖的物流包装箱，如图 12－3 所示。它带有两个活动的塑料板盖，相当于两扇门，当箱子关上时，两个活动板可以互相锁死，保证包装所需的强度要求。这种方法最大的优点是节约存储空间和运输空间，通过重复利用降低成本。②使包装容器具有可折叠性。但是，包装方式的可折叠性不能影响到包装容器的承载能力，因此，一般是在适当的地方采用活动的联接方式来确保包装容器的可折叠和可拆卸。较为常见的方法有铰链联接的木制散货包装容器，图 12－4 是这种包装容器的结构。包装箱的底部是按照托盘的尺寸规格和要求而设计，便于叉车直接操作，不需要额外的托盘。该结构的最大特点是，它的四个侧面是可以拆卸的，与顶部和底部分离，箱子的四边通过铰链联接起来，以保证承载能力的要求。图 12－5 是木箱拆卸折叠过程示意图，当侧面拆离顶部和底部后，可以折叠成平板状，方便储存和运输；再次使用时，只需按照图中的拆卸、折叠顺序，逆序组装即可。另外，金属制的网箱也可采用这种结构形式。它们可用于散货、小件杂货等的物流包装。

可重复使用的物流包装容器可以用不同的材料制成，但主要是塑料、木材或金属替代品。其中，塑料质量最轻、价格最低，可以制作成刚性的或活动式的包装箱；木制包装容器耐用性好、承载大，但是调运不方便、价格高、运输成本高；金属材料一般用来制作带轮子的网状的箱子。

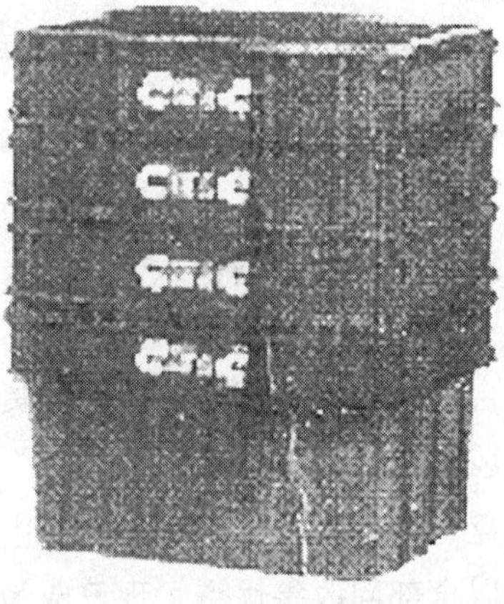

图 12－2　可套放的无盖包装容器

图 12－3　可套放的带盖包装容器

图 12－4　铰链联接的木制散货包装容器

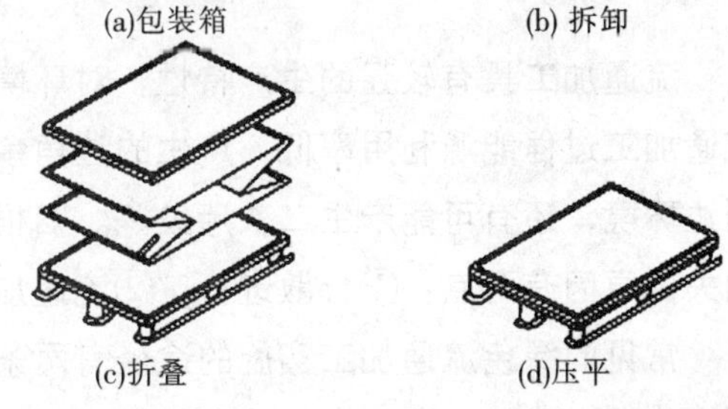

图 12－5　木箱的拆卸折叠过程

2. 集合包装方式

集合包装是将一定数量的包装件或产品，装入具有一定规格、强度和能长期周转使用的更大包装容器内，形成一个合适的搬运单元的包装技术。集合包装不仅有利于产品装卸作业和运输作业的机械化，还可以反复周转使用，降低原产品内包装的用料标准、简化包装操作。因此，集合包装能节约包装材料、降低包装成本。

集合包装的方式较多，包括集装箱、托盘集装、集装袋、无托盘集装、框架集装等。

现代集装箱主要是用钢板、铝合金、玻璃钢制成的大型长方体容器，载量大，尤其适用于多式联运；但是集装箱运输需要专门的码头设施和装运工具，所以投资很大。

托盘包装是国内外普遍采用的一种集合包装方式，即将包装件或货物堆码在托盘上，再通过捆扎、胶黏等方法加以固定，形成一个搬运单位，以便机械化作业。托盘按材质划分，有木制托盘、金属托盘、塑料托盘。由于塑料托盘具有寿命长、可靠性高、卫生、可以全部回收等优点，现已成为一种首选的绿色包装方式。

集装袋是一种柔软、可折曲、可周转的大型包装运输容器，由可折叠的涂胶布、树脂加工布、塑料或化纤材料制成；具有结构简单、成本低、便于周转和回收复用等特点，适合于粉、粒状货物的包装。集装袋集合包装是一种新型的包装方式。

三、绿色流通加工

流通加工具有较强的生产特性，对环境的影响主要表现在：分散进行的流通加工过程能源利用率低，产生的边角余料、排放的废气、废弃物等污染周边环境，还有可能产生二次污染等。归根到底，流通加工对环境产生影响的关键原因有两点：①分散进行；②流通加工中心的选址不合理。

常见的绿色流通加工实施的途径有两条：①专业化集中式流通加工，以规模作业方式提高资源利用效率；②流通加工废料的集中处理，与废弃物物流顺畅对接，降低废弃物污染及废弃物物流过程的污染。

四、绿色仓储

仓储过程本身会对周围环境产生影响，例如，保管、操作不当引起货品损坏、变质、甚至危险品泄漏等；另外，仓库布局不合理也会导致运输次数的增加或运输的迂回。

所谓绿色仓储，就是要求仓库布局合理，以减少运输里程、节约运输成本。如果仓库布局过于密集，会增加运输的次数，从而增加能源消耗，增加污染物排放；如果布局过于松散，则会降低运输的效率，增加空载率。此外，仓库建设前还应当进行相应的环境影响评价，充分考虑仓库建设和运营对所在地的环境影响。易燃、易爆商品仓库不应设置在居民区，有害物质仓库不应设置在重要水源地附近等。

第三节　绿色物流系统

由于物流本身的交叉性和综合性，再加上绿色物流实施主体的多样性，因此，物流的绿色化是一个系统性的工程。

一、绿色物流系统的构成

绿色物流系统也就是物流系统的绿色化，既包括物流系统的“绿色”状态，也包括为使物流系统变得“绿色”所进行的调整和行动过程。因此，根据构成物流系统的诸要素，我们认为绿色物流系统包括绿色物流作业系统和绿色物流信息系统两个分系统。

（一）绿色物流作业系统

绿色物流作业系统就是在运输、保管、包装、流通加工等作业中使用种种先进的节能技术和环保技术，将物流作业的各个环节集成在一起，以提高物流活动的效率，同时实现环境保护的目标。

（二）绿色物流信息系统

物流信息系统是指由人员、设备和程序组成的，为管理者执行计划、实施控制等职能提供相关信息的交互系统。物流信息系统的基本工作就是通过对订货、进货、库存、出货、配送等信息的搜集、分类、汇总、跟踪、查询等方式来支持企业的物流活动。绿色物流信息系统和物流信息系统的基本功能类似，只不过在提供咨询和建议时，绿色物流信息系统可能更侧重于社会效益，而忽视企业的经济效益。

二、绿色物流系统的特征

（一）开放性

绿色物流系统由多个要素构成，其内部各要素之间、系统与外部大环境之间不断地进行着物质、能量和信息的交换，并且以“流”的形态贯穿于其间，从而形成一个动态的、系列的、层次的、具有自我调节和反馈能力的相对独立体系。正是通过“流”，物流系统才得以维持自身的发展。开放性的另一个体现就是绿色物流系统内部要素之间存在着协同与竞争的复杂关系。

（二）区域特性

绿色物流系统总是有一定的空间范围，也就是说当讨论物流业发展或物流业的绿色化发展时，总是将它放在特定的空间上去考察。区域作为某种特定范围的地域综合体，有其特定的自然、社会、经济、生态环境等要素，亦有其固有的形成、发展和演化机制，一个区域的社会经济活动必须遵循其固有的基本规律。因此，绿色物流系统也必须考虑区域这一基本特征。按照区域范围的大小，绿色物流系统可以划分为社会绿色物流系统和城市绿色物流系统，而企业物流是社会物流系统和城市物流系统的基本组成部分。

（三）多环节特性

由于物流系统的多环节特点，绿色物流系统也具有多环节的特点。不管是社会物流、城市物流还是企业物流，绿色物流系统都应该包括绿色包装、绿色运输、绿色仓储、绿色流通加工等功能环节。

（四）行为主体的多样性

绿色物流系统的行为主体不仅包括广大的公众（消费者）、各行业的生产企业、分销企业、物流企业、批发或零售业等，还包括不同级别的政府和物流行政主管部门等。这些行为主体的环境意识和环境战略对它们所在的供应链物流的绿色化将产生重要的推动作用或制约作用。因此，与绿色物流系统相关的政策法规、消费者督导、企业自律等也是实施绿色物流战略的宏观管理策略。

（五）层次性

层次性表现在绿色物流系统本身可分解为若干子系统，各子系统还可以进一步分解为更小的子系统。绿色物流系统的层次性有不同的体现。

按照对绿色物流系统管理和控制主体划分，可分为社会决策层、企业战略层和企业作业层三个层次的绿色物流活动。其中，社会决策层的职能是通过制定绿色物流方面的政策、法规、标准，传播绿色理念、约束和指导企业的绿色物流战略。如制定统一的物流器具标准，限制运输工具的环境污染指标，规定产品报废后的回收处理责任等；企业战略层的任务则是从战略的角度与供应链上的其他企业协同，共同规划并管理企业的绿色物流系统，建立有利于资源再利用的循环物流系统；作业层的绿色物流活动主要是指物流作业环节的绿色化，如运输的绿色化、包装的绿色化、流通加工的绿色化、仓储绿色化等。

按照绿色物流系统的考察范围划分，可分为社会宏观物流的绿色化、城市物流的绿色化和企业物流的绿色化三个层次。城市物流系统包含了企业物流，而社会宏观物流系统又包含了城市物流；企业物流的绿色化又可分解为绿色供应物流、绿色生产物流、绿色分销物流、废弃物物流、逆向物流等；所有这些物流子系统又都是由绿色包装、绿色运输、绿色仓储等功能环节构成的。

三、绿色物流系统运行模式

（一）基于产品生命周期的绿色物流运行模式

产品从原材料开采或原材料的供应开始，经过原材料加工、产品制造、包装、运输和销售，经消费者使用、回收直至最终废弃处理，这一整个过程称为产品的全生命周期。产品在其生命周期的不同阶段，物料及其信息从一个企业（或部门）向另一个企业（或部门）流动，或者按照一定的工艺流程要求，在不同车间进行流转。因此，在产品的整个生命周期，不断伴随着企业之间、部门之间以及企业内部的物料流动和相伴随的信息流动。

产品生命周期中的物流对环境的影响：

1. 生产物流中，既要消耗大量资源和能源，还会产生大量的边角余料、副产品以及各种形态的产业废弃物。如果生产物流的路线不合理，同样会产生很多的无效输送或无效搬运，既降低效率，又增加能源消耗。据国外的研究统计，在产品加工和制造过程中，90%以上的时间都用于物料的储存、装卸、等待加工和输送，而生产物流系统规划的不合理或管理的不合理，会加重物料输送、储存过程中的能量浪费，使生产效率更低下。尤其要注意的是，为了降低生产成本而实施的准时制（JIT）生产方式，需要更频繁的原料和零部件的配送，因而，会产生更多的公路运输，导致环境问题的加重。

2. 供应物流和分销物流一般发生在不同的企业、甚至不同的地区，因此，运输和物流包装是其中最重要的环节。而运输和物流包装对环境的影响很大，既浪费资源和能源，又产生严重的空气污染、废弃物污染、噪声污染、城市交通拥挤等，是城市环境破坏的主要因素。

3. 回收物流和废弃物物流本身是以节约资源、减少废弃物量为目的的。但是，如果物流系统规划方案不合理，会产生多种形式的二次污染。例如，废弃物的多次运输产生新的能源浪费；废弃物的直接填埋占用土地，对处理场地周围的生态环境造成危害；废弃物焚烧会污染空气、甚至产生有毒物质等。

4. 生产物流、供应物流、分销物流甚至回收物流中，都有物品储存过程。在物品仓储环节中，会发生物品养护剂对生态环境影响的情况，如果保管不当，还会使商品损坏、变质、贬值等，从而产生浪费或增加废弃物。

可见，无论哪种表现形式，产品生命周期的每一阶段都会排放各种废物，如废气、废水、固体废弃物、噪声等，因此，必须从整个生命周期的范围对企业物流进行绿色化管理。图 12 – 6 描述了基于产品生命周期的企业绿色物流运行模式。

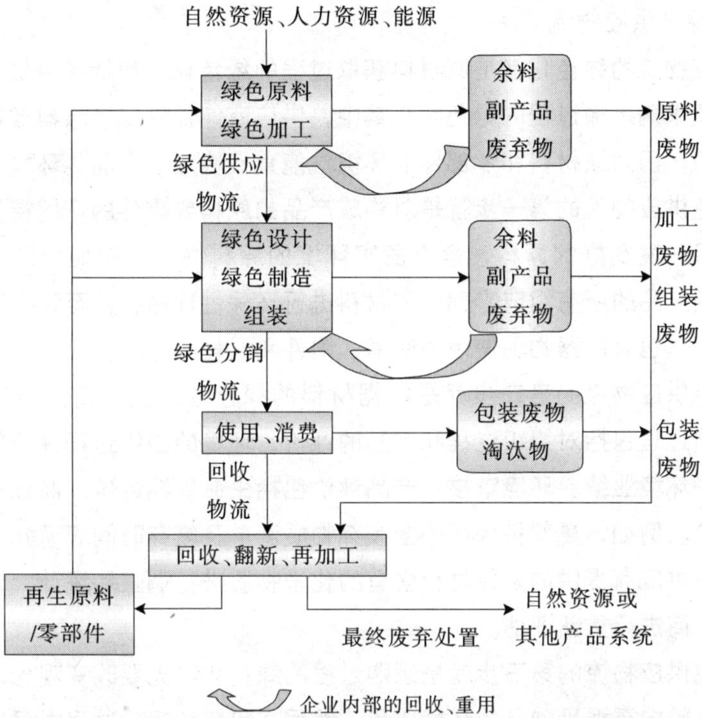

图 12－6　基于产品生命周期的企业绿色物流运行模式

上述模型实际上是一个物料循环流动系统。将产品制造企业当作系统的主体成员，该绿色物流系统的运作过程是：首先，制造商经过对供应商的评估，选择出绿色供应商，供应商将由自然资源、能源和人力资源转化而来的原料或零部件送达生产企业；接着，企业经过对产品的绿色设计、绿色制造、绿色包装，形成最终的绿色产品；生产过程中的边角余料、副产品、加工残次品等，直接进入内部回收系统，尽量做到维修后再利用，避免废弃物的产生；产品被制造出来后，经过企业的绿色分销渠道，交给第三方物流企业进行专业化的运输和配送；企业的分销系统规划必须考虑产品退货、产品召回以及报废后的回收和处理要求，并制订相应的运行策略。如对包装物的回收、重复使用，对报废产品的拆卸和零部件的再利用等。

（二）产品生命周期必须重视的物流环节

在此过程中，必须着重把握三个环节。

1. 绿色供应物流

供应物流的绿色化就是原材料获取过程的绿色化，包括绿色供应商的评价选择及采购运输过程的绿色化。其中，供应商能提供绿色原料或零部件是最关键的，因为原材料和零部件的环境性能直接决定了产品的环境特性。因此，绿色供应物流的第一步就是对构成产品的原料或零件的环境特性进行评估，选择环境友好的原料，舍弃危害环境的原料物质。例如，日本夏普公司，对其产品的所有组成零部件和材料进行环保性评估，甚至包括所使用的包装材料、包装用器物、使用说明书、附件和易耗品等。

绿色供应物流的第二步就是根据材料的绿色性对供应商进行绿色性评估。评估过程包括对组织过程和产品的评价，环境的组织过程评价着眼于管理系统、环境业绩、环境审核；产品评价包括生命周期评价、商标和产品标准的评价。例如，夏普将公司的全废弃物质清单及废弃时间表通知给供应商后，对原供应商提供的零件材料含有的化学物质进行调查和统计，以此为根据对供应商进行重新评估。

绿色供应物流的第三步就是采购过程的绿色化。先要改变观念，从重视采购成本转向重视采购品的环境质量，然后在包装和运输过程中采用绿色运输、绿色包装方式，如使用可重复利用的包装袋、集装箱运输、降低公路运输的比例、货物合并运输、降低运输次数、回程管理等。

2. 绿色生产物流

生产物流担负着物料的输送、储存、装卸等任务。生产物流系统与生产制造的关系就如同人体中血液循环系统与内脏器官的关系一样，物流系统是生产制造各环节组成有机整体的纽带，又是生产过程维持延续的基础。生产物流系统一般具有点多、线长、面宽、规模大的特点，这些特点使得生产物流过程中的能源消耗多、效率低下，成为污染环境的主要环节之一。

为实现生产物流的绿色化，①必须以清洁生产技术为基础，通过不断地改善管理、改进工艺、内部回收循环，提高资源利用率，减少污染物的产生和排放，以降低对环境和人类的危害。②JIT 生产方式的实施必须充分考虑环境代价或交通拥挤带来的社会成本，通过库存节约与环境成本的平衡，确定最合适的库存标准。当然，这一点需要政府通过法规和市场手段对环境影响的外部成本予以核算，并施加到企业头上，企业才会主动改变生产方式。

另外，以减少物料输送、储存、装卸过程中的能量消耗和废物排放为原则，进行物流技术的改进和物流管理方式的改善。例如，利用重力的输送原理、装卸原理等。通过对生产物流系统的优化，对物流路径进行最优规划，对物流设备进行最佳配置，消除无效的输送或装卸，也能有效降低能源消耗，减少物流作业过程的破损率。

3. 绿色分销物流

分销环节的物流过程最复杂，要实现分销物流的绿色化，①必须合理规划分销网络，绿色分销网络应该有利于运输路线的最优化，也要能充分利用铁路、水路等更加环保的运输方式；②商品的物流包装在保证物流安全性的前提下应该尽量是简单化的、标准化的结构，尽量做到重复使用。尤其要注意的是，对于食品类的分销，物流包装的绿色化非常重要，否则会影响食品的安全性和绿色性。

（三）基于供应链的循环物流系统运作模式

绿色物流系统的构筑，不仅要考虑单个企业的物流系统，还必须与供应链上的关联者协同起来，从整个供应链的视野来组织物流，最终建立起包括生产商、批发商、零售商和消费者在内的生产→流通→消费→再利用的循环物流系统。图 12－7 描述了基于供应链的循环物流系统结构。

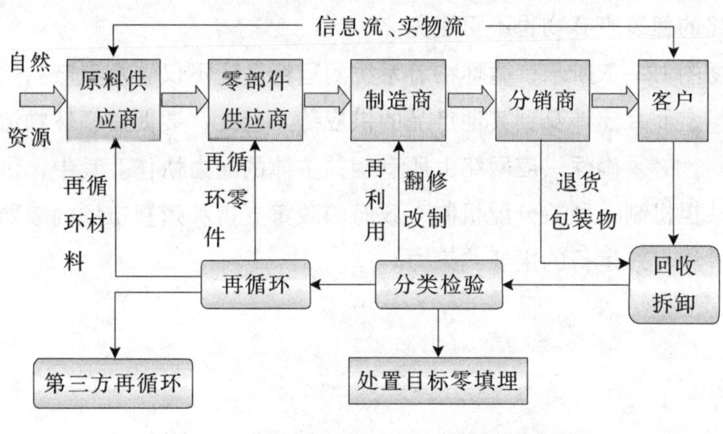

图 12－7 基于供应链的循环物流系统结构

1. 产品的减量化设计和制造，依赖于原料供应商或零部件供应商提供的输入环境质量；制造商对绿色产品原料、零部件的性能要求和规格要求先通过信息流，传递给供应商，然后才是货物供应的实物流。

2. 在产品销售和使用阶段，末端客户可以将退货品、报废品送达制造企业设立的回收中心；也可将缺陷品、包装废物退给分销商，由分销商集中受理，再运往回收中心进行正确的处理。

3. 在回收中心，有缺陷的产品或废弃产品经过一系列复杂的预处理过程，如分类、检验，划分出能维修再利用的、能再循环的以及不能再处理的最终废物三种类型，分别进入不同的循环渠道。

4. 适于维修、改制、翻新的产品，直接送制造厂经过抛光、修整、替换上新的零部件，重新组装成“新”产品，再进入分销网络。不能整体利用的产品，则经过拆卸进入再循环，优先考虑以零件的形式再循环，然后是以提取原料为目的的再循环。再循环的零件流向零部件供应商，再生的材料流向原材料供应商。在再循环过程中，可能还有部分再循环材料或零件进入到其他的产品链。原材料经过上述循环流动后，最终一定会有部分无法被再利用或不值得再循环的残余物，这类物资经过焚烧或填埋做最后处置。

循环物流理想的目标是最终废物的零排放，但真正的零排放是不可能实现的。因为，物流过程中的能量消耗和废气排放，只能控制而不可能完全避免，最终的包装废弃物也不可避免。

根据图 12－7 所示，循环物流系统的运行过程不仅涉及到产品供应链的所有成员，而且还涉及到其他产品的供应链。因此，要促使循环物流系统的持续发展，必须确保供应网络上所有相关主体的通力协作。其中，供应链上的风险共担机制、利益分配机制、政府的政策支持和消费市场的成熟度是循环物流系统有效运行的主要约束力。

第四节　绿色物流案例

案例 1

韩国三星公司合理化运输

三星公司从 1989 年到 1993 年实施了物流运输工作合理化革新的第一个五年计划。这期间，为了减少成本和提高配送效率进行了“节约成本 200 亿”、“全面提高物流劳动生产率劳动”等活动，最终降低了成本，缩短了前置时间，减少了40%的存货量，并使三星公司获得首届韩国物流大奖。

一、物流革新

三星公司从 1994 年到 1998 年实施物流运输工作合理化革新的第二个五年计划重点是将销售、配送、生产和采购有机结合起来，实现公司的目标。即将客户的满意程序提高到 100%，同时将库存量再减少 50%。为了这一目标，三星公司将进一步扩展和强化物流网络，同时建立了一个全球性的物流链使产品的供应路线最优化，并设立全球物流网络上的集成订货一交货系统，从原材料采购到交货给最终客户的整个路径上实现物流和信息流一体化，这样客户就能以最低的价格得到高质量的服务，从而对企业更加满意。基于这种思想，三星公司物流工作合理化革新小组在配送选址、实物运输、现场作业和信息系统四个方面去进行物流革新。

（一）配送选址新措施

为了提高配送中心的效率和质量，三星公司将其划分为产地配送中心和销地配送中心。前者用于原材料的补充，后者用于存货的调整。对每个职能部门都确定了最优工序，配送中心的数量被减少、规模得以最优化，便于向客户提供最佳的服务。

（二）实物运输革新措施

为了及时地交货给零售商，配送中心考虑货物数量和运输所需时间的基础上确定出合理的运输路线。同时，一个高效的调拨系统也被开发出来，这方面的革新加强了支持销售的能力。

（三）现场作业革新措施

为使进出工厂的货物更方便快捷地流动，公司建立了一个交货点查询管理系统，可以查询货物的进出库频率，高效地配置资源。

（四）信息系统新措施

三星公司在局域网环境下建立了一个通讯网络，并开发了一个客户服务器系统，公司集成系统（SAPR）的1/3将投入物流中使用。由于将生产配送和销售一体化，整个系统中不同的职能部门将能达到信息共享。客户如有涉及物流的问题，都可以通过订单跟踪系统得到回答。

另外，随着客户环保意识的增强，物流工作对环境保护负有更多的责任，三星公司不仅对客户许下了保护环境的承诺，还建立了一个全天开放的由回收车组成的回收系统，并由回收中心来重新利用那些废品，以此来提升自己企业在客户心目中的形象，从而更加有利于企业的经营。

二、合理运输

合理运输的主要形式有以下几种：分区产销平衡合理运输、直达运输、“四就”“直拨运输、合装整车运输、提高技术装载量。

（一）分区产销平衡合理运输

这种方式是指在物流活动中，对某种货物其由一定的生产区固定于一定的消费区。在产销平衡的基础上，按着近产近销的原则组织运输活动，使货物走最少的里程。

这种方式加强了产、供、运销的计划性，消除过远、迂回、对流等不合理运输，降低了物流费用、节约运输成本及运输耗费。在实际工作中，这种方式适用于品种单一、规格简单、生产集中、消费分散或生产分散、消费集中且调动量大的货物，如煤炭、木材、水泥、粮食、矿建材料等。

（二）直达运输

这种方式是指越过商业仓库环节或铁路交通中转环节，把货物从产地或起运地直接运到销地或客户，减少中间环节的一种运输方式。

直达运输的好处是减少了中间环节，节省了运输时间与费用，灵活度较大。但相对而言对企业各部门分工协作程度的要求较高，企业内部计划、财会、业务、仓库等各个机构应加强联系，建立相应的联系制度来满足其需求。直达方式通常适用于某些体积大、笨重的生产资料运输，如矿石等。对于出口货物也多采用直达运输方式。一些消费品可依据货物等具体情况的不同，越过不同的中间环节到批发商或零售商手中。

（三）“四就”直拨运输

这种方式是指物流经理在组织货物调运的过程中，以当地生产或外地到达的货物不运进批发站仓库。其主要形式如表 12－2 所示。

表 12－2　“四就”直拨运输

“四就”直拨的主要形式	含　义	具体方式
就厂直拨	物流部门从工厂收购产品，在经厂验收后，不经过中间仓库和不必要的转运环节，直接调拨给销售部门或直接送到车站码头运往目的地的方式	厂际直拨、厂店直拨、厂批直拨、用工厂专用线、码头直接发运
就车站直拨	物流部门对外地到达车站的货物，在交通运输部门允许占用货位的时间内，经交接经验收后，直接分拨或运给各销售部门	直接运往市内各销售部门；直接运往外埠要货单位
就仓库直拨	在货物发货时越过逐级的层层调拨，省略不必要的中间环节，直接从仓库拨给销售部门	对需要储存保管的货物就仓库直拨；对需要更新库存的货物就仓库直拨；对常年生产、常年销售货物就仓库直拨；对季节生产、常年销售货物就仓库直拨

续 表

“四就”直拨的主要形式	含　义	具体方式
就车船过载	对外地用车、船运人的货物，经交接验收后，不在车站或码头停放，不入库保管，随即通过其他运输工具换装置直接运至销售部门	就火车直装汽车；就船直装火车或汽车；就大船过驳小船

运用直拨的办法，把货物直接分拨给基层批发、零售中间环节。这种方式可以减少一道中间环节，在时间与各方面收到双重的经济效益。在实际的物流工作中，物流经理可以根据不同的情况，采取就厂直拨、就车站直拨、就仓库直拨、就车船等具体运作方式。

（四）整合装车运输方式

这种方式是指在组织铁路货运适当中，同一发货人的不同品种发往同一到站、统一收货人的零担托运货物，由物流部门组配，放在一个车内，以整车运输的方式托运到目的地；或把同一方向、不同到站的零担货物，集中组配在一个车内，运到一个适当的车站再中转分运。采用合整装车运输的方法，可以减少一部分运输费用，节约劳动力。

这种方式主要适用于商业、供销部门的杂货运输。根据不同的实际情况，可采取四种方法：主要零担货物拼整车直达运输；零担货物拼整车直达或中转分运；整车分卸；整装零担。

（五）提高技术装载的运输方式

这种方式充分利用车船载重吨位和装载容积，对不同的货物进行搭配运输或组装运输，使同一运输工具能装载尽可能多的货物。这种方式一方面最大限度地利用了船的载重吨位，另一方面充分使用车船的装载容积，提高了运输工具的使用效率。

这种方式的主要做法有以下三种：将重货物和轻货物组装在一起；对一

些体大笨重、容易致损的货物解体运输，分别包括，使之易于装卸和搬运；根据不同货物的包装形状，采取各种有效的堆码方法。

案例讨论题：

1. 三星公司物流工作合理化革新小组为什么选择在配送选址、实物运输、现场作业和信息系统四个方面去进行物流革新？

2. 三星公司提高技术装载的运输方式主要做法有哪些？

案例 2

冯建义与环保餐具的八年情缘

从“第一家”到“最后一家”，费了 3 年时间才开业，5 年时间只开工了仨月。作为石家庄市第一家生产环保餐具保洁纸模制品厂，经过几年的风霜雨雪，目前却成了石家庄市最后一家仍未宣布倒闭的环保餐具生产企业。

谈起投资环保餐具行业，保洁纸模制品厂厂长冯建义用“五味杂陈”一词表述了自己时下的内心感受。

一、费尽周折，第一家环保餐具企业艰难诞生

1998 年，石家庄市桥西区东良厢村村民冯建义听北京一位朋友说，生产环保餐具利国利民，大有发展前途。他当即考察了北京市场。当时，北京市场上纸制餐盒平均 0.45 元一个，且供不应求。随后，他又考察了南京、深圳等市场，情况大致相同。

回到石家庄后，冯建义花费了 3 个多月时间，对全市 100 多个农贸市场和超市做了详尽考察。结果发现，各市场销售和使用的几乎都是不可降解的塑料餐盒。按每人每月平均消费 20 个塑料餐盒计算，石家庄市每月可产生白色垃圾 300 多吨，这是一个多么惊人的数字！

发泡塑料用品使用过程中遇热会产生有毒物质，埋在地下上百年难以降解，且会产生二噁英等有害物质。1999 年，当时的国家经贸委发文，要求各地 2000 年底前淘汰一次性发泡塑料餐具。面对充斥省会市场的不可降解

的发泡餐具，冯建义确定了自己的创业坐标。

理想和现实之间总会有差距的。1999年7月，冯建义与北京一家企业达成协议，由对方提供生产环保餐具的设备，并负责安装和技术培训。可设备安装后却出不了成品。经过交涉，厂家也不理睬他。无奈，冯建义只好托关系，从天津和济南请来技术人员，对设备进行会诊改造，才生产出成形的产品。虽然产品厚度不一，干湿不均，不算合格，但冯建义还是从中看到了成功的曙光。

为了早日投产，冯建义亲自到车间检查机器的每一个零部件，一个环节一个环节地进行生产试验。他一口气在车间苦熬了20个昼夜，最终摸索出了一套正确的生产工艺，生产出完全符合国家环保标准的纸质餐盒。也就是在产品生产成功的那一天，冯建义由于过度劳累，悲喜交加，昏倒在了车间里。

2001年2月，省会第一家环保餐具生产企业——石家庄保洁纸模制品厂正式开业。

二、苟延残喘，最后一家环保餐具企业大旗不倒

冯建义的环保餐盒以纸浆为原料，不但能完全降解，还可回收重复利用10多次。然而，高成本的特性又决定其在与发泡塑料餐盒进行价格竞争时所处的劣势地位。

冯建义对环保餐具市场满怀憧憬，工厂头一个月产量达到了10万个，初次上市便投放到了省会最大的小商品批发市场南三条市场。然而，在廉价发泡塑料餐盒的包围中，所有客商一听到每只环保餐盒售价0.25元时，无一不摇头而去。工厂当月不得不因此停产。

贷款和欠账要还，工人的工资要开。看着积压在厂房的产品，冯建义一筹莫展。情急之下，他和儿子带着产品向饭店挨家推销。爷俩半年时间跑遍了省会300多家大小饭店。同样因为他们的产品比发泡塑料餐盒价钱高，几乎所有饭店都一口回绝了。产品最后降到了成本价0.2元人民币，才算有四家饭店勉强答应试试。可没过多久，就连这四家饭店也因价格原因不再用他们的产品了。父子辛辛苦苦花了五六个月时间，10万个环保餐盒总共才推

销出去了2万个。

2003年，突如其来的“非典”，让人们的环境卫生意识空前提高，省会的环保餐具市场迎来了一个短暂的“春天”。当年5月，掸去机器上的灰尘，冯建义的保洁纸模制品厂又开工了。两个月时间生产出了20万只环保餐盒，随即就卖出去18万只。然而，6月底非典一过，省会环保餐具市场的热度立刻降了下来，冯建义的工厂又一次停产。

从工厂开业到现在已经过去了5年时间，积压在冯建义厂房里的环保餐盒已积满了尘土。这期间，省会也曾先后出现过四五家环保餐具生产企业，但每一个企业都犹如昙花一现很快消失了，只有冯建义的工厂至今仍未宣布倒闭。

有朋友开玩笑地问冯建义：“中国人民取得抗战胜利用了八年时间，你从筹办工厂开始，算起来也有八年时间了，你的厂子到底何时才能走出困境呢?”冯建义很严肃地回答说：“环保的理念已深入人心。我相信自己的选择，只要厂子还在，希望就在。”

案例讨论题：本案例对我国企业开展绿色物流有何启示?

本章小结

绿色物流是指在物流领域中，以降低物流过程对生态环境影响为目的的所有手段、方法和过程。绿色物流除了具有一般物流所具有的特征外，还具有学科交叉性、多目标性、多层次性、时域性和地域性等特征。开展绿色物流研究具有十分重大的意义，可从根本上解决物流系统与生态环境的冲突问题。绿色物流的主要研究内容包括环境保护与物流管理的关系、企业绿色物流管理、物流过程绿色化技术、物流绿色化标准体系、绿色物流的政策环境、逆向物流、绿色物流的评价和城市物流的绿色化。

从功能要素看，绿色物流系统主要包括绿色运输、绿色包装、绿色流通加工和绿色仓储四个功能环节。绿色运输指的是以节约能源、减少废气排放为特征的运输；绿色包装指的是以节约资源、降低废弃物排放为目的的一切包装方式；绿色流通加工是通过专业化集中式流通加工和集中处理流通加工废料等方式，提高资源利用效率，降低污染；绿色仓储就是要求仓库布局合理，以减少运输里程、节约运输成本。

物流的绿色化是一个系统工程。绿色物流系统具有开放性、区域特性、多环节特性、行为主体的多样性、层次性等特征。产品生命周期的每一阶段都会排放各种废物，因此，必须从整个生命周期的范围对企业物流进行绿色化管理。另一方面，绿色物流系统的构筑，不仅要考虑单个企业的物流系统，还必须与供应链上的关联者协同起来，从整个供应链的视野来组织物流，最终建立起包括生产商、批发商、零售商和消费者在内的生产→流通→消费→再利用的循环物流系统。

复习思考题

1. 为什么要倡导绿色物流？
2. 什么是绿色物流？它的基本内涵是什么？
3. 简述绿色物流的特征。
4. 简述绿色物流的主要研究内容。
5. 实现绿色运输有哪些途径？
6. 如何实现绿色包装？
7. 简述绿色物流系统的构成及特征。
8. 试述绿色物流系统的运行模式。

参考文献

1. 夏春玉，李健生．绿色物流．中国物资出版社，2005

2. 孙宏岭．包装实务．中国物资出版社，2003

3. 张新颖，郑明．回收物流．中国物资出版社，2003

4. 杨穗萍．物流营销实务．中国物资出版社，2004

5. 霍红，马常红．物流管理学．中国物资出版社，2004

6. 朱桂平，李怀政．物流企业分销网络战略管理．中国物资出版社，2003

7. 菲利普·科特勒．营销管理．上海人民出版社，2003

8. 董千里．物流市场营销学．电子工业出版社，2005

9. 袁炎清，范爱理．物流市场营销．机械工业出版社，2004

10. 王少愚．物流与市场营销学．对外经济贸易大学出版社，2005

11. 曾建平，刘瑞阳．物流营销—现阶段物流企业的工作重点．中国物流与采购，2002（7）

12. 郭宝珍，刘懿．第三方物流服务营销的差异化对策．经济与管理，2002（10）

13. 刘秋华．市场调查与预测．中国社会科学出版社，2004

14. 陈殿阁．市场调查与预测．清华大学出版社，2004

15. 范伟达．市场调查教程．复旦大学出版社，2002

16. 屈援．市场预测理论与应用．暨南大学出版社，2003

17. 张卫星．市场预测与决策．北京工业大学出版社，2002

18. 李国强，苗杰．市场调查与市场分析．中国人民大学出版社，2005

19. http：//www. global56. com/news/

20. 何杰，申金升．中国奥运物流市场分析．电子商务世界，2004. 8

21. 王玲，李克娜，黄鑫．天津物流市场问卷调查报告—需求篇．港口

经济，2005.6

22. 陈洪军．183 电子商务平台——电子分销代理渠道的信息载体．中国邮政，2004（11）

23. www.156net.com

24. 杨坚争．网络营销教程．中国人民大学出版社，2002

25. 姜旭平．网络营销．清华大学出版社，2003

26. 陈孟建．网罗营销与策划．电子工业出版社，2002

27. http：//www.yingxiao.net

28. http：//www.marketingman.net

29. http：//www.ec315.org/12news

30. 肖胜萍，萧鹏．现代物流管理—物流现场运筹经典．中国纺织出版社，2002

31. 陈文安，胡焕绩．新编物流管理．立信会计出版社，2003

32. 张铎，周建勤．电子商务物流管理．高等教育出版社，2002

33. 庄伟强．固体废弃物处理与利用．化学工业出版社，2001

34. 王长琼．绿色物流．化学工业出版社，2004

35. 刘广庆．浅议企业绿色物流及发展对策．物流科技，2003，6

36. Jeal - Paul Rodrigue，Brain Slack，Claude Comtois. Green Logistics. Published in A. M. Brewer，K. J. Button and D. A. Hensher（eds）（2001）"The Handbook of Logistics and Supply - Chain Management". London：Pergamon/Elsevier. 2001

37. 高本河，魏际刚．绿色物流在国外的发展及我国的差距．中国物流与采购，2003.12

38. 王长琼．绿色物流的产生背景及发展对策初探．物流技术，2002.6

39. 王长琼．绿色物流的内涵、特征及其战略价值研究．中国流通经济，2004.3